U0205715

特种
双马来酰亚胺树脂

陈平　熊需海　著

化学工业出版社

·北京·

内容简介

本书共11章，主要介绍含芳杂环特种结构双马来酰亚胺（BMI）的设计与合成；改性芳杂环特种 BMI 树脂及其复合材料的制备与性能。首先从聚合物分子结构设计原理出发，系统地介绍了含酞（苊）Cardo 环结构链延长型 BMI（PBMI、FBMI）、含 1,3,4-噁二唑不对称结构型 BMI（ZBMI）、含氰基与酞（苊）Cardo 环结构骨架 BMI（CNBMI）和含酞侧基聚醚酰亚胺内扩链 BMI（MPEIBMI）等新型结构 BMI 系列单体的设计合成方法及结构表征。以此为基础，制备了一系列长期使用温度在 280～350℃（可调控）的 CBMI、ZBMI、CNBMI 和 MPEIBMI 可溶性耐高温 BMI 树脂，详细研究了含芳杂环结构可溶（熔）性耐高温 BMI 树脂溶解（熔融）性能、耐热性能、固化行为、反应动力学及机理。重点阐述了各种 BMI 树脂固化物结构与性能的关系。

本书可供从事高性能高分子树脂材料、航空航天材料科学研究、技术开发及高等院校相关专业的师生参考。

图书在版编目（CIP）数据

特种双马来酰亚胺树脂 / 陈平，熊需海著. — 北京：化学工业出版社，2022.9

ISBN 978-7-122-41664-3

Ⅰ. ①特… Ⅱ. ①陈… ②熊… Ⅲ. ①聚酰亚胺-树脂 Ⅳ. ①TQ323.7

中国版本图书馆 CIP 数据核字（2022）第 100339 号

责任编辑：赵卫娟　　　　　　　　　　　　文字编辑：公金文　陈小滔
责任校对：刘曦阳　　　　　　　　　　　　装饰设计：王晓宇

出版发行：化学工业出版社（北京市东城区青年湖南街 13 号　邮政编码 100011）
印　　装：北京建宏印刷有限公司
710mm×1000mm　1/16　印张 21¾　彩插 2　字数 381 千字
2023 年 3 月北京第 1 版第 1 次印刷

购书咨询：010-64518888　　　　　　　　　　售后服务：010-64518899
网　　址：http://www.cip.com.cn

凡购买本书，如有缺损质量问题，本社销售中心负责调换。

定　　价：168.00 元

本书由辽宁省优秀自然科学学术著作出版资助

辽宁省优秀自然科学著作·2022年

前言

　　双马来酰亚胺树脂（BMI）是继环氧树脂（EP）之后又一种高性能热固性树脂，它既具有聚酰亚胺树脂（PI）耐高温、耐辐射、耐湿热、模量高、吸水率低和热膨胀系数小等优点，又兼具 EP 的易加工性，在多方面满足了先进聚合物基复合材料的要求。　目前，BMI 已成为高性能热固性树脂中综合性能最佳的基体树脂，逐步取代 EP 成为航空航天结构复合材料的主导基体材料。　然而，未改性的 BMI 存在熔点高、溶解性不佳、固化物交联密度高、质脆，其复合材料抗冲击性能和抗应力开裂能力较差等一系列缺点。　为了改善上述缺点，国外从 20 世纪 70 年代开始，采用两种或多种 BMI 单体共聚、BMI 单体与其他反应性单体或电子富集物共聚等方法，通过共聚破坏 BMI 分子晶体结构的规整性，使其无序化，进而降低 BMI 分子间的作用力和结晶能力，达到降低熔点、增加溶解性及改善成型工艺性的目的。　先后研制开发成功多个牌号的改性 BMI 树脂如 F-178、V378-A、V391、R6451、XU292、RD85-101、X5245C、X5250 等，并在 F-22、F-35 多种型号的飞机的机翼肋、桁条、"T"形和"I"形横梁等承力结构部件上得到广泛应用。

　　我国在该领域的研究工作起步较晚，但是发展速度很快。　自 20 世纪 80 年代，中航工业北京航空制造工程研究所、北京航空材料研究院、西北工业大学等先后研制开发成功像 QY8911、4502、5405 等诸多牌号的共聚改性 BMI，并在多种型号歼击机的二十几种不同形式的结构件上成功应用。　但是，这些产品在一定程度上依然存在耐温性能不高（长期使用温度低于 220℃）、固化后加工温度高、成型工艺性不佳等一系列亟待解决的共性关键技术难题。　高性能热固性树脂基体在我国航空航天、武器装备等高技术领域的应用依然任重道远。

基于此，本书作者及其所带领的"先进聚合物基复合材料"创新团队，在精细化工国家重点实验室、三束材料改性教育部重点实验室和辽宁省先进聚合物基复合材料重点实验室科研平台的大力支持下，在承担完成国家基础科研重点项目（A352011XXXX、A352016XXXX）、国家自然科学基金项目（51703003、51873109）、辽宁省重点科技攻关项目（2007403009）、兴辽英才计划-创新领军人才项目（XLYC1802085）、大连市科技基金重点学科重大课题项目（2019J11CY007）、辽宁省高等学校优秀人才支持计划项目（LNR2013002）、辽宁省自然科学基金项目（201602149）、辽宁省高等学校基础研究项目（LZ2015057）和中央财政基本科研业务费项目（DLUT20TD207）过程中，针对国内目前高性能纤维增强双马树脂基复合材料品种少、耐温等级较低、成型工艺不佳等关键技术难题，进行了十余年的潜心研究，相继攻克了耐高温 BMI 单体的设计合成、改性树脂及其复合材料的制备等一系列关键技术。团队主持完成的"含芳杂环耐高温双马树脂及其先进复合材料制备关键技术"获得了 2015 年度辽宁省技术发明一等奖；"含 1,3,4-噁二唑芳杂环结构双马来酰亚胺及其制备法"获得了 2016 年度第十八届中国专利奖；"含芳杂环结构双马树脂设计合成及其复合材料界面调控"获得 2019 年中国材料研究学会科学技术奖一等奖；"含 Cardo 结构高性能树脂基复合材料关键技术及应用"获得了 2020 年度辽宁省科技进步一等奖；"系列耐高温双马树脂基复合材料关键技术及开发应用"入选中国科学技术协会首届"科创中国先导技术"先进材料领域 10 强榜单。

现将相关的研究内容进行系统归纳与整理，并撰写成本书。全书由陈平教授统稿，熊需海教授、张丽影副教授、夏连连博士、刘思扬博士、朱能波硕士、卢放硕士、张金祥硕士、翟雪姣硕士、徐懿硕士、王开翔硕士和王园英硕士等参加了相关章节的编辑与整理工作。付梓完成与读者见面，倍感欣慰。衷心地期望本书的出版发行对我国从事高分子材料的科技工作者了解与运用该研究领域的最新成果有所裨益。感谢所有为传承材料科学与工程文明接力而不计荣誉的国内外文献资料的著作者，正是他们的辛勤努力才使我们的科学知识得以延续。特别感谢辽宁省自然科学学术出版基金重点项目和精细化工国家重点实验室奖励基金的资助以及化学工业出版社的大力支持。

著者

2022 年 11 月于大连桃峪园

目录

第 1 章
绪论

第 2 章

实验部分 049

第 3 章
含酞 Cardo 环结构链延长型双马来酰亚胺的合成表征及其性能　065

第 4 章
含酞 Cardo 环结构改性双马来酰亚胺树脂的制备及其性能　085

第 5 章
芴 Cardo 环结构链延长型双马来酰亚胺的合成表征及其性能　125

第 8 章
含 1,3,4-噁二唑芳杂环结构改性双马来酰亚胺树脂制备及其性能 206

第 9 章
含氰基和酞 Cardo 环结构改性双马来酰亚胺合成、改性及其复合材料　241

绪论

1.1 双马来酰亚胺树脂

双马来酰亚胺（bismaleimide，BMI）是以马来酰亚胺为活性端基的双官能团化合物，其结构式如图 1.1 所示。BMI 树脂是指用 BMI 制备的树脂的总称，是聚酰亚胺树脂体系派生出来的一类热固性树脂[1-3]。

20 世纪 50 年代，人们发现聚酰亚胺具有卓越的力学性能，电性能，耐热、耐辐射及耐溶剂等特性。但是缩聚型聚酰亚胺通常在成型加工过程中伴随着酰亚胺化反应的进行，有小分子放出，制品中易产生孔隙，难以制备高质量、致密的厚壁材料。这导致了缩聚型聚酰亚胺仅用作耐高温的薄膜或涂料而不能用作

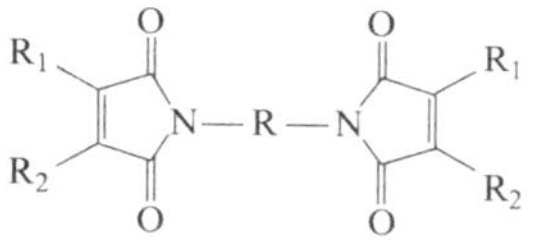

图 1.1　BMI 的结构式

先进复合材料的基体树脂。为了克服缩聚型聚酰亚胺的缺点，几种加聚型聚酰亚胺相继开发出来，其中双马来酰亚胺是最重要的品种。双马来酰亚胺具有与典型热固性树脂相似的流动性和可模塑性，可热熔成型，在成型过程中无小分子放出、收缩率小。另外，双马来酰亚胺固化物的结构致密且耐高温、耐辐射、耐湿热，强度大、模量高，吸湿率低，同时高温力学性能优越，特别适合用作先进聚合物基复合材料的基体和高性能胶黏剂。为此，各国对 BMI 树脂的性能研究和应用开发非常重视，迄今已研发出一系列性能优异的 BMI 树脂[3-5]。

1.2 双马来酰亚胺树脂的发展概况

BMI 树脂是一种相对年轻的高性能热固性树脂。1964 年法国的 Rhone-Poulence 公司获得了第一份关于 BMI 树脂的专利授权[3-5]。该专利揭示了通过 BMI 单体的均聚或共聚制备加聚型聚酰亚胺树脂的方法。随后一系列关于聚双马来

酰亚胺-芳胺树脂的专利被申请。大量基于这些专利的 BMI 树脂实现了商业化并被应用于生产印刷电路板和模塑制品。由于 Rhone-Poulence 公司的大力推广，越来越多的研究组织认识到 BMI 树脂在耐高温聚合物基复合材料和胶黏剂领域的潜在价值，BMI 树脂得到蓬勃的发展。继 Rhone-Poulence 公司推出的 Kerimide 系列树脂之后，德国的 Boots Technochemic 公司开发了 Compimide 系列树脂。另外，美国的 Hexcel、Polymeric、Ciba-Geigy、Narmco 等公司也积极地参与了 BMI 树脂的研制，成功开发出多个牌号的 BMI 树脂，例如：F-178、V378-A、V391、R6451、XU292、RD85-101、X5245C、X5250 等。特别是 Ciba-Geigy 的 XU292 和 Narmco 的 X5245C、X5250 牌号树脂都具有良好的加工性能，其固化物耐热等级高、韧性优异，与碳纤维复合制备的连续纤维增强复合材料广泛应用于军用飞机、民用飞机或宇航器件的承力或非承力构件[1]。

我国的 BMI 树脂研究起步于 20 世纪 70 年代初，当时主要应用于电器绝缘材料、砂轮黏合剂、橡胶交联剂及塑料添加剂等方面。20 世纪 80 年代后，我国开始对先进复合材料 BMI 树脂基体的研究，并取得了诸多的科研成果，部分成果已商品化。例如，为满足不同行业的需要，航空部 625 所开发出 QY8911 系列 BMI 树脂，该牌号树脂是我国第一个通过国家鉴定并于 1992 年获得国家科技进步奖的 BMI 树脂基体；西北工业大学也研制出 5405、4501A、4501B、4502、4503、4504 等牌号的 BMI 树脂[1,3-5]。

1.3 双马来酰亚胺的合成

早在 1948 年，美国人 Searle 就获得了 BMI 单体合成的专利[6]。此后，在 Searle 法的基础上改进合成了各种不同结构和性能的 BMI 单体。一般来说，BMI 单体的合成路线包括两个步骤：①2mol 马来酸酐与 1mol 二元胺反应生成双马来酰胺酸；②双马来酰胺酸脱水环化生成 BMI。选用不同结构的二元胺和马来酸酐并采用适当的反应条件、工艺配方、提纯及分离方法等，可获得不同结构与性能的 BMI 单体，其合成流程如图 1.2 所示。

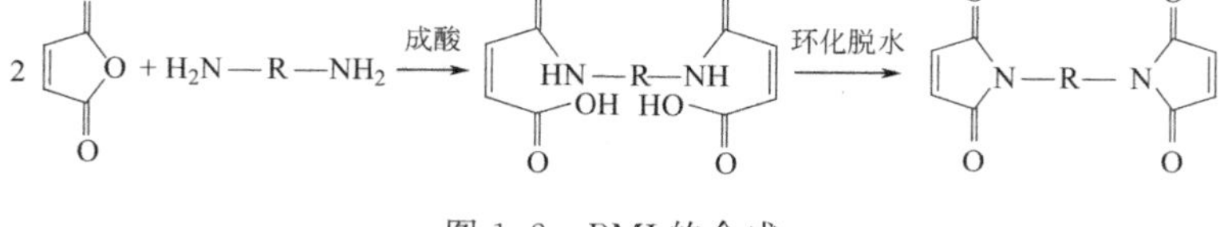

图 1.2　BMI 的合成

第一步成酸反应是放热反应，通常在室温下进行，反应放出的热量能够促进反应的进行；有时为了确保反应完全，在反应后期升高体系的温度。如果二元胺的活性太高，反应过于激烈，为了避免副反应的发生，则采用低温反应。该步反应的溶剂选用的原则是只要能溶解马来酸酐和二元胺且不参与反应即可。一般首选低沸点的丙酮、四氢呋喃、氯仿等非质子型溶剂，中间体双马来酰胺酸能够从这些溶剂中析出，因而后处理简单，直接过滤、用新鲜溶剂冲洗滤饼即可得到高纯度的产品；当二元胺难溶解于上述溶剂时，则选用 N,N-二甲基甲酰胺（DMF），N,N-二甲基乙酰胺（DMAc），N-甲基-2-吡咯烷酮（NMP）等强极性非质子溶剂，但是生成物双马来酰胺酸也能溶于这些溶剂，所以反应结束后需要加入不良溶剂进行沉淀析出，后处理麻烦。

第二步酰亚胺环化脱水反应，根据闭环条件的不同，主要方法包括：乙酸酐脱水闭环法、热脱水闭环法、共沸脱水闭环法、微波辅助脱水闭环法以及其他脱水闭环法。

1.3.1 乙酸酐脱水闭环法

乙酸酐脱水闭环法根据溶剂对反应物和产物溶解性的不同又分为均相法和非均相法。其标准步骤是：将中间体（双）马来酰胺酸悬浮于或溶解于溶剂中，溶剂可以是丙酮、三氯甲烷、DMF、DMAc 或者混合溶剂等，在 $50\sim60℃$ 下加入催化剂（乙酸盐）和助催化剂（三乙胺），然后加入脱水剂（乙酸酐），环化脱水数小时即得到产品。采用这种方法可以在较低的温度下合成 BMI，产率高，且 BMI 单体质量好。但此法消耗大量的乙酸酐，成本较高[7]。

该方法发展较早，工艺成熟，特别用丙酮作溶剂，是目前国内合成 BMI 单体的通用方法。但是双马来酰胺酸脱水环化的反应机理复杂，对反应条件非常的敏感，操作不当往往得不到高收率、高纯度的产品，例如：当用乙酸钠作为催化剂时，重结晶纯品的产率一般只有 $65\%\sim75\%$。产率低的原因是在酰亚胺环化过程中伴随有多种副产物的生成，例如：异酰亚胺化产物、乙酰化产物、马来酰亚胺-乙酸加成物以及化合物两端发生不同反应而得到混合官能团化合物。以二苯甲烷双马来酰亚胺（MBMI）的合成为例，根据温度、催化剂用量、类型、溶剂等反应条件的不同在反应体系中生成如图 1.3 所示的一种或几种的可能产物。其中，马来异酰亚胺是主要副产物，它是一种动力学控制产物，在乙酸钠催化下通过异构化反应能转变成热力学稳定的马来酰亚胺。高浓度的催化剂有利于马来酰亚胺的生成，对异酰亚胺化反应有抑制作用[8]。

为了得到高纯度、高产率的产物，了解反应的发生过程至关重要。图 1.4 显示了较为普遍认可的（双）马来酰胺酸脱水闭环反应机理[8]。首先是马来酰胺酸和乙酸酐发生脱水反应生成乙酸-马来酰胺酸混酐，接下来混酐可能通过两

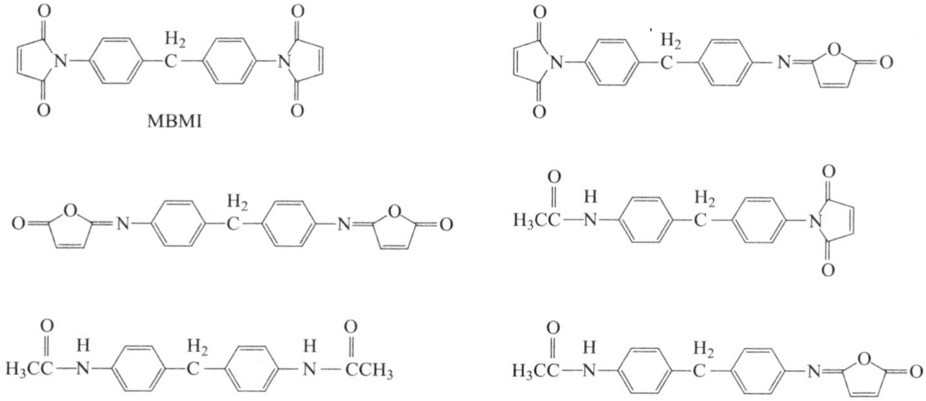

图 1.3　MBMI 合成过程中的可能产物

种路径失去一个乙酸分子。①酰胺中羰基的氧进攻乙酸-马来酰胺酸混酐中马来酰胺羰基的碳，从而使混酐失去乙酰基阴离子，而酰胺中 N—H 键也同时或随后断裂，从而形成马来异酰亚胺。②酰胺中的氮进攻乙酸-马来酰胺酸混酐中马来酰胺羰基的碳，从而使混酐失去乙酰基阴离子，而酰胺中 N—H 键也同时或随后断裂，从而生成马来酰亚胺。在一定的条件下马来异酰亚胺通过重排能够转化为马来酰亚胺。脱水环化反应更倾向于哪种反应路径，受多种因素的影响。假如反应在没有催化剂只有乙酸酐的情况下，马来异酰亚胺将是主要产品。当加入三乙胺或醋酸盐催化剂时，低温反应的产物仍以马来异酰亚胺为主，随温度的升高，马来酰亚胺的含量增加。但是温度不能太高，否则可能引起马来酰亚胺聚合等反应的发生。

　　Sauers 以对位为不同取代基（甲氧基、甲基、氢、氯、乙酰基）的苯胺和马来酸酐反应为模型，乙酸钠为催化剂、乙酸酐为脱水剂和反应溶剂，研究取代基对反应生成物的影响以及对马来异酰亚胺重排速率的影响[9]。不加催化剂，马来酰胺酸直接在乙酸酐中加热反应得到的是马来异酰亚胺占绝大多数的混合物；随着催化剂的加入产物中马来酰亚胺与马来异酰亚胺的比例上升且随着对位拉电子作用的增强比例增加越明显。另外，产物中分离出乙酰胺化合物和马来酸酐，这为图 1.4 中的 C 或 D 反应路径提供了证据。D 路径是酰胺的氮进攻乙酸-马来酰胺酸混酐中乙酸羰基的碳时，则直接生成乙酰胺和马来酸酐，这个过程包括一个七元环的过渡态。高温低催化剂浓度有利于乙酰胺的生成。另一个碱性催化剂催化的反应是乙酸的羟基与马来酰亚胺双键的 Michael 加成反应。

　　Pyria 采用乙酸酐（乙酰氯）-三乙胺混合体系研究马来异酰亚胺的低温合成，当三乙胺的用量不足时，马来异酰亚胺的产率很低，原因是马来异酰亚胺在酸

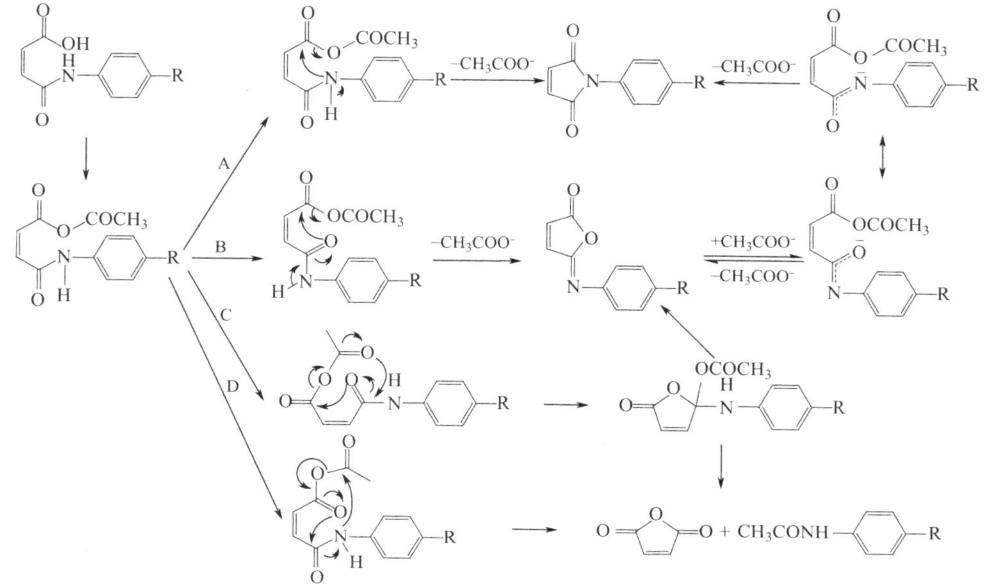

图 1.4 （双）马来酰胺酸脱水闭环反应机理

性条件下不稳定易水解；当三乙胺足量时，马来异酰亚胺的产率提高；当三乙胺过量时，以芳香族胺为底物的反应中马来酰亚胺的含量占主导地位，且随温度升高马来酰亚胺的含量进一步提高[10]。根据实验结果，Pyria 提出了与图 1.4 所示相近的反应机理（如图 1.5 所示）。该反应机理中乙酸-马来酰胺酸混酐在体系中有三种状态：中性和两种不同阴离子状态。在 A 和 C 状态下生成的是马来异酰亚胺，B 状态生成马来酰亚胺。在中性的溶剂中 A 状态拥有高的反应活性；在碱性环境中或高的温度下酰胺阴离子形成并参与环化反应。脂肪族胺为底物的马来酰胺酸与乙酸酐形成的混酐更倾向于 A 状态，所以脂肪族的马来酰亚胺

的合成收率比较低。另外，脂肪胺的结构也影响收率，例如：正丁胺为底物合成的马来酰亚胺与马来异酰亚胺的比例为 1:4，异丁胺和叔丁胺只能合成出马来异酰亚胺，且产物稳定受热不重排。混酐究竟处于 B 状态还是 C 状态取决于与氨基相连基团的极性，当与供电子基团相接时，酰胺偶极子的电子云向羰基氧的方向移动，混酐处于 C 状

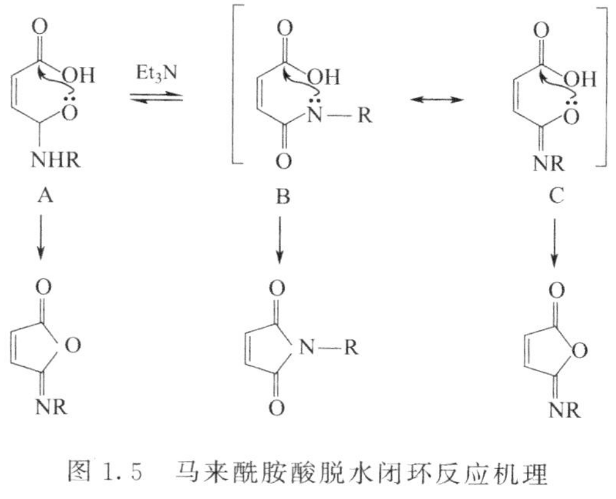

图 1.5 马来酰胺酸脱水闭环反应机理

态，马来异酰亚胺为主要产物；反之，当与拉电子基团相接时，混酐处于 B 状态更稳定，反应产物以马来酰亚胺为主。该反应机理与 Sauers 的研究结果一致，同时也为脂肪族 BMI 单体低合成产率提供了合理解释。

国内对乙酸酐脱水法合成 BMI 单体的机理研究至今仍是空白，现存的资料大多是关于 BMI 合成工艺的研究。刘润山等对 BMI 单体合成工艺进行过较详细的研究[11-14]。他用了不同类型金属盐作催化剂合成 BMI 单体，发现元素周期表第三周期第ⅡA族镁盐的催化效果最好，其次是第四周期第Ⅷ族的钴盐和镍盐。另外发现催化效果除明显取决于盐中金属的性质外，酸根的性质也有一定的影响。例如硫酸镁和乙酸镁显现出比氯化镁更佳的催化效果[11]。在另一篇文献中报道了二元胺的纯度、双马来酰胺酸的合成条件、脱水时间以及后处理时加入沉析水数量等因素对 BMI 单体性状的影响[12]。

1.3.2　热脱水闭环法

中间体双马来酰胺酸溶于强极性高沸点溶剂中，如 DMF，在回流状态下反应。它的优点是：反应体系始终处于均相，无催化剂，成本低，三废排放少；缺点是：反应温度高，时间长，体系容易产生树脂状黏性副产物。张连生曾采用该法由亚己基双马来酰胺酸合成亚己基双马来酰亚胺，溶剂为二甲基亚砜[15]。

1.3.3　共沸脱水闭环法

另一种重要的合成 BMI 单体的方法是共沸脱水法。共沸脱水闭环法的发展大致经历了两个阶段。第一个阶段：用能与水形成共沸物的甲苯、二甲苯等芳烃作溶剂，在酸性条件下，双马来酰胺酸在较高的温度（110～160℃）下反应，闭环所生成的水随着反应的进行不断从反应器蒸出，使反应一直向产物方向进行。催化剂为对甲基苯磺酸。该方法的优点是操作简单，产品色泽好、质量高，溶剂易处理，污水少。西北化工研究院采用该法生产（双）马来酰亚胺。但是，由于双马来酰胺酸一般不溶于甲苯、二甲苯等溶剂，反应体系不均相，因此合成过程中容易产生褐色树脂状黏稠物。为解决这个问题，研究者借鉴热脱水闭环法对共沸脱水闭环法加以改进，在反应体系中加入少量能够溶解反应原料及产物的强极性高沸点溶剂，从而使反应在均相体系下进行，这是共沸脱水闭环法的第二个发展阶段。袁军等用 DMF 和甲苯组成混合溶剂，以对甲基苯磺酸为催化剂、2,6-二叔丁基苯酚为阻聚剂，成功合成出产率和纯度都比较理想的双马来酰亚胺单体[16]。

目前共沸脱水闭环法存在的最大问题是反应时间长、生产效率低。开发高效的催化剂是该法新的研究重点。曹娜等研制出干氢催化树脂作为共沸脱水的催化剂，与对甲苯磺酸相比树脂的催化效果好，产物的杂质少[17]。更重要的是甲苯磺酸催化剂不能重复利用，而树脂可以重复利用。随着催化技术发展、高效催化剂的研制，改进的共沸蒸馏脱水闭环法必将成为 BMI 单体合成未来发展的趋势。

1.3.4　微波辅助脱水闭环法

微波辅助合成是一种新兴的绿色化学合成方法。1986 年，加拿大的 Gedye 及合作者研究在微波炉中进行的酯化反应，这是微波技术首次在液相有机合成中应用，也是微波有机化学合成开始的标志[18]。由于微波辐射下有机合成反应的反应速率加快数倍甚至数千倍，具有操作简便、副产物少、产率高、易纯化及环境友好等优点，给有机合成带来一次飞跃，逐渐发展为一个引人注目的新领域。虽然在过去的十年间微波辅助合成技术在不同类型的有机小分子和高分子合成过程得到广泛的应用，但是在（双）马来酰胺合成中的应用研究才刚刚起步。德国的 Bezdushna 与合作者率先开展了微波辅助 N-苯基马来酰亚胺的合成研究[19]。他们直接以马来酸酐和苯胺为原料在无溶剂或有溶剂的情况下一步法合成目标产物，研究了反应的条件和动力学并提出了整个反应过程的合成机理（见图 1.6）。与传统方法相比，微波辅助合成效率更高，在 20W 的条件下反应 10min 即能达到 90% 的收率。

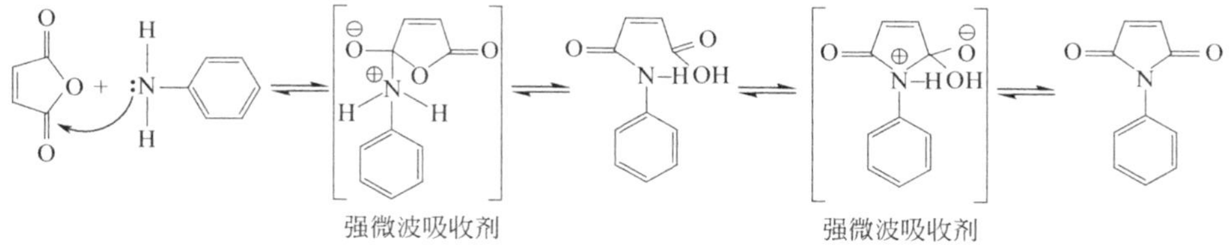

图 1.6　微波辅助 N-苯基马来酰亚胺的合成机理

Habibi 和 Marvi 分别用蒙脱土 KFS 和 K-10 为固体酸催化剂在无溶剂的情况下用微波辐射的方法合成包括脂肪族和芳香族在内的一系列 BMI 单体[20]。研究表明，芳香族 BMI 的产率高于脂肪族 BMI，KFS 的催化效果优于 K-10。

1.3.5　其他脱水闭环法

20 世纪 90 年代中期，日本学者 Toru 发明了六甲基二硅胺烷（HMDS）/路易斯酸催化脱水闭环制备马来酰亚胺的方法[21]。该方法操作简单、普适性强，除了合成马来酰胺外还可用于琥珀酰亚胺、酞酰亚胺等的合成；副产物少，产物中没有发现马来异酰亚胺的存在；另外产率高，脂肪族马来酰亚胺的产率高于 70%，芳香族马来酰亚胺的产率高于 90%。

1.4　双马来酰亚胺的结构与性能

BMI 单体来源广泛，几乎每一种二元胺采用适当的合成方法都可以制备出相应的 BMI。不同化学结构的二元胺所制备 BMI 的熔点、溶解性、反应活性以及其固化物的耐热性、热稳定性亦不相同。

1.4.1　BMI 的溶解性

BMI 单体多为结晶性固体，一般不溶于醇类、烷烃类溶剂，在极性溶剂中的溶解度也不尽相同。脂肪族 BMI 分子通常具有比较好的溶解性，易溶解于丙酮、四氢呋喃、氯代烷烃等常见的极性溶剂；而芳香族 BMI 的溶解性稍差，大多数只溶于 N,N-二甲基甲酰胺（DMF）、N,N-二甲基乙酰胺（DMAc）、二甲基亚砜（DMSO）、N-甲基-2-吡咯烷酮（NMP）等高沸点强极性溶剂。如何改善溶解性是 BMI 化学结构改性的主要研究问题之一。一般分子链的刚性强、结构规整度高、分子链堆砌密实、结晶完善的 BMI 单体，其溶解性较差。若在 BMI 分子骨架中引入柔性连接链，那么单体的溶解性会得到明显的改善。例如，二苯甲烷型 BMI、二苯醚型 BMI 以及二苯砜型 BMI 不溶于丙酮，但是内扩链的双酚 A 醚型 BMI 和二苯砜醚型 BMI 溶于丙酮[22]。芳香族 BMI 的苯环上引入取代基可以破坏分子结构的对称性，从而降低 BMI 的结晶性，获得溶解性良好的 BMI 单体。柯刚等设计合成了 3,3′-二乙基二苯甲烷型 BMI，该单体不仅溶于甲苯、石油醚等非极性溶剂和氯仿、丙酮、吡啶等非质子极性溶剂，在甲醇、乙醇中也有一定的溶解度[23]。

1.4.2　BMI 的熔点

脂肪族 BMI 一般具有较低的熔点（T_m），随着脂肪链的延长或者支链数的增加 T_m 降低。芳香族 BMI 的 T_m 相对较高，不对称因素（如取代基）的引入将使晶体的完善程度下降，熔点降低；另外，分子链刚性和极性的增加则使单体的熔点升高。通常芳香族 BMI 的 T_m 遵循如下规则：①两个马来酰亚胺官能团间的桥键（R）短、刚性大和分子结构对称度高的 BMI 单体的 T_m 高；②桥键 R 相同时，间位 BMI 的 T_m 低于对位和邻位；③R 分子量或链长增大时，BMI 的 T_m 下降；④R 的极性增加时 T_m 升高，如：含有酰胺键的 BMI 比含醚或酮键的高；⑤随 R 中醚键数目的增加 T_m 下降；⑥R 为刚性棒状芳酯基的

BMI，可作为热固性热致液晶聚合物，其 T_m 都很高[24]。一般来说，为了改善 BMI 树脂的工艺性能，在保证 BMI 固化物性能满足要求的前提下，希望 BMI 单体有较低的熔点。表 1.1 列出了部分常见 BMI 单体的熔点与固化参数[24-29]。

表 1.1　部分常见 BMI 单体的熔点与固化参数

R	T_m/℃	T_i/℃	T_p/℃	ΔH/(J/g)	E_a/(kJ/mol)
—(CH₂)₆—	136~138	177	—	—	104.2
—(CH₂)₁₀—	111~113	117	—	—	114.2
（苯环）	>340	—	—	—	—
（苯环）	199~203	215	253	263.7	—
（二苯甲烷，CH₂）	157~159	174	260	198	76.9
（二苯醚，O）	180~184	194	262	164	119.6
（二苯砜，SO₂）	248~252	260	273	33.6	—
（二苯砜，SO₂）	208~210	215,220	273	70.6	104.1
（双酚A型，C(CH₃)₂）	85	216	287	359.5	—
（双醚砜型，SO₂）	204~208	232	298	134.5	—

1.4.3　BMI 的反应活性

BMI 双键由于受到邻位羰基的拉电子作用使得双键高度缺电子，因而具有高的反应活性，易与多种亲核试剂如伯胺、仲胺、酰胺、酰肼、硫醇、酚、氰脲酸等进行 Michael 加成反应；与烯丙基化合物发生"ene"反应；与二烯发生 Diels-Alder 加成反应；与乙烯基和丙烯基发生共聚反应；在催化剂或热的作用下也可以发生自聚反应。

BMI 的固化性能与其结构密切相关，即固化活性取决于连接两个马来酰亚胺端基的桥键 R 的属性和亚苯基连接位置。不同结构 BMI 单体，固化行为有较大的差异。一般采用 DSC 放热峰的起始固化温度（T_i）、峰值温度（T_p）、固化反应热（ΔH）、反应活化能（E_a）等信息来识别和评价不同结构 BMI 的固化反应活性。表 1.1 列出部分常见 BMI 单体的熔点与固化参数[24-29]。

BMI 的反应活性遵循如下规则：①脂肪族 BMI 反应活性一般大于芳香族 BMI；②对于单亚苯基连接的 BMI，间位 BMI 的反应活性高于对位的；③双亚苯基 BMI 的亚苯基中间基团的极性越大，反应活性越低，如：二苯砜 BMI < 二苯醚 BMI < 二苯甲烷 BMI；④链延长 BMI 随着内扩链的长度、极性、位置、分子量、刚性等的不同导致反应活性也各有不同，例如：BMI 的内扩链的长度越长、极性越强、刚性越大，芳环对位连接，则其反应活性下降、固化温度升高；⑤含取代基 BMI 的取代基性质、体积和位置等不同可能导致其反应活性的改变，例如当二苯甲烷 BMI 的两个苯环上与马来酰亚胺环相邻的苯质子被甲基、乙基以及异丙基取代时，其衍生 BMI 的反应活性随基团体积的增加而下降；⑥当 BMI 双键上的氢被取代时，甲基等给电子取代基能使双键的聚合反应活性增大，而卤素等吸电子取代基则使其反应活性减小[24]。

1.4.4 BMI 的耐热性

耐热性是指材料在保持可用性能时所能耐受的温度，通常用玻璃化转变温度（T_g）来表示[5]。脂肪族 BMI 固化物由于含有刚性的酰亚胺五元杂环和高的交联密度而使其比其他脂肪族高分子材料具有更优越的耐热性；芳香族 BMI 固化物的耐热性更佳，完全交联均聚物的 T_g 超过 350℃，部分固化物的 T_g 甚至高于其热分解温度。BMI 的耐热性与交联密度、分子链的刚性、极性和堆砌密度等有关。对于未完全交联的固化物，交联度越高，T_g 越高；完全交联的固化物，含刚性或极性基团越多，分子链的堆砌越规整，T_g 越高。

1.4.5 BMI 的热稳定性

BMI 固化物的热稳定性取决于其主链骨架的分子结构，不同分子结构的 BMI 其热降解过程不同，主要包括以下两种形式。脂肪族 BMI 的固化物热降解机理见图 1.7。

① 脂肪族 BMI 固化物的热降解一般发生在马来酰亚胺环间脂肪连接链上，其中主要是酰亚胺附近的碳-碳键断裂，如图 1.7 所示。BMI 的固化物在热氧气氛中首先形成携带正离子自由基的酰亚胺环，然后自由基转移至脂肪链导致其

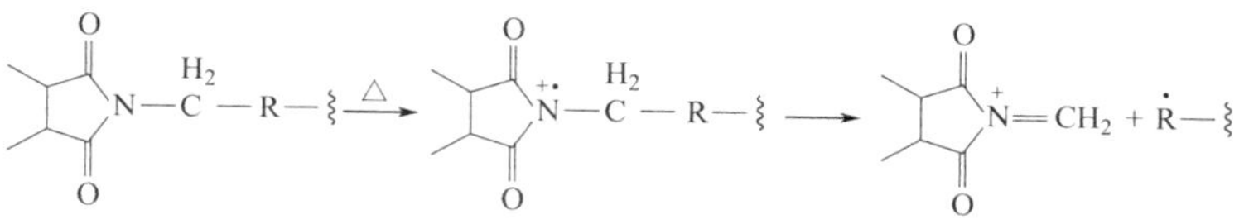

图 1.7 脂肪族 BMI 的固化物热降解机理

断链并产生自由基，自由基继续引发交联网络中脂肪链分解[5]。Stenzenberger 等发现脂肪族 BMI 固化热分解的失重率小于 $60\% \sim 70\%$ 时，热分解反应遵循一级反应机理，活化能在 $196 \sim 256 kJ/mol$ 之间，且活化能大小与马来酰亚胺环间脂肪连接链的长度呈线性关系[30]。Belina 的研究也表明随着脂肪桥键（—R—）的延长和支化度的增加，BMI 固化物的热稳定性变差[31]。表 1.2 为部分脂肪族 BMI 固化物的热分解参数[5,30]。

表 1.2 部分脂肪族 BMI 固化物的热分解参数

R	聚合条件	T_d/℃	失重率/%	活化能/(kJ/mol)
—$(CH_2)_2$—	1h×195℃+3h×240h	435	—	258.34
—$(CH_2)_6$—	1h×170℃+3h×240h	420	3.2	235.31
—$(CH_2)_8$—	1h×170℃+3h×240h	408	3.3	220.65
—$(CH_2)_{10}$—	1h×170℃+3h×240h	400	3.1	209.35
—$(CH_2)_{12}$—	1h×170℃+3h×240h	380	3.2	195.95

② 芳香族 BMI 固化物的热分解机理不同于脂肪族 BMI 固化物，其起始分解是马来酰亚胺环的裂解。这是因为酰亚胺环中氮原子核外孤对电子与相邻苯环 π 电子形成了 P-π 共轭结构，正离子自由基可以通过共轭链离域于整个离域体系中，正电荷为几个共轭原子所共有，形成了相当稳定、高度离域的正离子自由基。相比较于酰亚胺环间连接基团的耐热稳定性，酰亚胺环成了整个分子骨架中的受热薄弱环节，因而马来酰亚胺环的碳-碳键在热作用下最先分解[32]。图 1.8 为芳香族 BMI 固化物的热裂解反应式。BMI 固化物的热降解过程非常复杂，Torrecillas 等研究了二苯甲烷 BMI 固化物在氮气和空气中的分解行为，分别测定了在 500℃ 和 600℃ 热解时产生的可溶于丙酮的气体产物和非气体产物，结果表明分解产物中 90% 为 CO、CO_2 和 H_2O，其他分解产物为苯胺、乙苯、4-羟基丁酰胺、对甲苯胺、（二）异氰酸酯类化合物、丁二酰亚胺类化合物等[33,34]。Ninan 等发现二苯甲烷 BMI、二苯醚 BMI 和二苯砜 BMI 等固化产物的热稳定性都处在相同的水平上（表 1.3），这个现象也说明芳香族 BMI 体系的热稳定性主要决定于马来酰亚胺环[35]。

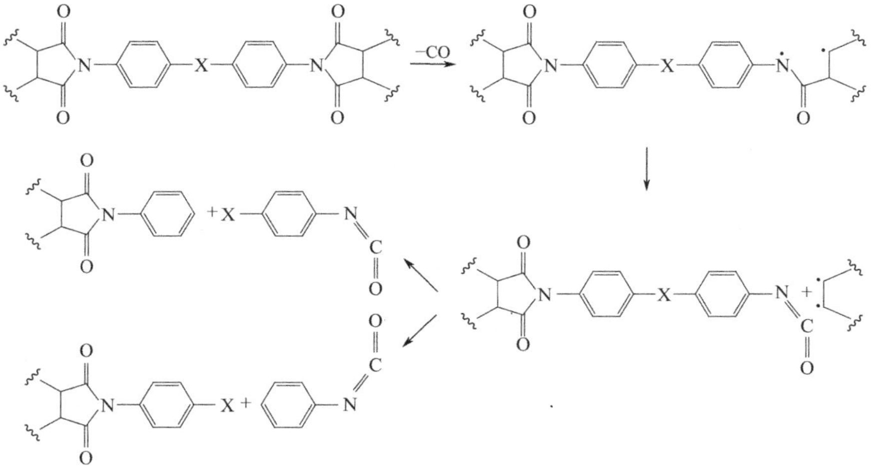

图 1.8　芳香族族 BMI 固化物的热降解机理

表 1.3　芳香族 BMI 固化物的热分解动力学参数

R	T_d/℃	T_{max}/℃	T_f/℃	600℃残炭率/%
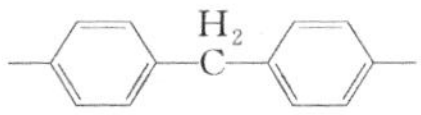 (结构式)	445	483	530	55
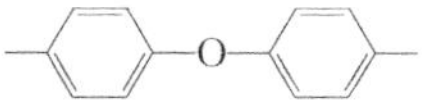 (结构式)	450	487	530	56
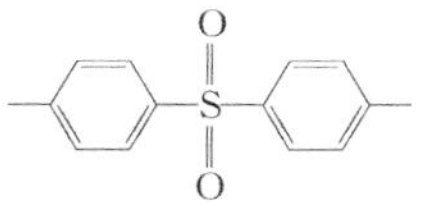 (结构式)	450	475	525	56
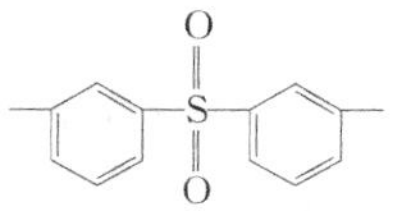 (结构式)	440	475	515	54

注：T_d 为开始分解温度；T_{max} 为最大分解速率温度；T_f 为完全分解温度。

1.5　双马来酰亚胺的固化

根据固化条件的不同，BMI 树脂的固化方法通常包括热固化、微波辐射固化、电子束辐射固化和紫外光固化四种。

1.5.1　BMI 的热固化

热固化是 BMI 最常用的固化方法，包括普通热固化和加催化剂热固化。即使没有催化剂存在，BMI 也能在热的作用下发生聚合。Brown 和 Hopewell 都用电子自旋共振研究了 BMI 的本体聚合反应，但两人提出了不同的反应机理[36-38]。前者认为 BMI 聚合过程中双键在热能作用下均裂产生双自由基从而引发 BMI 的聚合；后者认为 BMI 双键虽然没有苯环的双键稳定但是热引发均裂仍是比较困难的，而可行的热固化机理（图 1.9）是两个酰亚胺环通过形成电子给-受体络合物的途径产生两个独立的自由基，然后引发双键聚合，其中酰亚胺环中的羰基为电子给体，缺电子的双键为电子受体。Florence 研究了带有不同取代基 BMI 的热聚合，解释了电子效应和位阻对反应活性的影响[39,40]。

由于 BMI 的本体热聚合是通过自由基引发机制，所以酚类化合物可以阻滞反应的进行，而自由基引发剂则能加速反应。但是常规的自由基引发剂，例如：过氧化苯甲酰、偶氮二异丁腈等因为它们的分解温度太低而不适合 BMI 的本体聚合。Yang 等研究了活性较低的过氧化苯甲酸叔丁酯对 QY8911-Ⅲ 树脂固化反应的影响，发现催化剂的加入降低了固化反应的起始温度，但对固化放热峰温度的影响不明显[41]。这可能是过氧化苯甲酸叔丁酯高温半衰期太短所致，因此其也不适合作为 BMI 固化的引发剂。4,4-氧（双-三苯甲醇过氧化物）（图 1.10）则是一种非常好的引发剂，其最大分解速度的温度在 170℃，这个温度高于大部分 BMI 单体的熔点[42]。

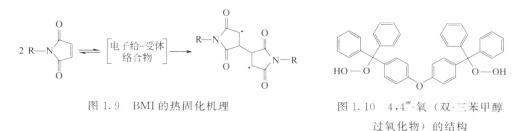

图 1.9　BMI 的热固化机理　　　　图 1.10　4,4‴-氧（双-三苯甲醇过氧化物）的结构

BMI 除了通过热引发或自由基引发剂引发的热固化外，也可以用叔胺、咪唑、三苯基膦、纳米颗粒等为引发剂进行阴离子聚合[43-45]。

1.5.2　BMI 的微波辐射固化

热固性树脂的微波辐射固化成型是利用微波的热效应。该效应能够引起材料的熔融等物理效应以及化学反应的发生。微波效应的机理是材料在外加电磁场作用下内部介质偶极子极化而产生的极化强度矢量落后于外电场一个角度，从而导致与电场相同电流产生，构成了材料内部的功率耗散，将微波能转化为热能。由此可见，微波加热是一种独特的"分子内"均匀加热。与传统的热固化相比，微波固化具有速度快、周期短、易控制、高效节能以及设备投资少的优点。此外，加热固化是一种热传导过程，材料内部存在温度梯度，使得树脂固化很难均匀和完全，易于产生较大的内应力。因而，微波固化能使材料的物理性能和力学性能得到改善[46,47]。Zainol采用微波加热和加热炉加热两种方式固化了Matrimid 5292A（二苯甲烷型BMI）树脂并利用红外和固体碳核磁跟踪了固化过程，发现两种固化的反应机理是一样的[48]。Liptak研究了Matrimid 5292A/B树脂分别经过热固化和微波固化的聚合物的动态热力学性能，结果表明微波固化聚合物的交联密度低于热固化聚合物的交联密度[49]。这可能有两方面的原因，一方面是微波固化的快速凝胶化可能包裹更多的反应性基团；另一方面交联度的增加降低了偶极子的活动能力，从而导致了微波热效应的降低。

1.5.3 BMI的电子束辐射固化

电子束辐射固化是以电子加速器产生的高能（$150\sim300\mathrm{keV}$）（$1\mathrm{eV}=1.602\times10^{-19}\mathrm{J}$）电子束为辐射源诱导含有特定组分的反应性液体树脂体系，引发其聚合、交联反应，从而快速转变成固体的过程。与传统热固化工艺相比较，电子束固化作为一种非加热加压的固化方法，可以实现聚合物及其复合材料的常温固化，且固化时间短、产品设计自由度大、固化过程容易控制以及对环境的污染性小。此外，电子束固化复合材料的制造成本低、制品的尺寸精度高且内应力小，其综合性能已赶上甚至超过常规的加热固化复合材料。电子束固化复合材料的树脂基体按固化机理主要分有两类：一是自由基加聚，二是阳离子均聚。这是因为高能电子束致使被辐射物电离，并产生一系列非常活泼的粒子，例如：阳离子自由基、低能电子、阳离子、自由基等。BMI的电子束辐射交联反应是按自由基加聚机理进行的，所以操作过程应在惰性气氛保护下进行，否则，氧的抑制作用将非常明显[50,51]。

缪培凯等研究了电子束辐照效应对二苯甲烷双马来酰亚胺结构和热性能的影响。红外结果表明，电子束辐照不仅引起了BMI双键的交联，也使得分子主链中的亚甲基电离激发产生自由基进而发生交联，其可能的交联结构如图1.11[52]。Florence等研究表明电子束不能使BMI充分固化，但加入活性稀释剂则能使反应活性大大提高[53]。Li等对BMI树脂体系的电子束固化进行了全面的研究，发现在不加引发剂的情况下低强度的电子束不能使BMI固化，而高强度的电子束之所以能使BMI固化度提高是因为电子束辐射使反应体系温度升高引起热固化；另外，引发剂只能在低转化率的时候加快固化反

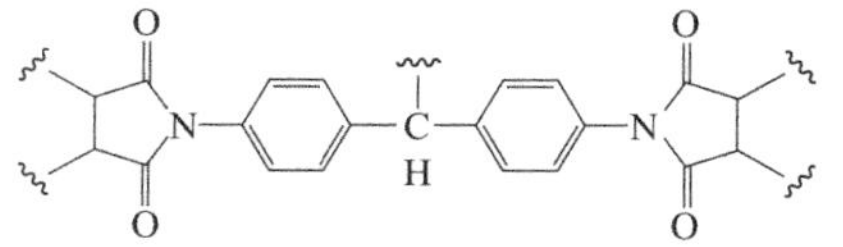

图1.11　辐照BMI可能存在的交联结构

应速度，并不能提高总的转化率[54]。秦涛等在二苯甲烷型 BMI 和双酚 A 二苯醚型 BMI 的低熔点混合物中加入适量的活性稀释剂、催化剂等方法研制出一种适于电子束固化的 BMI 树脂体系。经过 300kGy（1Gy＝1J/kg）的电子束辐射，所得浇铸体的玻璃化转变温度达到 260℃，室温模量为 4.2GPa，120℃ 模量为 3.5GPa[55]。吕智等详细探讨了活性稀释剂、辐射剂量对 BMI 树脂电子束固化的影响，分析了固化机理，并比较了电子束辐照固化与相应热固化制备的碳纤维增强 BMI 树脂基复合材料的力学性能[56]。

1.5.4　BMI 的紫外光固化

紫外光（UV）固化是指在适当波长和光强的紫外光照射下，光固化树脂体系中的光引发剂吸收辐射能后形成活性基团，进而引发体系中反应性基团（不饱和双键、环氧基团等）发生聚合、交联或接枝等反应，从而将低分子物质迅速转变为交联高分子产物的化学过程。由此可见紫外光固化本质是光引发的（交联）聚合反应，它包括自由基引发聚合和阳离子引发聚合两大类。相对于其他固化技术如热固化、光固化有着诸多的优点，如能耗低，固化时无溶剂挥发、低污染，在室温下能快速、完全固化，固化涂层物化性能优异等。因此其在光刻胶、光固化涂料、电子封装材料、光固化油墨、黏合剂、印刷材料等工业领域得到了广泛应用[57,58]。

BMI 树脂参与的紫外光固化反应是按自由基机理进行的，整个反应过程由光引发剂被紫外光激发分解生成初级自由基，初级自由基与单体反应生成单体自由基，单体自由基继续引发双键聚合直至单体耗尽等三步组成。

BMI 光固化分为自引发固化和光引发剂引发固化两类。具有光引发聚合能力的 BMI 又有两种：一是主链为脂肪族的 BMI；二是扭转型的芳香族 BMI，即与马来酰亚胺环相连的芳香苯环邻位上具有比氟原子或氯原子大的取代基，芳香苯环邻位上没有取代基的平面型芳香族 BMI 活性太低，基本不具备引发效果。N-烷基 BMI 光引发聚合过程是通过激发态的马来酰亚胺从供氢体提取氢后形成两个活性自由基从而引发聚合。所以聚合过程需要供氢体的存在，而夺氢反应可以在分子内进行也可以在分子间进行[59]。在 N-脂肪链 BMI 中加入一些易脱氢原子的供氢体，例如：乙烯基醚、乙烯基吡咯烷酮、对甲氧基苯乙烯等，能显著提高引发聚合的效率。Decker 研究了 N-脂肪链 BMI 在光引发下的均聚反应，其均聚的活性可以与丙烯酸树脂/光引发剂体系的反应活性相匹敌，且比后者有更高的转化率；另外报道了 N-烷基 BMI 与二乙烯基醚单体的光引发共聚，解释了光引发的机理以及固化物的结构[60-62]。

图 1.12 显示了光引发 N-脂肪链 BMI 分子内和分子间聚合的过程[60]。Miller 以不同结构 N-芳香族马来酰亚胺为模型化合物，比较研究了结构对 N-芳香族马来酰亚胺光引发的影响，结果表明酰亚胺和与之相连的芳环具有平面构象的单体不具备光引发功能；而两者能呈现扭曲构象单体的分子吸收紫外光后通过激发、系间窜跃较易跃迁到三线态，三线态含量较高，能够进行光引发聚合[63]。Abadie 等人对二苯甲烷型 BMI 的光固化进行研究，由于它分子结构中酰亚胺环和苯环存在共平面构象，所以其不具备引发 4-羟基丁基乙烯基醚与之共聚的功能，只有加入光引发剂三苯基氧膦（TPO）后光固化才能进行[64]。另外发现烯丙基双酚 A 是该体系的一种有效促进剂，能加速光固化反应。韩建等制备了二苯甲烷型 BMI/1,6-己二醇二丙烯酸酯体系，探讨了该反应体系的光固化条件，研究了光引发剂的种类和含量对体系的反应活性以及最终固化物性能的影响[65]。

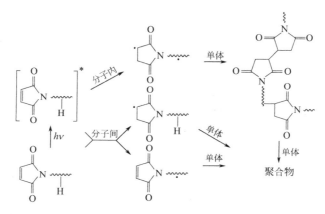

图 1.12　光引发 N-脂肪链 BMI 分子内和分子间聚合过程机理

1.6　双马来酰亚胺的改性

　　BMI 树脂具有优异的耐湿热性能、高强度及模量、卓越的力学性能和热膨胀系数小等优点，但是未改性 BMI 的熔点及熔融成型温度高、普通溶剂的溶解性差、熔体黏度大、固化物冲击韧性差，因此必须对其进行增溶、增韧改性之后才能在实际工业中应用。目前针对 BMI 树脂改性研究的主要方向包括：降低单体熔点及熔体黏度、提高溶解性、提高固化物韧性、改善成型工艺性、降低成本等。BMI 树脂增韧改性的方法很多，主要包括：与烯丙基类化合物共聚改性，与环氧树脂、苯并噁唑及氰酸酯等热固性树脂共聚改性，与二元胺加成扩链改性，与热塑性树脂、功能化无机纳米粒子等共混改性，设计合成新型链延长型 BMI 单体及其他改性方法。

1.6.1 烯丙基类化合物共聚改性

烯丙基类化合物（AC）与 BMI 共聚改性是目前应用最成功的方法之一，所得预聚物溶解性好、易存储、黏附力好，固化物韧性好、耐湿热性能优异，并且具有良好的力学性能与电性能，其应用领域遍及树脂基复合材料的树脂基体、胶黏剂以及涂料等领域。烯丙基类化合物可与 BMI 单体共聚生成具有三维网状结构的高度交联韧性树脂，其反应机理较为复杂，固化过程中发生的主要反应包括[66-70]：①烯丙基双键在较低温度下与马来酰亚胺环（MI）上的活性双键按照摩尔比 1∶1 发生 "ene" 加成反应，生成线型共轭二烯中间体；②随后生成的共轭二烯中间体在较高温度下与酰亚胺环双键进行 "Diels-Alder" 反应以及芳构化重排反应，生成三维交联网络结构；③固化过程中阴离子酰亚胺发生齐聚反应；④BMI 以及烯丙基在较高温度下的自聚合反应等。

（1）2,2′-二烯丙基双酚 A（DABPA）改性 BMI

二烯丙基双酚 A 常温下为琥珀色黏稠状液体，加热黏度较低，价格低廉，可与 BMI 进行熔融共聚反应，是 BMI 改性体系中应用最广泛的烯丙基类化合物。DABPA/BMI 改性树脂最具代表性的是由 Ciba-Giegy 公司于 1984 年开发的 XU292 体系，其主要由 DABPA 与二苯甲烷型 BMI 共聚制得，预聚物软化点较低，溶解性好，配制的胶液储存期长，制备的预浸料黏附性好；固化树脂的强度和韧性优异，耐湿热性能良好，经过 250℃ 后处理之后，玻璃化转变温度（T_g）大幅度提高。XU292/石墨纤维复合材料具有良好的耐热及热老化性能，该体系主要应用于先进复合材料树脂基体及高性能胶黏剂方面。二烯丙基双酚 A 与 BMI 共聚改性能够显著改善树脂体系的韧性与加工性能，但由于烷基的引入以及交联密度的下降，改性树脂耐热性能降低。近些年，对于 BMI 改性工作的研究重点是在提高树脂体系韧性的同时，保证材料优异的耐热性能与机械强度，使得改性树脂综合性能达到最优。研究者们开发了大量新型含烯丙基的化合物用于改性 DABPA/BMI 树脂体系，如二烯丙基双酚 S、二烯丙基双酚 F 等。

（2）烯丙基酚氧树脂改性 BMI

环氧树脂的环氧基是一个张力很大、不稳定的三元环，受烯丙基苯酚上的活性酚羟基的进攻容易发生开环加成反应，生成的烯丙基酚氧树脂结构可设计性强，通过调整主链化学结构以及烯丙基含量可制备出一系列满足不同实际需要的酚氧树脂体系。烯丙基酚氧树脂可作为 DABPA/BMI 树脂体系改性剂使用，控制适当的预聚温度与时间可得到在丙酮中溶解性能优异，储存期长，适用于制备纤维预浸料的改性 BMI 树脂基体[71]。李玲等[72,73] 对烯丙基酚氧树脂改性

BMI 体系的固化特征及动力学进行了研究，发现其反应机理与烯丙基双酚 A 改性 BMI 一致。他们还利用 BADPA、双酚 A 及 E-51 环氧树脂为原料合成三种烯丙基酚氧树脂，研究了其结构对于改性树脂体系的溶解性、反应活性及耐热性能的影响，结果表明烯丙基酚氧树脂与 DABPA/BMI 的反应性良好，所得预聚物溶解性好，固化物的韧性及耐热性能优异；由于大量—OH 的引入，树脂预浸料具有优异的黏附性；固化反应放热平缓，接近一级反应。胡睿等[74] 也同样合成了三种新型烯丙基酚氧树脂，将其与 BMI 共聚所得预聚体系在 140℃ 下黏度低，凝胶时间长，160℃ 以上反应速度加快，具有良好成型工艺性的同时韧性和耐热性能也得到很好的保证，冲击强度最高可达 22.31kJ/m^2，后处理之后的热变形温度（HDT）可达 300℃ 以上。Ambika 等[75] 研究了酚醛环氧/DABPA/BMI 三元共聚树脂体系的反应机理及耐热性能，结果表明树脂体系的 T_g 随着 BMI 含量的增加而提高；固化反应放热平缓，工艺性能良好。

（3）烯丙基线型酚醛树脂改性 BMI

采用强韧的热塑性树脂改性 BMI，能够同时兼顾体系的耐热性能与韧性，但也存在溶解性差、成型温度高等工艺上的缺陷。在酚醛树脂中引入烯丙基结构，通过烯丙基可与 BMI 进行共聚反应，同时在体系中引入大量耐热性基团以保证改性树脂的耐热性能。Yao 等[76] 制备了烯丙基线型酚醛树脂与 BMI 共聚树脂体系，研究了酚醛树脂烯丙基化程度对于体系性能的影响，结果表明高度烯丙基化程度酚醛树脂/BMI 体系（BMAN15）综合性能优异，以其为基体的复合材料在高温下（350℃）仍可保持较高强度与模量，模量保持率将近 90%。Zhang 等[77] 制备了烯丙基线型酚醛改性 BMI 耐磨材料，其研究结果表明体系的结构对固化机理和材料性能产生一定的影响，随着线型酚醛树脂分子量的增大以及烯丙基含量的增加，改性树脂体系的耐热性能提高。何先成等[78] 合成并表征了烯丙基酚醛树脂，将其与 BMI 进行共聚，所得改性树脂体系表现出优异的耐热性能，其固化物 5% 失重温度高达 410℃，T_g 约为 330℃，适用于 RTM 成型工艺。

（4）其他烯丙基化合物改性 BMI

含硼聚合物一般都具有优异的耐热、耐辐射及耐烧蚀性能，含硼烯丙基化合物与 BMI 共聚可有效提高树脂体系的耐热及耐烧蚀性能。范儆等[79,80] 研究了三种不同结构烯丙基硼酸酯改性 BMI 的反应性、工艺性以及固化物耐热性能，结果发现改性树脂具有较高的热变形温度及高温残炭率。

含烯丙基的醚酮树脂可与 BMI 形成两相体系，从而改善树脂韧性，同时由于烯丙基与 BMI 发生共聚反应导致两相界面积提高。改性树脂固化物的强度及 T_g 随着烯丙基含量的增加有所提高，断裂韧性稍有下降。N-烯丙基芳胺（AN）

结构中同时含有能够与 BMI 进行共聚反应的烯丙基与氨基，且反应温度较低。AN 改性 BMI 树脂体系预聚物的软化点低、溶解性好、易于储存，130℃凝胶化时间可长达 150min[1]。Lin 等[81] 研究了不同类型 BMI 与烯丙基胺共聚反应的机理及反应活性，二苯甲烷型 BMI 与烯丙基胺发生 Michael 反应，二苯砜型 BMI 与烯丙基胺通过酰亚胺环上 C—N 键的断裂发生酰胺化反应，二苯醚型 BMI 与烯丙基胺可同时发生上述两种反应。当烯丙基胺含量为 50%（摩尔比）时，改性二苯甲烷 BMI 树脂具有最优的力学性能及耐热性能。喻淼[82] 等研究了烯丙基甲酚醚（AMPE）改性 BMI/DABPA 树脂体系及其复合材料性能，AMPE 作为一种活性稀释剂，当添加量适当时，可在减小体系黏度的同时，提高固化物耐热性与力学性能。

1.6.2 二元胺扩链改性

BMI 两端马来酰亚胺上的双键受邻近羰基吸电子作用的影响，具有较高的反应活性，易受含活泼氢化合物等亲核试剂的进攻发生 Michael 加成反应，延长了双马来酰亚胺分子链的长度，所得树脂固化物的交联密度显著下降，从而改善 BMI 树脂的性能。国内外不少学者对于二元胺改性 BMI 的反应机理进行了详尽研究[83-85]，一般认为其固化过程经历链式聚合和固化交联两个阶段，主要包括三个反应：①伯胺与马来酰亚胺环上的双键进行 Michael 加成反应，使得 BMI 分子链延长；②生成的肿胺在更高温度下也可与双键进行加成反应，形成交联网络；③过量的 BMI 在较高温度下可发生自聚合反应，形成高度交联网络结构。前期链式预聚合阶段延长了 BMI 活性端基间分子链的长度，从而降低固化树脂的交联密度，提高材料冲击韧性。所得预聚树脂一般都具有较好的溶解性，这可能是因为分子链延长在一定程度上破坏了 BMI 单体分子结构的规整排列，降低了结晶性能。

Tungare 等[86] 研究了不同摩尔比二元胺改性 BMI 树脂的固化行为，并利用红外与 DSC 分析了加成反应与自聚合反应的动力学。其结果表明伯胺与马来酰亚胺双键的亲核加成反应遵循二级反应机理，其反应速率比 BMI 双键的自聚合反应至少快两个数量级。Yerlikaya 等[87,88] 以芳香族二元胺与不同结构 BMI（摩尔比 3:2）进行加成聚合反应，制备出一系列马来酰亚胺封端树脂体系及其碳纤维增强复合材料，研究发现将醚键引入树脂体系，能够提高聚合反应速率以及树脂分子量，主链中仅含苯环结构树脂体系，由于分子结构刚性，使得溶解性较差，熔点较高；改性树脂基碳纤维复合材料具有优异的耐热性能，并且随着树脂主链分子中醚键含量的增加，树脂的内聚能密度、T_g 及 T_m 均有所升高，且与纤维黏结能力增强，层间剪切强度提高。

Hopewell 等[89,90] 采用近红外光谱定量分析了二元胺改性 BMI 树脂熔融聚合过程中各官能团的反应程度，研究了固化反应机理和动力学。研究结果发现二元胺与 BMI 的加成反应遵循二级反应机理，伯胺与中间体仲胺对聚合反应起到自催化的作用，并且伯胺具有更高的反应活性；当反应程度高于 70% 时，反应动力学需要考虑扩散控制的影响，分子链段运动的活化能以及交联网络的 T_g 都会对反应产物速率产生影响；体系中马来酰亚胺双键的自聚合反应产物非常微量，其反应速率与树脂体系的黏度密切相关。Regnier 等[91] 研究了不同固化工艺对于二元胺改性 BMI 树脂固化物交联网络化学结构的影响，结果表明低温固化有利于扩链加成反应，温度高时则发生交联反应。Wu 等[92] 研究了二元胺与 BMI 不同聚合条件，如摩尔比、溶剂、反应温度、催化剂等对预聚程度及固化物性能的影响。Sipaut 等[93] 以二苯甲烷 BMI、4,4′-二氨基二苯甲烷（DDM）为基体，过氧化二异丙苯（DCP）为催化剂，制备了固化时间短、加工窗口宽、固化物综合性能优异的树脂基体，优化了制备工艺条件，如：摩尔比、催化剂用量、反应温度等。结果表明合适的催化剂用量可以在不影响链延长反应的情况下，加速体系高温下的交联反应。Ozawa 等[94] 制备了 L-赖氨酸甲酯/BMI 共聚物，研究了不同摩尔比对共聚物的分子量、固化行为及其固化物性能的影响。

1.6.3 热固性树脂改性

选用两种或多种热固性树脂改性 BMI，各组分之间可以起到很好的协同作用，使得改性树脂体系的综合性能最佳，从而有效改善单一树脂的缺陷[95]。改性 BMI 树脂的常用热固性树脂主要包括环氧树脂、氰酸酯树脂以及苯并噁嗪等。

环氧树脂作为应用最成熟的热固性树脂之一，具有成本低廉、树脂黏性好、固化物力学性能优异等特点。BMI 树脂均聚物一般含大量高度交联刚性的芳香族结构，冲击韧性差，为了在树脂耐热性能不至于下降太多的前提下，改善 BMI 树脂的韧性，国内外不少研究者用环氧树脂对 BMI 进行改性，一般采用芳香族二元胺为固化剂，常用环氧树脂主要包括双酚 A 型环氧树脂 E-44、E-51、酚醛环氧树脂 F-51 等[96]。一般环氧树脂改性 BMI 是在二元胺/BMI 共聚扩链改性的基础上加入环氧树脂，二元胺/BMI 加成产物中的仲胺可引发环氧树脂开环聚合。BMI/二元胺/EP 体系中包含多种可以相互反应的官能团，其固化机理相对比较复杂（图 1.13），可能的反应包括：二元胺与 BMI 的 Michael 加成反应、二元胺及 Michael 加成产物中仲胺与 EP 的开环反应、EP 与羟基间醚化反应、EP 开环自聚反应以及 BMI 自聚反应[97-100]。

Musto 等[101-103] 对于四官能团化环氧树脂 TGDDM/BMI/二元胺 DDS 体系的固化反应机理及交联网络结构进行了详细的研究，结果表明体系固化物中存

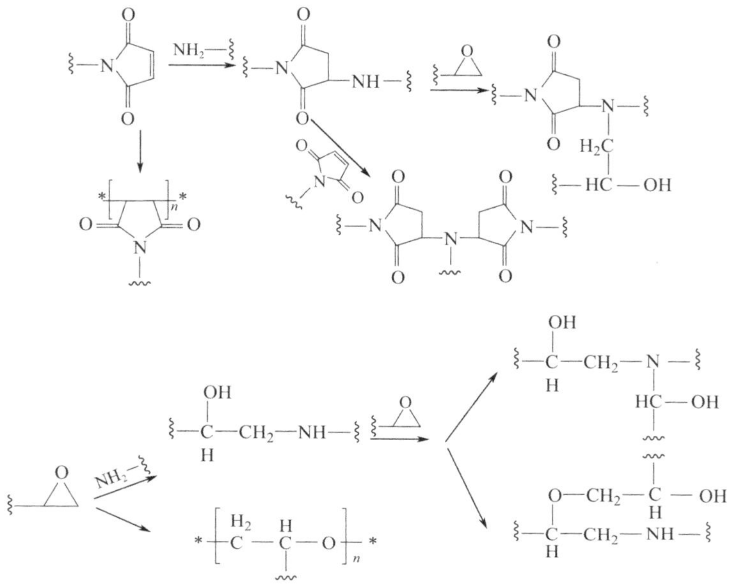

图 1.13　BMI/DA/EP 体系的固化反应机理

在 BMI 自聚以及 TGDDM/DDS 两种不同结构交联网络；当 BMI 自聚反应程度超过 70% 时，残存的 BMI 可通过小分子运动在环氧固化网络结构间形成小环结构，从而降低交联密度。Scola 等[104] 采用二元胺与双马来酰亚胺共聚合成了一系列含氨基预聚物，并将其用作环氧树脂固化剂，研究了固化物及其复合材料的吸水性、耐热性及力学性能。王伟等[105] 研究了酚醛环氧树脂 F-51 增韧 BMI/二元胺预聚体系，其中 BMI 与二元胺摩尔比为 2：1 时，所得固化物耐热性能及韧性都较好。结果表明随着 F-51 用量的增加，体系韧性、弯曲强度增加，压缩强度基本不变，但耐热性能略有下降。Xiong 等[106] 研究了含酚酞结构 BMI/E-51/DDS 体系固化反应机理及固化物性能，结果表明随着环氧含量的增加，改性树脂体系的耐热性稍有下降，弯曲强度及模量变化不大，但体系冲击强度显著提高。王居临等[107] 采用四种不同环氧树脂分别改性 BMI，探讨了环氧树脂对 BMI 的增韧增强效果。结果表明体系中 EP 和 BMI 的固化反应相对独立，共混树脂相容性很好，且固化物具有优异的耐热性能。近些年，热致性液晶聚合物增韧改性研究也引起了人们的广泛研究与关注。方秋霞等[108] 讨论了液晶环氧树脂改性 BMI/DA 体系的固化动力学、液晶环氧的液晶温度区间对固化工艺的影响，并确定了最佳固化工艺参数。

　　氰酸酯（CE）是一种具有优异耐湿热性能及介电性能的热固性树脂，CE 对 BMI 的改性可在不降低体系耐热性的同时，提高韧性及介电性能的效果，引起了人们的广泛研究与关注。CE 对 BMI 的改性机理存在两种观点：一种是 CE 与 BMI 形成互穿网络结构（IPN）达到增韧的效果[109]；另一种则认为 CE 与 BMI 发生了共聚反应[110,111]。CE/BMI 二元体系固化物通常会出现两个玻璃化转变温度，在体系中引入含氰酸酯基、烯丙基、氨基等活性官能团的单体可以充当 CE/BMI 固化交联剂，烯丙基和氨基可与 BMI 反应，同时氰酸酯基与 CE 反应生成三嗪环结构，此时体系中只有一个 T_g。

王万兴等[112] 采用氰酸酯树脂与双马来酰亚胺进行共聚反应，形成双马来酰亚胺三嗪树脂体系，并用二烯丙基双酚 A 对其进行改性，DABPA 在体系中既可作为 BMI 的改性剂，又可作为 CE 的催化剂，通过优化固化工艺，制备了具有良好耐热性、介电性能及力学性能的树脂体系。Hamerton 等[113-117] 合成了一系列含烯丙基或丙烯基的 CE，并将其作为 CE/BMI 体系的共聚单体，研究结果发现丙烯基取代 CE 反应活性更高，在专用催化剂的作用下当 BMI 与烯丙基化 CE 发生 "ene" 及 "Diels-Alder" 反应之后，CE 树脂能够发生三嗪化反应，从而形成连接互穿网络结构（LIPNs）；烯丙基化 CE 的加入能够显著改善 CE/BMI 体系的吸湿性能。Fan 等[118,119] 研究了 CE/BMI/DABPA 三元共聚体系的介电性能、耐热性及力学性能，结果表明 DABPA 交联剂的作用能够保证 CE 在更低温度下固化，并且在互穿聚合物结构中保持自身优异的介电性能。Reghunadhan 等[120,121] 研究了双酚 A 型 BMI/双酚 A 型氰酸酯二元体系的固化行为，结果发现在催化剂二月丁酸二丁基锡作用下，两组分的固化反应是独立进行的，形成马来酰亚胺-三嗪树脂网络结构，且固化物的热降解也是分为两个阶段，分别对应各组分固化交联网络；另外他们还将 N-(氰酸酯基苯基) 马来酰亚胺引入上述二元体系中以改善两组分的界面性能。

Hu 等[122,123] 制备了一种新型含氨基的介孔二氧化硅，并用其改性 CE/BMI 树脂体系，结果表明改性体系的介电常数及介电损耗都很低，并且耐热性能优异。另外他们还对合成八面体乙烯基倍半硅氧烷（VPOSS）的方法进行了优化，并制备了 VPOSS/CE/BMI 体系，研究了 VPOSS 的添加量对于 CE/BMI 固化行为、耐热性、力学性能及介电性能的影响。结果表明，VPOSS 的加入对体系固化行为影响不大，但却改变了原有的化学结构与宏观性能，比如：三元体系的介电性能、吸湿性能及尺寸稳定性均明显提高。Wu 等[124] 将环氧树脂 TDE-85 与 BMI/CE 二元体系进行共聚，制备互穿聚合物网络三嗪树脂体系，为了进一步改善树脂韧性，采用纳米 SiO_2 对其进行改性，研究了纳米 SiO_2 对树脂体系耐热性能及力学性能的影响。Ganesan 等[125] 合成一种含席夫结构的 CE，并用其改性 BMI 树脂，研究了改性树脂及其复合材料的性能。结果表明改性 BMI 树脂体系在保持优异耐热性的同时，力学性能得到提高。

在酚醛树脂的基础上，人们开发了另一类高性能热固性树脂：苯并噁嗪（BOZ），其在加热或催化剂作用下，能够发生开环聚合反应，生成类似酚醛树脂的网状结构，固化物同样具有优异的耐热性能、介电性能及力学性能。BOZ/BMI 共混树脂体系的固化收缩率降低、与 BMI 树脂反应活性较高并且固化物力学性能优异。李玲等[126,127] 研究了 BOZ/BMI 树脂体系固化反应机理及动力学，其研究认为改性树脂体系的固化反应主要包括：苯并噁嗪开环聚合反应、双马来酰亚胺自聚反应以及与羟基的加成聚合反应；固化反应放热峰温度与 BMI 用量无关，固化反应近似一级反应。Takeichi 等[128,129] 采用两种苯并噁嗪共混物对 BMI 树脂进行改性，通过红外及 DSC 分析了改性树脂体系固化过程中可能发生的反应，得出的结论与李玲等人的研究一致。另外他们还采用一种高分子量苯并噁嗪对 BMI 进行改性，研究发现固化反应过程中苯并噁嗪开环聚合形成的酚羟基与 BMI 双键进行加成反应，形成的柔性醚键使得改性树脂膜的冲击及弯曲性能提高。BOZ/BMI 共混体系固化网络主要包含 BMI 自聚网络以及 BOZ 开环聚合网络，两者之间相对独立，BOZ 的 T_g 较低影响了体系的耐热性能，因此不少研究者制备出一系列功能化 BOZ 作为 BOZ/BMI 共混体系的交联剂，主要包括含烯丙基及氰基的 BOZ 改性 BMI。Santhosh 等[130] 研究了烯丙基型 BOZ/BMI 体系的固化及热性能，结果表明烯丙基型 BOZ 对 BMI 的固化反应起到催化作用，固化物为单相结构，且分子间氢键的存在使得体系的 T_g 及耐热性能有所提高。Zhang 等[131] 研究了氰基苯并噁嗪 CNBZ/BMI 体系，由于氰基在加热或催化作用下能够生成三嗪环结构，这与氰酸树脂中氰酸基的反应类似，因此相对于传统 BOZ，其对 BMI 树脂具有更好的改性效果，固化物具有优异的耐热性能，BMI 含量为 80% 时，T_g 可高达 334℃。Lin 等[132] 设计合成了准确含两个酚羟基的苯并噁嗪，并用其改性 BMI 树脂，研究了体系结构与性能之间的关系，结果显示改性体系具有更高的固化反应活性，所得固化物的耐热性能优异。Wang[133] 等采用双酚 A 苯酚苯并噁嗪和 BMI 为原料，以咪唑为催化剂制备了一种新型具有双连续相分离形态的 BOZ，结果表明具有相分离形态共混体系的耐热性能及韧性均有所改善。

为了更好地综合各类热固性树脂的优点，采用两种或两种以上热固性树脂对 BMI 改性也逐渐引起了人们的广泛关注与研究。Wu 等[134] 采用双酚 A 型二氰酸酯对 BOZ/BMI 体系进行了改性研究，通过 DSC 研究了三元共聚体系的非等温固化动力学及固化物的耐热性能、吸湿性能和力学性能。研究结果表明二氰酸酯的引入改变了固化物交联网络的化学结构，从而极大地影响了体系的力学性能和耐热性能；当二氰酸酯含量适当时，体系冲击强度可提高 1.4 倍，弯曲强度提高 1.3 倍，耐热性能也有所提高，吸湿性能稍微下降。Wang 等[135] 合成了一种新型羟基封端苯并噁嗪（Boz-BPA），并采用熔融法制备 CE/BMI/ Boz-BPA 三元树脂体系，结果表明 Boz-BPA 的引入能够显著改善树脂体系的韧性和强度，CE/BMI 的冲击强度可达 14.3kJ/m^2，弯曲强度可达到 128.6MPa。

1.6.4 热塑性树脂改性

热塑性树脂（TP）是一类具有强而韧、耐热等优点的高性能树脂体系，因此用其对 BMI 进行改性，能够在保持 BMI 树脂优异耐热性能、力学性能的同时有效改善固化物韧性。目前常用热塑性树脂主要包括：聚醚酰亚胺（PEI）、聚酰胺酰亚胺（PAI）、聚醚砜（PES）、聚苯并咪唑（PBI）、聚芳醚砜（PES-C）、聚苯醚砜（PPO）、聚芳醚酮（PEK-C）、改性聚醚砜（PESU）等。

热塑性树脂能有效增韧热固性树脂，主要是由于相分离过程中产生了微观两相结构。随着固化反应不断进行，热塑性树脂的引入改变了 BMI 树脂的聚集态结构，导致两相相容性逐渐下降，发生相分离，体系由初始的均相逐渐形成一种微观两相结构（海岛或者互穿网络结构）。这种结构有利于银纹和剪切带的形成，导致材料发生较大变形，同时裂纹的进一步扩展被热塑性树脂颗粒及银纹和剪切带的协同作用有效阻止，材料破坏需要消耗更多能量，因此树脂韧性得到改善[136]。固化反应诱导相分离过程的热力学、动力学及固化反应，热塑性树脂本身的主链结构、韧性、分子量、添加量、活性端基以及 TP 与 BMI 的相容性等因素都会对热塑性树脂的增韧效果产生影响。利用共混改性树脂体系的溶解度参数以及相分离时的临界溶解度参数之差，可以预测随着固化反应的进行共混体系何时进入相分离区域，由此可以控制热塑性树脂的分子量及组成，使得固化反应进行到一定程度时发生两相分离，达到最佳的增韧效果。随着固化反应的进行，热固性树脂会发生凝胶化，因此需要通过合理控制固化反应温度及凝胶化时间使相分离发生在凝胶化之前，并形成粒径尺寸合适的增韧相，从而获得最佳的增韧效果[137]。

张晨乾、程雷、王汝敏、Liu 等[138-141] 分别研究了—OH 封端聚芳醚砜及酚酞聚芳醚砜对 BMI 树脂的固化反应及增韧改性效果。结果表明，热塑性聚芳醚砜类化合物能够在保持 BMI 树脂耐热性能和力学性能的同时，起到显著的增韧效果。Liu 等[142,143] 研究了聚芳醚改性 BMI 树脂体系相分离，结果表明随着聚芳醚含量的增加，体系发生了相转变，逐渐由分散相变为双连续相；聚芳醚分子量增加，出现相转变所需用量将会减少；体系的微观形态对力学性能也会产生一定影响。吴寅、胡晓兰、Nazakat、丁富传等[144-147] 分别对聚醚酮、酚酞聚芳醚酮及含芴基聚芳醚酮改性 BMI 树脂固化动力学、固化物力学性能、耐热性能等进行了研究。李洪峰等[148] 研究了聚酰胺酰亚胺（PAI）对于 BMI/DABPA 树脂体系改性效果，结果表明 PAI 添加量为 3% 时，体系的冲击韧性即得到明显提高，同时耐热性能几乎不受影响。董留洋等[149] 采用聚醚酰亚胺（PEI）对共聚双马来酰亚胺树脂进行了增韧改性研究，结果表明当 PEI 添加量为 15% 时，体系冲击强度提高 88%，且体系黏度低，成型加工性能优异。上官久桓等[150] 利用具有优异耐热性能和良好溶解性的含杂萘联苯结构聚芳醚腈酮（PPENK）改性 BMI/DABPA 树脂体系，研究了改性树脂固化行为及固化物的性能。

热塑性树脂与 BMI 树脂相容性也是影响材料性能的主要因素之一。为了改善两者的界面结合状态，许多研究者将—OH、烯丙基、—NH$_2$ 等活性基团引入到 TP 分子主链结构中，并将所得一系列官能团化 TP 用于 BMI 树脂的增韧改性。Mather 等[151] 合成并研究了新型烯丙基官能化的超支化聚酰胺（AT-PAEKI）改性 BMI/DABPA 树脂体系，结果表明超支化聚合物作为一种树脂改性剂使用时，表现出良好的相容性与低黏度，有利于改善树脂体系的工艺性；超支化聚酰胺（AT-PAEKI）的加入在降低体系的熔融黏度，改善了成型工艺性的同时也提高了固化物的耐热性、韧性以及力学强度。Hamerton 等[152] 合成了一种含丙烯基聚芳醚砜，并用其改性 BMI/DABPA 树脂体系，研究了体系的固化行为。

超支化聚合物（HBP）是一种具有高度支化三维网状结构的高聚物，其分子结构规整度低、分子链柔顺性好、分子间作用力小且含大量支链与活性官能团，因此具有黏度低、溶解性良好、反应活性高、无明显链缠结等优点。其合成工艺相对简单、可直接采用本体聚合方法制备，在热固性树脂增韧改性方面受到人们的广泛关注。近年来，有关 HBP 增韧 EP、BMI 等热固性树脂的报道较多[153-158]。研究结果表明 HBP 可在保持树脂体系模量和 T_g 的同时，有效改善韧性和成型工艺性，并且活性端基可参与固化反应调节各组分之间的理化性能，从而使得材料具有最佳综合性能。Tang 等[159] 采用一步法合成含端—OH超支化聚芳醚酮（HBP-OH），进而制备了烯丙基封端超支化聚芳醚酮（HBP-AL），研究了 HBP-AL 改性 BMI 树脂的性能，结果表明改性树脂体系具有优异的加工性能，110℃时黏度小于 0.6Pa·s，固化物具有较高的 T_g 及优异的耐热性能；在保持材料高模量的同时，冲击性能得到明显改善。Dang 等[160] 研究了超支化聚硅氧烷（HBPSi）改性 BMI/DABPA 树脂体系的性能，结果表明选择合适的 HBPSi 添加量，不仅能够显著改性树脂体系的韧性，耐热性和介电性能也得到明显提高。Sun 等[161,162] 采用氨基封端 HBPSi 改善 PEI/BMI/DABPA体系各组分相容性的同时，材料的韧性及介电性能也有所提高。Chen 等[163] 设计合成了一系列含大量氨基的多功能化梯度聚硅氧烷（PN-PSQ），对 PN-PSQ/BMI 体系的研究结果表明 PN-PSQ 的加入能够显著改善树脂的固化工艺性、耐热性、尺寸稳定性、阻燃性能及介电性能。

1.6.5　功能化无机化合物改性

目前，BMI 改性用功能化无机材料主要包括碳纤维（CF）、SiO_2、碳纳米管（CNTs）、晶须、氧化石墨烯等[164]。

Zhou 等[165] 制备了离子液体处理石墨烯改性 BMI/DABPA 树脂体系，通过 DMA、介电测试及微观形貌分析研究了石墨烯对 BMI 树脂耐热性能和电性能的影响。其研究结果表明当石墨烯添加量为 4%（质量分数）时，改性 BMI 树脂体系的介电常数明显提高，并且树脂固化物弹性模量及玻璃化转变温度也显著提高。为了更好地改善石墨烯片层在树脂体系中分散性及其与 BMI 树脂的界面结合状态，Liu 等[166] 制备了表面氨基化石墨烯片层（FGS），并研究了其对 BMI 树脂力学性能与耐热性能的影响，其研究表明 FGS 能在保持树脂耐热性能的同时，有效改善体系冲击韧性。

Wang 等[167] 研究了多层壁碳纳米管的长度对 CNT/BMI 树脂体系耐热性、电性能及力学性能的影响，研究发现较长的碳纳米管使复合材料耐热性及导电性提高，但对拉伸强度及杨氏模量没有影响。Han 等[168] 研究了功能化碳纳米管（CNTs）的添加量及功能化程度对 BMI 树脂体系力学性能和耐热性能的影响，其结果显示影响 CNTs 改性 BMI 树脂的主要因素包括 CNTs 的分散性及其与树脂界面结合性和相容性；CNTs 对 BMI 树脂体系的力学性能及玻璃化转变温度有较大影响，但对其耐热性能的影响不大。

Yao 等[169] 研究了中空 SiO_2 管改性 BMI/DABPA 复合材料的力学性能、介电性能及阻燃性能，研究发现中空 SiO_2 管的含量为 0.5%（质量分数）时，复合材料的冲击强度可提高 2.2 倍；体系在保持良好耐热性的同时还表现出优异的电绝缘性能及阻燃性能。Hu 等[122,170] 采用—NH_2 功能化介孔 SiO_2（MSPA）粒子，制备了具有优异耐热性能及介电性能的 MSPA/BMI/CE 复合材料。

Surender 等[171-173] 研究了有机黏土对 BMI 树脂的固化及热分解行为的影响，其研究发现黏土颗粒对树脂体系的熔点及固化温度没有影响，却使树脂的固化反应热降低；黏土添加过量将会出现团聚现象，导致纳米复合材料转变为微米复合材料，体系耐热性能会有所降低。

Zhao 等[174] 利用表面功能化硅镁土（N-ATT）改性 BMI/DABPA 树脂体系，制备了一种高性能纳米复合材料，详细研究了 N-ATT 对纳米复合材料化学结构、固化行为、耐热性能及力学性能的影响。结果表明，N-ATT 与树脂体系存在多效界面作用，改变了固化物交联网络的化学及聚集态结构（交联密度和自由体积）；当 N-ATT 添加量仅为 0.5%（质量分数）时，改性树脂体系的冲击强度便可提高 1.6 倍，玻璃化转变温度及初始热分解温度均提高约 20℃。

1.6.6　合成新型的 BMI 单体

BMI 的性能、活性和状态主要取决于桥键—R—的结构和性能。例如：降低 R 结构规整性，可使 BMI 的熔点降低，在普通溶剂中的溶解性增加。因此，设计、开发新型 BMI 单体可从根本上解决 BMI 树脂工艺性和韧性问题。新型 BMI 单体主要包括链延长型、取代型、稠环型、噻吩型 BMI 等。其中链延长型 BMI 根据 R 中所含官能团和元素的不同，又可分为酰胺型、酰亚胺型、亚脲型、氨酯键型、芳酯键型、环氧骨架型、醚键型、硫醚键型、硅氧键型等[4-8,28]。

链延长法是从分子设计原理出发，通过延长桥键—R—的长度并增加链的自旋性和柔韧性、降低交联密度等手段来达到改善增韧目的。但是不同类型的链延长型 BMI 的性能又各具特点。酰胺键扩链 BMI 的固化物 T_g 适中，断裂伸长率较高；亚脲键扩链 BMI 的固化物力学性能、电性能、自熄性与热稳定性均优；醚键扩链 BMI 的熔点较低，固化物力学性能优越，韧性显著提高但耐热性稍有降低。酰亚胺扩链 BMI 的韧性好，耐热性和热氧稳定性优越；氨酯键扩链 BMI 的活性高，固化温度较低，韧性好；芳酯键扩链 BMI 的工艺性能差，但热稳定好，热分解温度高；硅氧键扩链 BMI 的工艺性较好，柔韧性和热稳定性高。

取代型 BMI 是指 BMI 双键上的氢被其他基团取代而形成的 BMI。取代基的结构和性质对 BMI 的反应活性、溶解性、熔点、耐热性和热分解稳定性等有很大影响。某些特殊官能团的引入可以使 BMI 具有特殊的功能，如溴代 BMI 具有良好的阻燃性。

稠环型和噻吩型 BMI 的分子结构都是由刚性的芳杂环结构构成，具有优异的热稳定性能，热分解最大时的温度高于 450～520℃，800℃ 的残炭率高于 60%。玻璃布增强稠环型或噻吩型 BMI 复合材料具有优良的力学性能和阻燃性能。

1.7　含酞（芴）Cardo 聚合物的研究进展

1.7.1　含酞 Cardo 环聚合物的研究

聚合物的耐热性能取决于其分子链抗热形变能力，而分子链抗热形变能力则主要受分子链的刚性和分子链间的相互作用力的影响。增大分子链的刚性、规整性和极性能够提高材料的耐热性。耐高温高分子材料通常的结构特点是分子链由苯环、萘环、氮杂环、联苯等刚性基团通过醚键、酮基、砜基、酯基、亚氨基等极性基团连接而成。但是分子链中刚性和极性基团比例的增加同时也会导致材料的溶解性变差、熔融温度升高，从而造成成型加工困难。因此耐高温材料的研究和开发在很大程度上是协调各种使用性能与可加工性之间的矛盾[175]。研究表明，在耐高温聚合物分子链中引入大的侧基或刚性扭曲的非共平面结构、破坏分子结构的对称和重复规整度能够显著提高聚合物的溶解性，同时不降低其耐高温性能[176]。

酚酞类双酚单体的两个苯酚环平面呈扭曲状且与 Cardo 侧基平面形成接近垂直的平面夹角。将这种结构引入到聚合物中可使分子链难以取伸直的线型结构，降低了聚合物的结晶性，使聚合物的溶解性能大大改善；同时大量刚性和极性基团的存在使耐热性和热氧化性也得到提高。因此，在分子设计中引入酚酞骨架非常受关注。Yang 课题组先后合成了多个系列含酞侧基有机可溶的高聚物，例如：聚酰胺、聚酰亚胺、聚酰胺亚胺、聚醚酰亚胺、聚酯酰亚胺等，并研究了聚合物的聚集态、溶解性、热性能及聚合物薄膜的力学性能[177-184]。另外酚酞作为二元酚单体被大量应用于合成热塑性和热固性树脂，包括：聚酯、聚碳酸酯、聚醚酮、聚醚砜、聚醚腈、环氧树脂、苯并噁嗪树脂、氰酸酯以及双马来酰亚胺[185-203]。这些聚合物均展示出优良的力学性能、热稳定性和高的玻璃化转变温度。20 世纪 80 年代中期，长春应用化学研究所以酚酞为原料开发了无定形可溶性聚芳醚酮（PEK-C）和聚芳醚砜（PES-C）类高性能树脂，由于庞大酞侧基的存在使得该类材料具有较高的玻璃化转变温度（228℃和 262℃）和优异的力学性能[189,191]。Wang 等[190,192] 合成了带有不同烷基取代基的酚酞型聚芳醚酮和聚芳醚砜，研究了由其制备的气体分离膜的性能并探讨了结构与气体渗透性能间的关系。徐刚等[195] 以酚酞、间苯二酚、2,6-二氟苯甲腈为单体合成了一系列聚芳醚腈共聚物，通过调节酚酞和间苯二酚的比例优化共聚物的性能；研究发现随着酚酞结构单元含量的增加，共聚物的溶解性得到明显改善、T_g 升高、断裂韧性和热分解温度降低。唐安斌等[196] 合成了酚酞型聚芳醚腈砜并讨论了酚酞结构单元含量对聚合物性能的影响；结果表明随着酚酞圈形结构的增加，T_g 和热氧稳定性提高。在热固性树脂中引入酚酞结构能够改善树脂的溶解性并提高固化物的耐热性和热氧化性。Zhang 等[202] 合成带不同烷基取代基的酚酞型氰酸酯并研究其性能，与双酚 A 型氰酸酯相比，酚酞型氰酸酯表现出更高的耐热性和热氧化稳定性且随着烷基取代基体积的减小，耐热性能更优越。门薇薇等[200] 合成含酚酞结构的苯并噁嗪，研究了它的固化行为和热性能。

DSC 曲线显示苯并噁嗪中间体在 200℃ 出现熔融吸热峰，开环聚合放热峰峰顶温度为 249℃，而且起始聚合温度为 225℃。苯并噁嗪固化物的 T_g 为 291℃，在 800℃ 氮气气氛中的残炭率高达 65％。I. K. Varma 等[27] 用 3,3-双（对氨基苯基）苯酞和马来酸酐反应首次合成了含酞 Cardo 环结构的 BMI 单体，即 3,3-双（4-马来酰亚胺基苯基）苯酞，该单体的 T_m 达到 340℃，仅能溶解在少数强极性溶剂中。Hulubei[203] 利用酚酞和 4-马来酰亚胺基苯甲酰氯反应合成了含酞 cardo 内扩链型 BMI，该单体在常规溶剂中有较好的溶解性能，但其固化物的吸水率较高。

1.7.2 含芴 Cardo 环聚合物的研究

芴具有一种特殊的联苯结构，与一般联苯相比，结构上具有更强的刚性。双酚芴是在芴环的 9 位上连接两个苯酚基，利用酚羟基的反应活性，可以合成出含芴基 Cardo 环结构的聚合物。由于双酚芴的两个苯酚呈扭曲非共平面构型导致合成的聚合物分子链难以取伸直构型，分子链堆砌密度和相互作用力降低、自由体积增加，从而赋予聚合物优良的溶解性能。另外，双酚芴分子的稠环结构决定其具有更为优异的耐热性。因此，近年来大量含芴基 Cardo 环结构聚合物被设计合成，以期获得综合性能优良的新材料[204-208]。

芳香族聚酰亚胺（PI）是一种难溶解的高性能树脂，若将芴基 Cardo 环引入到聚酰亚胺链中，芴基稠环结构及其庞大的自由体积将赋予 PI 良好的溶解性、热氧化稳定性以及良好的力学性能[209-212]。Y. Ishida 等[213] 在耐高温复合材料 TriA-PI 树脂的基础上，采用 9,9-双（4-氨基苯基）芴（BAFL）部分替代 4,4-二氨基二苯醚，当引入 50％ BAFL 时聚酰亚胺预聚体在 NMP 中的溶解性能显著提高，同时这种聚酰亚胺固化物具有优异的热稳定性和良好的力学性能。Y. Shunsuke 等[214] 采用缩聚反应制备了以双酚芴作为其中一个单体的氟化芳香聚合物，这种聚合物表现出优异的耐热性，T_g 高于 450℃，且具有相对较低的介电常数，可作为绝缘膜应用在电子设备、多层电路板等领域。I. Yoshio 等[215] 以双酚芴为原料，制备了四种聚醚产品，这些聚醚聚合物除在苯中溶解度稍差外，能够完全溶解在其余常见的有机溶剂，可应用在涂料、耐热纤维和胶黏剂等领域。F. B. J. William 等[216] 合成了一系列芴基聚醚类聚合物，T_g 均超过 250℃，相对介电常数高于 2.7，可用作夹层绝缘体涂层的基料。R. U. Marilyn 等[217] 以双酚芴、联二苯酚等化合物作为原料制备出韧性好、无色的聚芳香醚，其 T_g 大于 240℃，折射率为 1.683，可作为光学透镜的材料。Wang 等[207] 以双酚芴、甲醛和伯胺为原料制备了多种新型芴基苯并噁嗪单体，研究表明芴基聚苯并噁嗪树脂优异的热稳定性与芴基的结构、胺取代基位置以及聚合物的网络结构密切相关。Shell 公司[218] 研制了一种含芴 Cardo 结构耐湿热性能优异的环氧树脂（牌号为 EPonHPTI079），树脂经 DDS 固化后，T_g 为 279℃，吸水后树脂的模量下降 9.1%。1982 年，I. K. Varma 等[27] 用双胺芴和马来酸酐反应首次合成了含芴基 Cardo 环结构的 BMI 单体，即 9,9-双（4-马来酰亚胺基苯基）芴，该单体的 T_m 达到 340℃，仅能溶解在少数强极性溶剂中。为了改善单体的溶解性，Hu[206] 将酰亚胺键引入到 BMI 分子中，制备了三种链延长型 BMI 单体。在保持单体良好热稳定性的同时，单体的溶解能力显著提高，但依然难溶于丙酮中。

1.8 含噁二唑基团化合物的研究进展

1.8.1 合成 1,3,4-噁二唑类化合物的主要方法

合成 1,3,4-噁二唑类化合物的方法比较多，较常用的方法是以酰肼和酰氯为中间体，采用"一步法"或"双酰肼环合法"在脱水剂作用下经过环化合成噁二唑类化合物，如图 1.14 所示。其中常用脱水剂有 POCl₃、多聚磷酸、三苯基膦、P₂O₅、浓硫酸等。

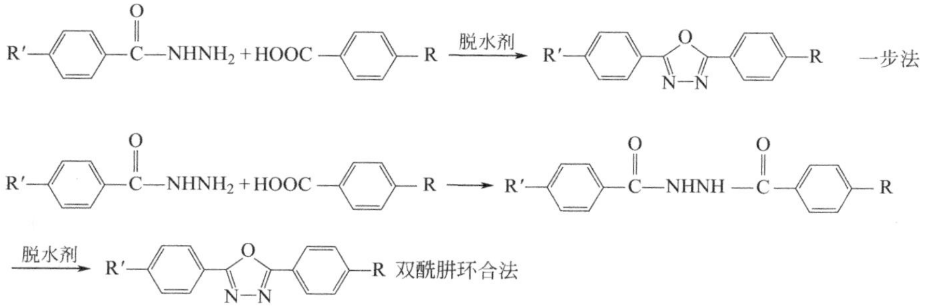

图 1.14 1,3,4-噁二唑类化合物化合物的合成方法

陈寒松等[219] 将酰肼及羧酸在 POCl₃ 溶剂中回流，采用"一步法"合成 1,3,4-噁二唑类化合物，其中 POCl₃ 既可作为酰化试剂，又可作为脱水剂使用。Rostamizadeh 等[220] 以酰肼和酰氯为原料，采用 P₂O₅ 作为脱水剂，乙腈为溶剂，常温下合成了 1,3,4-噁二唑类化合物，该法产率高、操作简单易控。传统方法使用的脱水剂一般为强腐蚀性化合物，后处理对环境污染严重并且环化反应时间长，易发生副反应。为了改善这些缺点，在传统方法的基础上人们开发

了一些新的合成方法，如研制高效环境友好型催化剂、利用微波辅助合成等。

Tandon 等[221] 以酰氯和水合肼为原料，用 $BF_3 \cdot Et_2O$ 为脱水剂，采用一步法合成了 1,3,4-噁二唑化合物。Liras 等[222] 采用二酰肼类化合物为原料，在三氟甲烷磺酸酐的作用下进行脱水环化制备一系列 1,3,4-噁二唑化合物，反应条件比较温和，产率可达 70%。Augustine 等[223] 以低毒性丙基磷酸环酐为脱水剂，酰肼和羧酸为原料采用"一步法"合成了噁二唑化合物及其衍生物。Pouliot 等[224] 研究了 XtalFluor-E（$[Et_2NSF_2]BF_4$）催化双酰肼化合物脱水环化的反应机理，发现添加少量醋酸可提高反应产率。Maghari 等[225] 以异硫氰酸酯和酰肼为原料、四氟硼酸盐为偶联剂合成了 1,3,4-噁二唑类化合物，此法具有简单易控、条件温和、产率高及环境友好等优点。

Teimouri 等[226] 采用微波照射无溶剂法合成 1,3,4-噁二唑类化合物，研究了氧化铝、氧化铝硫酸、纳米氧化铝及纳米氧化铝硫酸对脱水环化反应的催化效果。D. Suresh[227] 等采用微波照射无溶剂法，以 Al^{3+}-K10 蒙脱土为催化剂合成 1,3,4-噁二唑类化合物，此法优点是催化剂可重复利用，产率高。

1.8.2　含 1,3,4-噁二唑聚合物的研究

由于 1,3,4-噁二唑杂环结构本身具有一定刚性以及较好耐热性能，因此将其引入到聚合物结构中以提高材料综合性能得到了广泛关注，合成了一大批含 1,3,4-噁二唑杂环结构的高分子聚合物，如：聚噁二唑、聚芳醚、聚酯、聚酰胺、聚酰胺酰亚胺、双马来酰亚胺等。此类聚合物均具有优异的耐热性能、较高的玻璃化转变温度、低介电常数及良好的力学性能。

Lozinskaya 等[228] 开发了以离子液体为反应介质、三苯基膦为缩合剂一步法合成聚噁二唑，所得聚合物具有较高分子量及良好耐热性。Liou 等[229] 制备了一系列可用作发光和电致变色材料的聚氨基酰肼和聚噁二唑。Shaplov 等[230] 合成了侧基含磷酸结构的聚噁二唑类化合物，研究了聚合物耐热性、耐吸湿性以及质子电导率等性能。

Hamciuc[231-233] 先后合成了多种含噁二唑结构聚合物，如聚芳醚、聚酰胺酰亚胺等。他们详细研究了含噁二唑结构聚芳醚热分解动力学，并研究了其薄膜材料的性能，结果表明噁二唑刚性杂环的引入在一定程度提高了聚合物的耐热性及高温残炭率；为了进一步改善含噁二唑结构聚合物的性能，他们将柔性聚硅氧烷链段引入聚酰胺酰亚胺结构中，所得共聚物在保持耐热性的同时，溶解性得到改善。

Mansoori 等[234,235] 合成了含噁二唑结构二元胺（POBD），POBD 与二元

羧酸在离子液体反应介质中进行缩聚合成了侧基含噁二唑结构的高分子量聚酰胺,其中选用三苯基膦作为缩合剂,研究了影响聚合物分子量的各种因素以聚合物的耐热性能;采用 POBD 与二元苯酐为原料合成溶解性较好、耐热性能优异的聚酰亚胺。Faghihi 等[236] 以含酰亚胺结构羧酸与含 1,3,4-噁二唑结构二元胺进行缩聚反应合成了一系列具有旋光性且耐热性优异的聚酰胺酰亚胺,可用作色谱技术中的非手型固定相。Sava 等[237,238] 等合成了一系列含噁二唑结构聚酰胺酰亚胺,研究了其薄膜材料的耐热性能和力学性能以及构象参数对其性能的影响。

Ipate 等[239] 合成了三种含噁二唑结构聚芳醚,采用不同升温速度测试研究了其热分解动力学。Xu 等[240] 合成了含噁二唑结构聚芳醚砜,并将其磺化后应用于中高温电池中质子交换膜,表现出优异的耐热氧性、尺寸稳定性及较低甲醇扩散系数。Balamurugan 等[241] 合成了一系列含 1,3,4-噁二唑聚酯型液晶聚合物,研究了其结构与性能,如:中间相形成、耐热性及光异构化行为之间的关系。

目前有关将噁二唑结构引入到热固性树脂中的研究报道并不多见。Tang 等[242,243] 将 1,3,4-噁二唑结构引入到双马来酰亚胺单体结构中,研究了单体的固化行为及耐热性,并用其对 BMDM 进行改性,所得树脂体系具有优异的耐热性。Xiong 等[244] 设计合成具有不对称结构的含 1,3,4-噁二唑双马来酰亚胺,以其利用两端双键反应活性的不同达到改善树脂加工性能的目的。但其单体仍然存在熔点高、溶解性差及加工窗口窄等缺点。

参考文献

[1] 梁国正,顾媛娟. 双马来酰亚胺 [M]. 北京:化学工业出版社,1997.

[2] 丁孟贤. 聚酰亚胺 [M]. 北京:科学出版社,2006.

[3] 陈祥宝. 高性能树脂基体 [M]. 北京:化学工业出版社,1998.

[4] 黄发荣,周燕. 先进树脂基复合材料 [M]. 北京:化学工业出版社,2008.

[5] 陈平,廖明义. 高分子合成材料学 [M]. 北京:化学工业出版社,2008.

[6] Searle N E. Synthesis of N-aryl-maleimides:2444536 [P]. 1948-07-06.

[7] 刘润山,刘景民,刘生鹏,等. 二苯甲烷双马来酰亚胺的合成工艺研究进展 [J]. 绝缘材料 2006,39 (2):47-51.

[8] Sterlzenberger H D. Addition polyimides [J]. Advances in Polymer Science,1994,117:166-220.

[9] Sauer C K. The dehydration of N-arylmaleamic acids with acetic anhydride [J]. Journal of Organic Chemistry,1969,34 (8):2275-2279.

[10] Pyriadi T M,Harwo H J. Use of acetyl chloride-triethylamitne and acetic anhydride tri-

ethylamine mixtures in the synthesis of isomaleimides from maleamic Acids [J]. Journal of Organic Chemistry, 1971, 36 (6): 821-823.

[11] 刘润山, 王利亚. 双马来酰亚胺的合成 [J]. 化学试剂, 1983, 5 (4): 237-239.

[12] 刘润山. 合成条件对双马来酰亚胺合成的影响 [J]. 化学试剂, 1985, 7 (6): 364-367.

[13] 刘丽, 刘润山, 赵三平. 添加剂对二苯甲烷双马来酰亚胺合成和性能影响的研究 [J]. 功能高分子学报 [J]. 2001, 14 (3): 283-287.

[14] 李友清, 刘润山, 刘丽, 等. 溶剂含水量对二苯甲烷双马来酰亚胺合成和性能的影响 [J]. 绝缘材料, 2003 (5): 11-16.

[15] 张连生. 己撑双马来酰亚胺的热闭环合成方法及热引发聚合过程研究 [J]. 黑龙江大学自然科学学报, 1979 (2): 66-73.

[16] 袁军, 曾鹰, 艾军, 等. N, N'-4, $4'$-二苯甲烷双马来酰亚胺的均相合成 [J]. 华东理工大学学报 (自然科学版), 2006, 32 (2): 217-219.

[17] 曹娜, 袁海涛, 符玉华, 等. N, N'-4, $4'$-二苯甲烷双马来酰亚胺的催化合成 [J]. 北京化工大学学报, 2007, 34 (6): 594-598.

[18] Gedye R, Smith F, Westaway K, et al. The uses of microwave ovens for rapid organic synthesis [J]. Tetrahedron Lett, 1986, 27 (3): 279-282.

[19] Bezdushna E, Ritter H. Microwave accelerated synthesis of N-phenylmaleimide in a single step and polymerization in bulk [J]. Macromolecular Rapid Communication 2005, 26: 1087-1092

[20] Habibi D, Marvi O. Montmorillonite KSF and montmorillonite K-10 clays as efficient catalysts for the solventless synthesis of bismaleimides and bisphthalimides using microwave irradiation [J]. ARKIVOC, 2006, 8: 8-15.

[21] Reddy P Y, Kondo S, Toru T, et al. Lewis acid and hexamethyldisilazane-promoted efficient synthesis of N-alkyl-and N-arylimide derivatives [J]. Journal of Organic Chemistry, 1997, 62 (8): 2652-2654.

[22] 赵渠森, 王京城. QY8911-Ⅲ 高韧性双马来酰亚胺的研究 [J]. 玻璃钢/复合材料, 1994 (2): 7-15.

[23] 柯刚, 浣石, 蒋国平, 等. 双 (3-乙基-4-马来酰亚胺基苯) 甲烷的合成 [J]. 化工新材料, 2008, 36 (1): 20-22.

[24] 刘润山, 赵三平, 程琳. 双马来酰亚胺树脂链结构对熔点和反应活性的影响 [J]. 功能高分子学报, 2000, 13 (4): 487-493.

[25] 赵渠森. 先进复合材料手册 [M]. 北京: 机械工业出版社, 2003.

[26] 益小苏, 杜善义, 张立同. 复合材料手册 [M]. 北京: 化学工业出版社, 2009.

[27] Varma I K, Tiwari R. Thermal characterization of biamaleimide blends [J]. Journal of Thermal Analysis, 1987, 32: 1023-1037.

[28] Hsiao S H, Chang C F. Syntheses and thermal properties of ether-containing bismaleimides and their cured resins [J]. Journal of Polymer Research, 1996, 3 (1): 31-37.

[29] Sava M. Bismaleimides and biscitraconimides：synthesis and properties [J]. Journal of Applied Polymer Science，2004，91：3806-3812.

[30] Stenzenberger H D，Heinen K U，Hummel D O. Thermal degradation of poly（bismaleimides）[J]. Journal of Polymer Science：Polymer Chemistry Edition，1975，14（12）：911-2925.

[31] Belina K. Thermal stability of aliphatic polymers [J]. Journal of Thermal Analysis，1997，50：655-663.

[32] 白永平，魏月贞，张志谦. 双马来酰亚胺树脂分子结构与其耐热性关系探讨 [J]. 材料导报，1995，1：58-61.

[33] Torrecillas R，Regnier N，Mortaigne B. Thermal degradation of bismaleimide and bisnadimide networks-products of thermal degradation and type of crosslinking points [J]. Polymer Degradation and Stability，1996，51：307-318.

[34] Torrecillas R，Baudry A，Dufay J，et al. Thermal degradation of high performance polymers-influence of structure on polyimide thermostability [J]. Polymer Degradation and Stability，1996，54：267-274.

[35] Ninan K N，Krishnan K，Mathew J. Addition polyimides. I. Kinetics of cure reaction and thermal decomposition of bismaleimides [J]. Journal of Applied Polymer Science，1986，32：6033-6042.

[36] Brown I M，Sandreczki T C. Cross-linking reactions in maleimide and bis（maleimide）polymers：an ESR study [J]. Macromolecules，1990，23（1）：94-100.

[37] Sandreczki T C，Brown I M. Characterization of the free-radical homopolymerization of N-methylmaleimide [J]. Macromolecules，1990，23（7）：1979-1983.

[38] Hopewell J L，Hill D J T，Pomery P J. Electron spin resonance study of the homopolymerization of aromatic bismaleimides [J]. Polymer，1998，39（23）：5601-5607.

[39] Florence M，Loustalot G，Cunha L D. Sterically hindered biamaleimide monomer：molten state reactivity and kinetics of polymerization [J]. European Polymer Journal，1998，34（1）：95-102.

[40] Florence M，Loustalot G，Cunha L D. Study of molten-state polymerization of bismaleimide monomers by solid-state ^{13}C NMR and FTIR [J]. Polymer，1997，39（10）：1833-1843.

[41] Yang D A，Li Z Y，Lu Y，et al. Study on the curing process of QY8911-3 resin [J]. Journal of Applied Polymer Science，2003，89：3769-3773.

[42] Iwata K，Stille J K. Higher molecular weight phenylated free-radical curing agents：4，4'-oxybis（triphenylmethyl hydroperoxide）[J]. Journal of Polymer Science：Polymer Chemistry Edition，1976，14（11）：2841-2843.

[43] Wang X，Chen D Y，Ma W H，et al. Polymerization of bismaleimide and maleimide catalyzed by nanocrystalline titania [J]. Journal of Applied Polymer Science，1999，71：665-

669.

[44] Shibahara S，Enoki T，Yamamoto T，et al. Curing reactions of bismaleimide resins cata-lyzed by triphenylphosphine [J]. Polymer Journal，1996，28（9）：752-757.

[45] 刘祥萱，李灿，陆路德，等. 纳米 TiO_2 对双马来酰亚胺固化反应的催化作用 [J]. 工程塑料应用，1997，25（6）：18-21.

[46] 赵景飞，颜红侠，吴浩，等. 微波固化技术及其在聚合物中的应用 [J]. 中国胶粘剂，2008，17（8）：55-58.

[47] Sinnwell S，Ritter H. Recent advances in microwave-assisted polymer synthesis [J]. Australian Journal of Chemistry，2007，60：729-743.

[48] Zainol I，Day R，Heatley F. Comparison between the thermal and microwave curing of bismaleimide resin [J]. Journal of Applied Polymer Science，2003，90：2764-2774.

[49] Liptak S C，Wilkinson S P，Hedrick1 J C，et al. Electromagnetic（microwave）radiation effects on terminally reactive and nonreactive engineering polymer systems [J]. American Chemical Society Symposium Series，1991，475：264-383.

[50] 居学成，哈鸿飞. 电子束固化机理 [J]. 涂料工业，1999（1）：35-36，41.

[51] Sui G，Zhong W H，Zhang Z G. Electron beam curing of advanced composites [J]. Journal of material science and technology，2000，16（6）：627-630.

[52] 缪培凯，杨刚，肖骞澄，等. 电子束辐射效应对双马来酰亚胺结构与热性能的研究 [J]. 广东化工，2010，37（9）：17-18.

[53] Florence M，Loustalot G，Denizot V，et al. Study of the polymerization of high-perform-ance polymer by electrons and x-rays：2. The case of bisaleimide/N-vinylpyrolidone [J]. High performance polymer，1995，7：181-217.

[54] Li Y T，Morgan R J，Tschen F，et al. Electron-beam curing of bismaleimide-reactive dil-uent resins [J]. Journal of Applied Polymer Science，2004，94：2407-2416.

[55] 秦涛，仲伟虹，张复盛，等. 适于电子束固化双马来酰亚胺树脂体系的研究 [J]. 合成树脂及塑料，2000，17（5）：30-33.

[56] 吕智，张复盛，李凤梅. 双马来酰亚胺树脂及其碳纤维复合材料的电子束辅助固化研究 [J]. 玻璃钢/复合材料，1999（1）：20-23.

[57] 王海德，江棂. 紫外光固化材料-理论与应用 [M]. 北京：科学出版社，2001.

[58] 白新德，查萍，尹应武. 紫外光固化涂料的研究现状 [J]. 清华大学学报（自然科学版），2001，41（10）：30-32.

[59] 王洪宇. 高效可聚合和高分子型二苯甲酮光引发剂的研究 [D]. 上海：上海交通大学化学化工学院，2006.

[60] Morel F，Decker C，Jonsson S，et al. Kinetic study of the photo-induced copolymeriza-tion of N-substituted maleimides with electron donor monomers [J]. Polymer，1999，40：2447-2454.

[61] Decker C，Bianchi C，Jonsson S，et al. Light-induced crosslinking polymerization of a no-

vel N-substituted bismaleimide monomer [J]. Polymer，2004，45：5803-5811.

[62] Decker C，Bianchi C，Morel F，et al. Mechanistic study of the light-induced copolymerization of maleimide/vinyl ether systems [J]. Macromolecular Chemistry and Physics，2000，201：1493-1503.

[63] Miller C W，Jonsson E S，Hoyle C E，et al. Evaluation of N-Aromatic maleimides as free radical photoinitiators：a photophysical and photopolymerization characterization [J]. Journal of Physics Chemistry，2001，105：2707-2717.

[64] Abadie M J M，Xiong Y，Boey F Y C. UV photo curing of N,N-bismaleimido-4,4-diphenyl-methane [J]. European Polymer Journal，2003，39：1243-1247.

[65] 韩建，顾嫒娟，袁莉，等．N,N'-4,4'-二苯甲烷双马来酰亚胺/1,6-己二醇二丙烯酸酯的紫外光固化研究 [J]. 2009，37（8）：60-64.

[66] Phelan J C，Sung C S P. Cure characterization in bis（maleimide）/diallylbisphenol A resin by fluorescence，FT-IR，and UV-reflection spectroscopy [J]. Macromolecules，1997，30（22）：6845-6851.

[67] Boey F Y C，Song X L，Yue C Y，et al. Modeling the curing kinetics for a modified bismaleimide resin [J]. Journal of Polymer Science Part A：Polymer Chemistry，2000，38（5）：907-913.

[68] Xiong Y，Boey F Y C，Rath S K. Kinetic study of the curing behavior of bismaleimide modified with diallylbisphenol A [J]. Journal of Applied Polymer Science，2003，90（8）：2229-2240.

[69] Guo Z S，Du S Y，Zhang B M，et al. Cure characterization of a new bismaleimide resin using differential scanning calorimetry [J]. Journal of Macromolecular Science Part a-Pure and Applied Chemistry，2006，43（11）：1687-1693.

[70] 刘生鹏，刘润山．烯丙基化合物改性双马来酰亚胺反应机理的探讨 [J]. 绝缘材料，2006，39（4）：29-32.

[71] 程雷，王汝敏，王小建，等．烯丙基化合物改性双马来酰亚胺树脂的研究进展 [J]. 中国胶粘剂，2009，18（4）：58-63.

[72] 李玲，梁国正，蓝立文，等．烯丙基酚氧树脂改性 BMI 的研究 [J]. 高分子材料科学与工程，1999，15（2）：116-119.

[73] 李玲，梁国正，蓝立文．烯丙基酚氧树脂改性 BMI 固化特征及动力学研究 [J]. 中国胶黏剂，2001，10（1）：1-3.

[74] 胡睿，王汝敏，王道翠，等．烯丙基酚氧树脂/双马来酰亚胺改性树脂的制备及表征 [J]. 粘接，2013，08：30-33.

[75] Ambika D K，Reghunadhan N C P，Ninan K N. Diallyl bisphenol A-Novolac epoxy system cocured with bisphenol-a-bismaleimide-Cure and thermal properties [J]. Journal of Applied Polymer Science，2007，106（2）：1192-1200.

[76] Yao Y，Zhao T，Yu Y Z. Novel thermosetting resin with a very high glass-transition tem-

perature based on bismaleimide and allylated novolac [J]. Journal of Applied Polymer Science, 2005, 97 (2): 443-448.

[77] Zhang H F, Li Z H, Zhu Y M. Bismaleimide modified by allyl novolak for superabrasives [J]. Chinese journal of chemical engineering, 2007, 15 (2): 302-304.

[78] 何先成, 包建文, 李晔, 等. 烯丙基酚醛改性双马来酰亚胺树脂的制备与性能 [J]. 热固性树脂, 2013, 28 (3): 19-23.

[79] 范敬, 梁国正, 蓝立文, 等. 硼酸烯丙基苯酯改性 BMI 的研究 [J]. 玻璃钢/复合材料, 1996 (5): 8-10.

[80] 范敬, 梁国正, 李玲, 等. 含硼烯丙基树脂改性 BMI 树脂 [J]. 工程塑料应用, 1997, 25 (1): 1-4.

[81] Lin K F, Lin J S, Cheng C H. High temperature resins based on allylamine/bismaleimides [J]. Polymer, 1996, 37 (21): 4729-4737.

[82] 喻森, 樊振, 柳准, 等. 烯丙基甲酚醚/双马来酰亚胺/二烯丙基双酚 A 共混体的热稳定性研究 [J]. 高分子通报, 2013 (5): 71-75.

[83] Di Giulio C, Gautier M, Jasse B. Fourier transform infrared spectroscopic characterization of aromatic bismaleimide resin cure states [J]. Journal of Applied Polymer Science, 1984, 29 (5): 1771-1779.

[84] Yu F E, Hsu J M, Pan J P, et al. Kinetics of Michael addition polymerizations of N,N'-bismaleimide-4,4'-diphenylmethane with barbituric acid [J]. Polymer engineering and science, 2013, 53 (1): 204-211.

[85] Yu F E, Hsu J M, Pan J P, et al. Effect of solvent proton affinity on the kinetics of michael addition polymerization of N,N'-bismaleimide-4,4'-diphenylmethane with barbituric acid [J]. Polymer engineering and science, 2014, 54 (3): 559-568.

[86] Tungare A V, Martin G C. Analysis of the curing behavior of bismaleimide resins [J]. Journal of Applied Polymer Science, 1992, 46 (7): 1125-1135.

[87] Yerlikaya Z, Öktem Z, Bayramali E. Chain-extended bismaleimides. I. Preparation and Characterization of Maleimide-Terminated Resins [J]. Journal of Applied Polymer Science, 1996, 59 (1): 165-171.

[88] Yerlikaya Z, Kutay Erinç N, Öktem Z, et al. Chain-extended bismaleimides. II. A study of chain-extended bismaleimides as matrix elements in carbon fiber composites [J]. Journal of Applied Polymer Science, 1996, 59 (3): 537-542.

[89] Hopewell J L, George G A, Hill D J T. Analysis of the kinetics and mechanism of the cure of a bismaleimide-diamine thermoset [J]. Polymer, 2000, 41 (23): 8231-8239.

[90] Hopewell J L, George G A, Hill D J T. Quantitative analysis of bismaleimide-diamine thermosets using near infrared spectroscopy [J]. Polymer, 2000, 41 (23): 8221-8229.

[91] Regnier N, Fayos M, Lafontaine E. Solid-state ^{13}C-NMR study on bismaleimide/diamine polymerization: Structure, control of particle size, and mechanical properties [J]. Jour-

nal of Applied Polymer Science，2000，78（13）：2379-2388.

[92] Wu W，Wang D，Ye C. Preparation and characterization of bismaleimide-diamine prepoly-mers and their thermal-curing behavior [J]. Journal of Applied Polymer Science，1998，70（12）：2471-2477.

[93] Sipaut C S，Padavettan V，Rahman I A，et al. An optimized preparation of bismaleimide-diamine copolymer matrices [J]. Polymers for Advanced Technologies，2014，25（6）：673-683.

[94] Ozawa Y，Shibata M. Biobased Thermosetting resins composed of L-lysine methyl ester and bismaleimide [J]. Journal of Applied Polymer Science，2014，131（12）：469-474.

[95] 李爽，赵雄燕，孙占英，等. 双马来酰亚胺树脂的研究进展 [J]. 塑料科技，2014，42（6）：122-126.

[96] George T. Arylimide Epoxy Resin Composites：US，3920768 [P]. 1975.

[97] Park J O，Jang S H. Synthesis and characterization of bismaleimides from epoxy resins [J]. Journal of Polymer Science Part A：Polymer Chemistry，1992，30（5）：723-729.

[98] Shu W J，Chin W K，Chiu H J. Phosphonate-containing bismaleimide resins. II. Prepara-tion and characteristics of reactive blends of phosphonate-containing bismaleimide and ep-oxy [J]. Journal of Applied Polymer Science，2004，92（4）：2375-2386.

[99] Woo E M，Chen L B，Seferis J C. Characterization of epoxy-bismaleimide network matri-ces [J]. Journal of Materials Science，1987，22（10）：3665-3671.

[100] Lin K F，Chen J C. Curing，compatibility，and fracture toughness for blends of bismale-imide and a tetrafunctional epoxy resin [J]. Polymer Engineering and Science，1996，36（2）：211-217.

[101] Musto P，Martuscelli E，Ragosta G，et al. FTIR spectroscopy and physical properties of an epoxy/bismaleimide IPN system [J]. Journal of Materials Science，1998，33（18）：4595-4601.

[102] Musto P，Martuscelli E，Ragosta G，et al. An interpenetrated system based on a tetra-functional epoxy resin and a thermosetting bismaleimide：Structure-properties correlation [J]. Journal of Applied Polymer Science，1998，69（5）：1029-1042.

[103] Musto P，Ragosta G，Scarinzi G，et al. Probing the molecular interactions in the diffu-sion of water through epoxy and epoxy-bismaleimide networks [J]. Journal of Polymer Science Part B：Polymer Physics，2002，40（10）：922-938.

[104] Scola D A. Synthesis and characterization of bisimide amines and bisimide amine-cured ep-oxy resins [J]. Polymer Composites，1983，4（3）：154-161.

[105] 王伟，周祖福，黄志雄. 酚醛环氧树脂增韧双马来酰亚胺的研究 [J]. 武汉工业大学学报，1996，18（3）：14-17.

[106] Xiong X H，Chen P，Zhang J X，et al. Preparation and properties of high performance phthalide-containing bismaleimide modified epoxy matrices [J]. Journal of Applied Pol-

ymer Science，2011，121（6）：3122-3130.

[107] 王居临，王钧. 环氧树脂改性双马来酰亚胺复合材料力学性能及耐热性能研究 [J]. 玻璃钢/复合材料，2014（5）：25-31.

[108] 方秋霞，陈立新. 双马来酰亚胺-二元胺-液晶环氧体系固化研究 [J]. 西北大学学报（自然科学版），2003，33（5）：548-549.

[109] Liu X Y，Yu Y F，Li S J. Study on cure reaction of the blends of bismaleimide and dicyanate ester [J]. Polymer，2006，47（11）：3767-3773.

[110] Lin R H，Lu W H，Lin C W. Cure reactions in the blend of cyanate ester with maleimide [J]. Polymer，2004，45（13）：4423-4435.

[111] Lin R H，Lee A C，Lu W H，et al. Catalyst effect on cure reactions in the blend of aromatic dicyanate ester and bismaleimide [J]. Journal of Applied Polymer Science，2004，94（1）：345-354.

[112] 王万兴，王耀先，孙大伟，等. 二烯丙基双酚A改性双马来酰亚胺三嗪树脂的固化工艺及性能 [J]. 工程塑料应用，2011，39（3）：27-30.

[113] Hamerton I. High-performance thermoset-thermoset polymer blends：A review of the chemistry of cyanate ester-bismaleimide blends [J]. High Performance Polymers，1996，8（1）：83-95.

[114] Barton J M，Hamerton I，Jones J R. The synthesis，characterisation and thermal behaviour of functionalised aryl cyanate ester monomers [J]. Polymer International，1992，29（2）：145-156.

[115] Hamerton I，Howlin B J，Jewell S L，et al. Studying the co-reaction of propenyl-substituted cyanate ester-bismaleimide blends using model compounds [J]. Reactive & Functional Polymers，2012，72（4）：279-286.

[116] Hamerton I，Herman H，Rees K T，et al. Water uptake effects in resins based on alkenyl-modified cyanate ester-bismaleimide blends [J]. Polymer International，2001，50（4）：475-483.

[117] Chaplin A，Hamerton I，Herman H，et al. Studying water uptake effects in resins based on cyanate ester/bismaleimide blends [J]. Polymer，2000，41（11）：3945-3956.

[118] Fan J，Hu X，Yue C Y，Static and dynamic mechanical properties of modified bismaleimide and cyanate ester interpenetrating polymer networks [J]. Journal of Applied Polymer Science，2003，88（8）：2000-2006.

[119] Fan J，Hu X，Yue C Y，Dielectric properties of self-catalytic interpenetrating polymer network based on modified bismaleimide and cyanate ester resins [J]. Journal of Polymer Science，Part B（Polymer Physics），2003，41（11）：1123-1134.

[120] Reghunadhan Nair C P，Francis T. Blends of bisphenol A-based cyanate ester and bismaleimide：Cure and thermal characteristics [J]. Journal of Applied Polymer Science，

1999，74（14）：3365-3375.

[121] Reghunadhan Nair C P，Francis T，Vijayan T M，et al. Sequential interpenetrating polymer networks from bisphenol A based cyanate ester and bimaleimide：Properties of the neat resin and composites [J]. Journal of Applied Polymer Science，1999，74（11）：2737-2746.

[122] Hu J T，Gu A J，Liang G Z，et al. Synthesis of mesoporous silica and its modification of bismaleimide/cyanate ester resin with improved thermal and dielectric properties [J]. Polymers for Advanced Technologies，2012，23（3）：454-462.

[123] Hu J T，Gu A J，Liang G Z，et al. High efficiency synthesis of octavinylsilsesquioxanes and its high performance hybrids based on bismaleimide-triazine resin [J]. Polymers for Advanced Technologies，2012，23（8）：1219-1228.

[124] Wu G L，Kou K C，Chao M，et al. Preparation and characterization of bismaleimide-triazine/epoxy interpenetrating polymer networks [J]. Thermochimica Acta，2012，537：44-50.

[125] Ganesan A，Muthusamy S. Mechanical properties of high temperature cyanate ester/BMI blend composites [J]. Polymer Composites，2009，30（6）：782-790.

[126] 李玲，陈剑楠. 改性 BMI/苯并噁嗪树脂的固化反应及其动力学研究 [J]. 中国胶粘剂，2008，17（10）：23-26.

[127] 李玲，陈剑楠. 改性 BMI/苯并噁嗪树脂固化反应特性研究 [J]. 中国胶粘剂，2010，19（10）：6-9.

[128] Takeichi T，Saito Y，Agag T.，et al. High-performance polymer alloys of polybenzoxazine and bismaleimide [J]. Polymer，2008，49（5）：1173-1179.

[129] Takeichi T，Uchida S，Inoue Y，et al. Preparation and properties of polymer alloys consisting of high-molecular-weight benzoxazine and bismaleimide [J]. High Performance Polymers，2014，26（3）：265-273.

[130] Santhosh Kumar K S，Reghunadhan Nair C P，Sadhana R，et al. Benzoxazine-bismaleimide blends：Curing and thermal properties [J]. European polymer Journal，2007，43（12）：5084-5096.

[131] Zhang J，Zhu C L，Geng P F，et al. Nitrile functionalized benzoxazine/bismaleimide blends and their glass cloth reinforced laminates [J]. Journal of Applied Polymer Science，2014，131（22），doi：10. 1002/app. 41072

[132] Lin C H，Feng Y R，Dai K H，et al. Synthesis of a benzoxazine with precisely two phenolic OH linkages and the properties of its high-performance copolymers [J]. Journal of Polymer Science，Part A：Polymer Chemistry，2013，51（12）：1-9.

[133] Wang Z，Ran Q C，Zhu R Q，et al. A novel benzoxazine/bismaleimide blend resulting in bi-continuous phase separated morphology [J]. RSC advances，2013，3（5）：1350-1353.

[134] Wu G L, Kou K C, Zhou L H, et al. Preparation and characterization of novel dicyanate/benzoxazine/bismaleimide copolymer [J]. Thermochimica Acta, 2013, 559: 86-91.

[135] Wang Y Q, Kou K C, Wu G L, et al. Study on synthesis of novel benzoxazine resin and its modificaion of CE/BMI [J]. Engineering Plastics Application, 2013, 41 (10): 22-25.

[136] 张杨, 冯浩, 杨海东, 等. 双马来酰亚胺 (BMI) 树脂的改性研究进展 [J]. 黑龙江科学, 2014, 5 (10): 39-43.

[137] 张丽娟, 虞鑫海. 热塑性树脂增韧改性双马来酰亚胺树脂的研究进展 [J]. 绝缘材料, 2008, 41 (5): 34-39.

[138] 张晨乾, 安学锋, 董慧民, 等. 反应性聚醚砜对 RTM 用 6421BMI 树脂性能的影响 [J]. 热固性树脂, 2012, 27 (6): 33-36.

[139] 程雷, 王汝敏, 杨绍昌, 等. PES 改性低温固化双马树脂固化动力学研究 [J]. 中国胶粘剂, 2009, 18, (12): 13-16.

[140] 王汝敏, 郑水蓉, 陈立新, 等. 聚醚砜增韧双马来酰亚胺树脂研究 [J]. 西北工业大学学报, 2002, 20, (1): 145-150.

[141] Liu X Y, Zhan G Z, Han Z W, et al. Phase morphology and mechanical properties of a poly (ether sulfone)-modified bismaleimide resin [J]. Journal of Applied Polymer Science, 2007, 106 (1): 77-83.

[142] Liu X Y, Zhan G Z, Yu Y F, et al. Rheological study on structural transition in polyethersulfone-modified bismaleimide resin during isothermal curing [J]. Journal of Polymer Science Part B-Polymer Physics, 2006, 44 (21): 3102-3108.

[143] Liu X, Yu Y F, Li S J. Viscoelastic phase separation in polyethersulfone modified bismaleimide resin [J]. European polymer Journal, 2006, 42 (4): 835-842.

[144] 吴寅, 张秋禹, 陈营, 等. 聚醚酮改性 BMI 树脂的固化反应动力学研究 [J]. 中国胶粘剂, 2012, 21 (7): 8-11.

[145] 胡晓兰, 余荣禄, 刘刚, 等. 酚酞聚芳醚酮-双马来酰亚胺体系流变行为时间-温度依赖性 [J]. 复合材料学报, 2012, 29 (6): 37-41.

[146] Nazakat A, 吴寅, 张秋禹, 等. PES/PEK 改性 BMI 树脂的性能研究 [J]. 西北工业大学学报, 2012, 30 (1): 149-153.

[147] 丁富传, 余金凤, 陈清松, 等. 含芴聚芳醚酮对 BMI 树脂增韧改性的研究 [J]. 化工新型材料, 2010, 38 (10): 83-84+87.

[148] 李洪峰, 王德志, 赵立伟, 等. 聚酰胺酰亚胺对 BMI/DP 共聚树脂的增韧研究 [J]. 中国胶粘剂, 2013, 22 (7): 5-8+17.

[149] 董留洋, 刘锋, 张永胜, 等. 聚醚酰亚胺对共聚双马来酰亚胺树脂的增韧作用 [J]. 热固性树脂, 2012, 27 (6): 15-18.

[150] 上官久桓, 廖功雄, 刘程, 等. PPENK 增韧改性 BMI 树脂体系的制备与性能 [J]. 高

分子材料科学与工程，2012，28（1）：89-92.

[151] Mather P T，Haihu Q，Jong-Beom B，et al. Modification of bisphenol-A based bismale-imide resin（BPA-BMI）with an allyl-terminated hyperbranched polyimide（AT-PAEKI）[J]. Polymer，2006，47（8）：2813-2821.

[152] Hamerton I，Klewpatinond P. Synthesis and characterization of functionalized thermo-plastics as reactive modifiers for bismaleimide resins [J]. Polymer International，2001，50（12）：1309-1317.

[153] 王思明，王晓洁，刘锋，等. 超支化聚合物改性热固性树脂 [J]. 中国胶粘剂，2014，23（7）：47-51.

[154] Baek J B，Qin H，Mather P T，et al. A New Hyperbranched Poly（arylene-ether-ke-tone-imide）：Synthesis，Chain-End Functionalization，and Blending with a Bis（male-imide）[J]. Macromolecules，2002，35（13）：4951-4959.

[155] Qin H，Mather P T，Baek J B，et al. Modification of bisphenol-A based bismaleimide resin（BPA-BMI）with an allyl-terminated hyperbranched polyimide（AT-PAEKI）[J]. Polymer，2006，47（8）：2813-2821.

[156] Parzuchowski P G，Kiźlińska M，Rokicki G. New hyperbranched polyether containing cyclic carbonate groups as a toughening agent for epoxy resin [J]. Polymer，2007，48（7）：1857-1865.

[157] Foix D，Yu Y，Serra A，et al. Study on the chemical modification of epoxy/anhydride thermosets using a hydroxyl terminated hyperbranched polymer [J]. European polymer Journal，2009，45（5）：1454-1466.

[158] Manjula Dhevi D，Jaisankar S N，Pathak M. Effect of new hyperbranched polyester of varying generations on toughening of epoxy resin through interpenetrating polymer net-works using urethane linkages [J]. European polymer Journal，2013，49（11）：3561-3572.

[159] Tang H Y，Fan X H，Shen Z H，et al. One-Pot synthesis of hyperbranched poly（aryl ether ketone）s for the modification of bismaleimide resins [J]. Polymer Engineering and Science，2014，54（7）：1675-1685.

[160] Dang J，Wang R M，Lou R X，et al. Mechanical，thermal and dielectric properties of BDM/DBA/HBPSi composites [J]. Polymer Bulletin，2014，71（4）：787-794.

[161] Sun B，Liang G B，Gu A J，et al. High performance miscible polyetherimide/bismale-imide resins with simultaneously improved integrated properties based on a novel hyper-branched polysiloxane having a high degree of branching [J]. Industrial and Engineering Chemistry Research，2013，52（14）：5054-5065.

[162] Sun B，Qin. D K，Liang G Z，et al. The relationship between the compatibility and ther-modegradation stability of modified polyetherimide/bismaleimide resins by hyperbranched polysiloxane with high degree of branching [J]. Polymers for Advanced Technologies，

2013，24（12）：1051-1061.

[163] Chen X X，Ye J H，Li Y，et al. Multi-functional ladderlike polysiloxane：synthesis，characterization and its high performance flame retarding bismaleimide resins with simultaneously improved thermal resistance，dimensional stability and dielectric properties [J]. Journal of Materials Chemistry A，2014，2（20）：7491-7501.

[164] 邱军，王宗明. 无机功能材料改性双马来酰亚胺树脂的研究进展 [J]. 玻璃钢/复合材料，2011（4）：63-66.

[165] Zhou J T，Yao Z J，Zhen W J，et al. Dielectric and thermal performances of the graphene/bismaleimide/2，2′-diallylbisphenol A composite [J]. Materials Letters，2014，124：155-157.

[166] Liu M C，Duan Y X，Wang Y，et al. Diazonium functionalization of graphene nanosheets and impact response of aniline modified graphene/bismaleimide nanocomposites [J]. Materials and Design，2014，53：466-474.

[167] Wang X，Jiang Q，Xu W Z，et al. Effect of carbon nanotube length on thermal，electrical and mechanical properties of CNT/bismaleimide composites [J]. Carbon，2013，53：145-152.

[168] Han Y，Zhou H，Ge K K，et al. Toughness reinforcement of bismaleimide resin using functionalized carbon nanotubes [J]. High Performance Polymers，2014，26（8）：874-883.

[169] Yao W，Gu A J，Liang G Z，et al. Preparation and properties of hollow silica tubes/bismaleimide/diallylbisphenol A composites with improved toughness，dielectric properties，and flame retardancy [J]. Polymers for Advanced Technologies，2012，23（3）：326-335.

[170] Hu J，Gu A J，Liang G Z，et al. Preparation and properties of mesoporous silica/bismaleimide/diallylbisphenol composites with improved thermal stability，mechanical and dielectric properties [J]. Express Polymer Letters，2011，5（6）：555-568.

[171] Surender R，Mahendran A，Alam S，et al. Indane-based bismaleimide and cloisite 15a nanoclay blends：Kinetics of thermal curing and degradation of particulate nanocomposites [J]. Polymer Composites，2013，34（8）：1279-1297.

[172] Surender R，Mahendran A，Thamaraichelvan A，et al. Curing studies of bisphenol a based bismaleimide and cloisite 15a nanoclay blends using differential scanning calorimetry and model-free kinetics [J]. Journal of Applied Polymer Science，2013，128（1）：712-724.

[173] Surender R，Mahendran A，Thamaraichelvan A，et al. Model free kinetics-Thermal degradation of bisphenol A based polybismaleimide-cloisite15a nanocomposites [J]. Thermochimica Acta，2013，562：11-21.

[174] Zhao L，Liu P，Liang G Z，et al. The origin of the curing behavior，mechanical and

thermal properties of surface functionalized attapulgite/bismaleimide/diallylbisphenol composites [J]. Applied Surface Science, 2014, 288: 435-443.

[175] 徐僖. 中国首届特种工程塑料学术研讨会预印集 [C]. 成都, 1993.

[176] 蹇锡高, 陈平, 廖功雄, 等. 含二氮杂萘酮结构新型聚芳醚系列高性能聚合物的合成与性能 [J]. 高分子学报, 2003 (4): 469-475.

[177] Yang C P, Tang S Y. Syntheses and properties of organosoluble polyamides and polyimides based on the diamine 3, 3-bis [4-(4-aminophenoxy)-3-methylphenyl] phthalide derived from o-cresolphthalein [J]. Journal of Polymer Science: Part A: Polymer Chemistry, 1999, 37: 455-464.

[178] Yang C P, Chen Y Y, Hsiao S H. Synthesis and properties of organosoluble polynaphthalimides bearing ether linkages and phthalide cardo groups [J]. Journal of Applied Polymer Science, 2007, 104: 1104-1109.

[179] Yang C P, Su Y Y, Wang J M. Synthesis and properties of organosoluble polynaphthalimides based on 1,4,5,8-naphthalene tetracarboxylic dianhydride, 3,3-Bis [4-(4-aminophenoxy) phenyl]-phthalide, and various aromatic diamines [J]. Journal of Polymer Science: Part A: Polymer Chemistry, 2006, 44: 940-948.

[180] Yang C P, Hslao S H, Yang C C. New poly (amide-imide) s syntheses. XXI. Synthesis and properties of aromatic poly (amide-imide) s based on 2,6-Bis(4-trimellitimidophenoxy)-naphthalene and aromatic diamines [J]. Journal of Polymer Science: Part A: Polymer Chemistry, 1998, 36: 919-927.

[181] Yang C P, Lin J H. Syntheses of new poly (amide-imide) s: 13. Pareparation and properties of poly (amide-imide) s based on the diimide-diacid condensed from 3,3-bis [4-(4-aminophenoxy)-phenyl] phthalide and trellitic anhydride [J]. Polymer, 1995, 36: 2835-2839.

[182] Yang C P, Jeng S H, Liou G S. Synthesis and properties of poly (amide-imide) s based on the diimide-diacid condensed from 2,2-bis (4-aminophenoxy) biphenyl and trimellitic anhydride [J]. Journal of polymer science: part A: polymer chemistry, 1998, 36: 1169-1177.

[183] Yang C P, Su Y Y. Novel organosoluble and colorless poly (ether imide) s based on 3,3-bis [4-(3,4-dicarboxyphenoxy) phenyl] phthalide dianhydride and aromatic bis (ether amine) s bearing pendent trifluoromethyl groups [J]. Journal of Polymer Science: Part A: Polymer Chemistry, 2006, 44: 3140-3152.

[184] Yang C P, Liou G S, Chen R S, et al. Synthesis and properties of new organo-soluble and strictly alternating aromatic poly (ester-imide) s from 3,3-Bis [4-(trimellit imidophenoxy) phenyl]-phthalide and bisphenols [J]. Journal of Polymer Science: Part A: Polymer Chemistry, 2000, 38: 1090-1099.

[185] Vashchuk V Y, Nosenko V S, Moshchinskaya N K. Synthesis and study of the proper-

ties of polyarylates of aromatic binuclear dicarboxylic acids and phenolphthalein [J].
Voprosy Khimii i Khimicheskoi Tekhnologii，1973，28：15-21.

[186] Morgan P W. Linear condensation polymers from phenolphthalein and related compounds
[J]. Journal of Polymer Science：Polymer Chemistry Edition，1964，2：437-459.

[187] Mikroyannidis J A. Physical，thermal and mechanical properties of phenolphthalein poly-
carbonate [J]. European Polymer Journal，1986，22：125-128.

[188] Wang Z Y，Suzzarini L. Novel reactive cyclobutenedione in poly（arylene ether）synthe-
sis [J]. Macromolecules，1996，29：1073-1075.

[189] 张海春，陈天禄，袁雅桂. 合成含有酞侧基的新型聚醚醚酮：CN85108751A [P].
1987-06-03.

[190] Wang Z G，Chen T L，Xu J P. Gas transport properties of novel cardo poly（aryl ether
ketone）s with pendant alkyl groups [J]. Macromolecules，2000，33：5672-5679.

[191] 刘克静，张海春，陈天禄. 一步法合成带有酞侧基的聚芳醚砜：CN85101721A [P].
1986-09-24.

[192] Wang Z G，Chen T L，Xu J P. Gas and water vapor transport through a series of novel
poly（aryl ether sulfone）membranes [J]. Macromolecules，2001，34：9015-9022.

[193] Shigeru M，Tomoyoshi M，Ryuichi T. Synthesis and properties of new crystalline poly
（arylene ether nitriles）[J]. Journal of Polymer Science，Part A：Polymer Chemistry，
1993，31（13）：3439-3446.

[194] Kricheldorf H R，Meier J，Schwarz G. New polymer syntheses. 15. Syntheses of aromat-
ic polyethers from difluorobenzonitriles and silylated diphenols [J]. Die Makromoleku-
lare Chemie Rapid Communications，1987，8（11）：529-534.

[195] 徐刚. 酚酞型聚芳醚腈共聚物的合成及性能研究 [J]. 江西师范大学学报（自然科学
版），1999，23（4）：352-355.

[196] 唐安斌，罗鹏辉，朱蓉琪，等. 酚酞型聚芳醚腈砜的合成与性能研究 [J]. 化工新型
材料，1998，26（11）：27-30.

[197] 夏萍，王巍屹，薄淑琴，等. 碱金属碳酸盐催化合成酚酞环氧树脂 [J]. 应用化学，
1994，11（5）：41-44.

[198] 翟春，杨高文，徐刚. 酚酞环氧树脂的合成研究 [J]. 应用化工，2003，32（4）：
47-50.

[199] Cao H W，Xu R W，Liu H，et al. Mannich reaction of phenolphthalein and synthesis of
a novel polybenzoxazine [J]. Designed Monomers and Polymers，2006，9：369-382.

[200] 门薇薇，鲁在君. 含酚酞结构的聚苯并噁嗪树脂的合成与表征 [J]. 中国科技论文在
线，编号：200712-842.

[201] Ghetiya R M，Kundariya D S，Parsania P H，et al. Synthesis and characterization of
cardo bisbenzoxazines and their thermal polymerization [J]. Polymer-Plastics Technolo-
gy and Engineering，2008，47（8）：836-841.

[202] Zhang B F, Wang Z G, Zhang X. Synthesis and properties of a series of cyanate resins based on phenolphthalein and its derivatives [J]. Polymer, 2009, 50: 817-824.

[203] Hulubei C, Gaina C. Synthesis and characterization of new functional bismaleimides [J]. High Performance Polymer, 2000, 12: 247-263.

[204] Stille J K, Harris R M, Padaki S M. Polyquinolines containing fluorene and anrhrone cardo units: synthesis and properties [J]. Macromolecules, 1981, 14: 486-493.

[205] Ishida Y, Ogasawara T, Yokota R. Development of highly soluble addition-type imide oligomers for matrix of carbon fiber composite (I): imide oligomers based on asymmetric biphenyltetracarboxylic dianhydride and 9,9-bis (4-aminophenyl) fluorine [J]. High Performance Polymers, 2006, 8: 727-737.

[206] Hu Z Q, Li S J, Zhang C. H. Synthesis and characterization of novel chain-extended bismaleimides containing fluorenyl cardo structure [J]. Journal of Applied Polymer Science, 2008, 107: 1288-1293.

[207] Wang J, Wu M Q, Liu W B, et al. Synthesis, curing behavior and thermal properties of fluorene containing benzoxazines [J]. European Polymer Journal, 2010, 46: 1024-1031.

[208] 孙建新, 史铁钧, 徐慧, 等. 双酚芴双胺型苯并噁嗪树脂的合成、结构及热性能 [J]. 高等学校化学学报, 2011, 5: 1216-1220.

[209] Goto K, Akiike T, Inoue Y, et al. Polymer design for thermally stable polyimides with low dielectric constant [J]. Macromolecular Symposia, 2003, 199: 321-332.

[210] Son S W, Jung S H, Cho H N. Novel fluorine-based polyimides with a confined chromophone [J]. Synthetic Metals, 2003, 137: 1065-1066.

[211] Hu Z Q, Wang M H, Li S J, et al. Ortho alkyl substituents effect on solubility and thermal properties of fluorenyl cardo polyimides [J]. Polymer, 2005, 46: 5278-5283.

[212] Yang C P, Chiang H C. Organosoluble and light-colored fluorinated polyimides based on 9,9-bis [4-(4-amino-2-trifluoromethylphenoxy) phenyl] fluorene and aromatic dianhydrides [J]. Colloid Polymer Science, 2004, 282: 1347-1358.

[213] Ishida Y, Ogasawara T, Yokota R. Development of highly soluble addition-type imide oligomers for matrix of carbon fiber composite (I): imide oligomers based on asymmetric biphenyltetracarboxylic dianhydride and 9,9-bis (4-aminophenyl) fluorene [J]. High Performance Polymers, 2006, 18: 727-737.

[214] Shunsuke Y, Fusaaki T. Fluorinated aromatic polymer and use thereof [P]. US Patent 6881811, 2005-01-12.

[215] YoshioI, Masaaki K, Yutaka M, et al. Aromatic polythers having biphenylfluorene group [P]. US patent 4806618, 1989-02-21.

[216] William F B J. Poly (acrylene ether) polymer with low temperature crosslinking grafts and adbesive comprising the same [P]. US Patent 6716955, 2004-04-06.

[217] Marilyn R U, Rakesh K G, Ram B S, et al. Transparent poly (acrylene ether) compo-

sitions [P]. US Patent 5691442, 1999-09-17.

[218] Schlaudt. Toughenable epoxy resin for elevated temperature application. The 34th International AMPE Symposium [C]. Covina Calif: SAMPE, 1989: 917-920.

[219] 陈寒松，李正名，李佳风.2-取代-5-吡唑基-1,3,4-噁二唑类化合物的合成及生物活性 [J]. 高等学校化学学报，2000，21 (10): 1520-1523.

[220] Rostamizadeh S, Somaye G. A mild and facile method for one pot synthesis of 2,5-disubstituted 1,3,4-oxadiazoles at room temperature [J]. Chinese Chemical Letters, 2008, (19): 639-642.

[221] Tandon V K, Chhor R B. An efficient one pot synthesis of 1,3,4-oxadiazoles [J]. Synthetic communications, 2001, 31 (11): 1727-1732.

[222] Liras S, Allen M P, Segelstein B E. A mild method for the preparation of 1,3,4-oxadiazoles: Triflic anhydride promoted cyclization of diacylhydrazines [J]. Synthetic communications, 2000, 30 (3): 437-443.

[223] Augustine J K, Vairaperumal V, Narasimhan S, et al. Propylphosphonic anhydride (T_3P): an efficient reagent for the one-pot synthesis of 1,2,4-oxadiazoles, 1,3,4-oxadiazoles and 1,3,4-thiadiazoles [J]. Tetrahedron, 2009, 65 (48): 9989-9996.

[224] Pouliot M F, Angers L, Hamel J D, et al. Synthesis of 1,3,4-oxadiazoles from 1,2-diacylhydrazines using $[Et_2NSF_2]$ BF_4 as a practical cyclodehydration agent [J]. Organic & Biomolecular Chemistry, 2012, 10 (5): 988-993.

[225] Maghari S, Ramezanpour S, Darvish F, et al. A new and efficient synthesis of 1,3,4-oxadiazole derivatives using TBTU [J]. Tetrahedron, 2013, 69 (8): 2075-2080.

[226] Teimouri A, Salavati H, Chermahini A N. Synthesis, characterization and application of various types of alumina and nano-gamma-alumina sulfuric acid for the synthesis of 2,5-disubstituted 1,3,4-oxadiazoles [J]. Acta Chimica Slovenica, 2014, 61 (1): 51-58.

[227] Suresh D, Kanagaraj K, Pitchumani K. Microwave promoted one-pot synthesis of 2-aryl substituted 1,3,4-oxadiazoles and 1,2,4-oxadiazole derivatives using Al^{3+}-K10 clay as a heterogeneous catalyst [J]. Tetrahedron Letters, 2014, 55 (27): 3678-3682.

[228] Lozinskaya E I, Shaplov A S, Kotseruba M V, et al. "One-pot" synthesis of aromatic poly (1,3,4-oxadiazole) s in novel solvents-ionic liquids [J]. Journal of Polymer Science Part A-Polymer Chemistry, 2006, 44 (1): 380-394.

[229] Liou G S, Hsiao S H, Su T H. Novel thermally stable poly (amine hydrazide) s and poly (amine-1,3,4-oxadiazole) s for luminescent and electrochromic materials [J]. Journal of Polymer Science Part A-Polymer Chemistry, 2005, 43 (15): 3245-3256.

[230] Shaplov A S, Lozinskaya E I, Odinets I L, et al. Novel phosphonated poly (1,3,4-oxadiazole) s: Synthesis in ionic liquid and characterization [J]. Reactive & Functional Polymers, 2008, 68 (1): 208-224.

[231] Hamciuc C, Ipate A M, Hamciuc E, et al. Thermal degradation kinetics of some aro-

matic poly（1，3，4-oxadiazole-ether）s [J]. High Performance Polymers，2008，20
（3）：296-310.

[232] Hamciuc C，Hamciuc E. Poly-1，3，4，-oxadiazole-ethers thin films [J]. Materiale Plastice，2006，43（2）：116-119.

[233] Hamciuc E，Hamciuc C，Cazacu M. Poly（1，3，4-oxadiazole-ether-imide）s and their polydimethyl-siloxane-containing copolymers [J]. European polymer Journal，2007，43（11）：4739-4749.

[234] Mansoori Y，Kohi-Zargar B，Shekaari H，et al. Synthesis of thermally stable polyamides with pendant 1，3，4-oxadiazole units via direct polycondensation in ionic liquids [J]. Polymer Bulletin，2012，68（1）：113-139.

[235] Mansoori Y，Atghia S V，Sanaei S S，et al. New，organo-soluble，thermally stable aromatic polyimides and poly（amide-imide）based on 2-[5-（3，5-dinitrophenyl)-1，3，4-oxadiazole-2-yl] pyridine [J]. Polymer International，2012，61（7）：1213-1220.

[236] Faghihi K，Moghanian H. Synthesis and characterization of new optically active poly（amide-imide）s containing 1，3，4-oxadiazole moiety in the main chain [J]. Polymer Bulletin，2010，65（4）：319-332.

[237] Sava I，Ronova I，Bruma M. Synthesis of poly（1，3，4-oxadiazole-amide-ester）s and study of the influence of conformational parameters on their physical properties [J]. Polymer Journal，2006，38（9）：940-948.

[238] Sava I，Bruma M，Szesztay M，et al. Poly（1，3，4-oxadiazole-amide-ester）s and thin films made from them [J]. High Performance Polymers，2005，17（2）：263-275.

[239] Ipate A M，Hamciuc C. Lisa G. Fluorinated poly（1，3，4-oxadiazole-ether）s. Thermooxidative stability and kinetic studies [J]. Thermochimica Acta，2014，588：59-67.

[240] Xu J M，Ren C L，Cheng H L，et al. Sulfonated poly（aryl ether sulfone）containing 1，3，4-oxadiazole as proton exchange membranes for medium-high temperature fuel cells [J]. Journal of Polymer Research，2013，20（7）：1-9.

[241] Balamurugan R，Kannan P. Photoisomerization behavior of bisbenzylidene and 1，3，4-oxadiazole-based liquid crystalline polyesters [J]. Journal of Applied Polymer Science，2010，116（4）：1902-1912.

[242] Tang H Y，Song N H，Gao Z H，et al. Preparation and properties of high performance bismaleimideresins based on 1，3，4-oxadiazole-containing monomers [J]. European polymer Journal，2007，43：1313-1321.

[243] Tang H Y，Song N H，Gao Z H，et al. Synthesis and properties of 1，3，4-oxadiazole-containing high-performance bismaleimide resins [J]. Polymer，2007，48（1）：129-138.

[244] Xiong X H，Chen P，Zhu N B，et al，Synthesisand properties of a novel bismaleimid resin containing 1，3，4-oxadiazole moiety and the blend systems thereof with epoxy resin [J]. Polymer Engineering and Science，2011，51（8）：1599-1606.

第2章

实验部分

2.1 实验原材料及实验仪器

2.1.1 实验原材料

本研究合成双马来酰亚胺所用的基本化学药品如表 2.1 所示。

表 2.1 实验基本化学药品

名称	品级	生产厂家
酚酞	AR	沈阳新兴试剂厂
邻甲酚酞	AR	国药集团化学试剂有限公司
百里酚酞	AR	国药集团化学试剂有限公司
9,9-双(4-羟基苯基)芴	98%	上海阿达玛斯试剂有限公司
9,9-双(4-羟基-3-甲基苯基)芴	99%	天津希恩思生化科技有限公司
2,6-二氯苯腈	AR	阿拉丁试剂(上海)有限公司
水合肼(85%)	AR	国药集团化学试剂有限公司
顺丁烯二酸酐	AR	沈阳合富服务公司化学试剂分装厂
钯/碳(Pd/C,10%)	AR	国药集团化学试剂有限公司
无水碳酸钾	AR	天津市博迪化工有限公司
无水乙醇(Ethanol)	AR	沈阳市联邦试剂厂
丙酮(Acetone)	AR	天津市富宇精细化工有限公司
N,N'-二甲基甲酰胺(DMF)	AR	天津市富宇精细化工有限公司
二甲基亚砜(DMSO)	AR	天津光复精细化工研究所
N-甲基-2-吡咯烷酮(NMP)	AR	天津市科密欧化学试剂研发中心
二氯甲烷(DCM)	AR	国药集团化学试剂有限公司
氯仿(三氯甲烷)(Chloroform)	AR	国药集团化学试剂有限公司

名称	品级	生产厂家
四氢呋喃(THF)	AR	天津市化学试剂厂
三乙胺	AR	沈阳合富服务公司化学试剂分装厂
乙酸酐	AR	国药集团化学试剂有限公司
甲苯(Toluene)	AR	天津市化学试剂厂
三氯化铁	AR	天津大茂试剂有限公司
乙二醇甲醚	AR	天津市富宇精细化工有限公司
醋酸钠	AR	沈阳合富服务公司化学试剂分装厂
碳酸氢钠	AR	天津市博迪化工有限公司
4,4′-二氨基二苯砜(DDS)	AR	国药集团化学试剂有限公司
双酚 A 二缩水甘油醚环氧树脂(E-51)	工业纯	大连齐化化工有限公司
2,2′-二烯丙基双酚 A(DABPA)	工业纯	四川江油电工材料厂
二苯甲烷型双马来酰亚胺(MBMI)	工业纯	湖北省峰光化工厂

2.1.2 实验仪器

本文所使用的实验仪器及型号列于表 2.2 中。

表 2.2 实验仪器及型号

仪器名称	型号	产地
电子天平	ALC-2104	德国塞多利斯公司
鼓风干燥箱	GZX-9076MBE	上海博讯真空设备制造公司
真空干燥箱	DZF-6050MBE	上海博讯真空设备有限公司
高温模压机	MZ-100	北京鸿鹄设备制造有限公司
万能材料试验机	岛津 AG-2000A	日本岛津公司
纤维浸渍设备		大连理工大学自主研制
核磁共振	400M	美国 Varian INOVA 公司
元素分析仪	Vario EL III	Elementar 公司
扫描电子显微镜	QUANTA 200	捷克 FEI 公司
X 射线衍射(XRD)	D/MAX-2400	日本理学公司
傅里叶变换红外光谱仪	Nicolet-20DXB	美国 Nicolet 公司
动态机械分析(DMA)仪	Q800	美国 TA 公司
差热扫描量热分析仪	DSC204	NETZSCH 公司
热重分析仪	TGA209	NETZSCH 公司

2.2 含酞 Cardo 环结构双马来酰亚胺单体（PBMI）的合成[1, 2]

2.2.1 二硝基化合物的合成

在装有搅拌器、温度计、氮气通管及冷凝管的四口烧瓶中，加入 200mL DMF、0.1mol 二元酚（酚酞、邻甲酚酞或百里酚酞）、0.22mol 对氯硝基苯、0.2mol 碳酸钾。在氮气保护下搅拌加热，温度升至 150℃，恒温反应 10h。反应结束后，趁热过滤除去无机盐。将滤液减压浓缩、冷却、结晶、过滤，滤饼用低沸点醇类浸泡，抽滤，在真空烘箱中进行干燥，得到二硝基化合物。

2.2.2 二氨基化合物的合成

反应装置同 2.2.1 节，装入 0.1mol 二硝基化合物、25g 活性炭、0.3g $FeCl_3 \cdot 6H_2O$ 和 200mL 乙二醇甲醚，在氮气保护下搅拌加热，使温度升至 100～105℃，滴加 60mL 的水合肼水溶液（85％），滴加时间应控制在 1h 以上。滴加完后，再继续恒温反应 8h。反应结束，趁热过滤，除掉活性炭和无机盐。当滤液逐渐冷却到室温，滴加一定量的蒸馏水，产物沉淀析出。过滤，真空烘箱干燥，得到二胺化合物。

2.2.3 双马来酰胺酸的合成

将 0.22mol 马来酸酐的丙酮溶液加入装有搅拌器的四口烧瓶中，在氮气保护及室温条件下，将 0.1mol 二元胺化合物的丙酮溶液滴加到反应釜中。滴加结束后，在室温条件下反应 6h，将生成的晶体过滤，并用适量丙酮洗涤以除去多余的马来酸酐。滤出物在真空烘箱中进行干燥，得到双马来酰胺酸。

2.2.4 双马来酰亚胺（PPBMI、MPBMI、IPBMI）的合成

将 0.1mol 双马来酰胺酸、0.02mol 三乙胺和 250mL 丙酮加入烧瓶中，在搅拌的状态下，升温至 50℃，加入 0.01g 的乙酸钠及 0.25mol 的乙酸酐，搅拌加热至反应溶液完全透明，再恒温反应 4h。反应液冷却至室温，然后加入蒸馏水中使产物沉淀析出，过滤，滤饼用碳酸氢钠溶液洗涤，再用蒸馏水洗涤至中性。真空干燥，得到双马来酰亚胺。

2.3 含芴 Cardo 环结构双马来酰亚胺单体（FB-MI）的合成

2.3.1 芳酯型 FBMI 单体的合成 [3]

2.3.1.1 二硝基化合物的合成

在装有磁力搅拌、恒压滴液漏斗的三口烧瓶中加入 0.03mol 9,9-双（4-羟基苯基）芴 [或 9,9-双（4-羟基-3-甲基苯基）芴]、100mL 三乙胺及 100mL 氯仿。将三口烧瓶放置在冰水浴中，随后缓慢滴加 250mL 溶解有 0.063mol 对硝基苯甲酰氯的氯仿溶液，滴加时间控制在 2h 之内。滴加完毕后，体系在室温下反应 3h，再回流反应 16h。反应结束后，减压浓缩去除三乙胺及氯仿，冷却至室温，加入大量水除去残留的对硝基苯甲酰氯，减压过滤，滤饼用 100mL 甲醇浸泡，抽滤，在 80℃ 真空干燥箱中干燥，得到黄色固体，产率为 95%（96%）。

2.3.1.2 二氨基化合物的合成

在装有磁力搅拌、回流冷凝装置以及加热装置的三口烧瓶中加入 0.02mol 二硝基化合物、0.09mol 甲酸铵、0.5g 5% Pd/C、50mL 干燥甲醇。氮气保护下升温至 50℃ 反应 4h。反应结束后，趁热过滤，将滤液旋蒸，剩余固体用 50mL 干燥甲醇洗涤，过滤，得到的滤饼捣碎后分散在 40mL 水中，随后用氯仿萃取，去掉水相，有机相用无水 Na_2SO_4 干燥过夜。过滤去除 Na_2SO_4，滤液旋蒸后得到白色二氨基化合物，在 50℃ 真空干燥箱中干燥。产率为 88%（91%）。

2.3.1.3 双马来酰亚胺单体（PEFBMI、MEFBMI）的合成

将 0.02mol 顺丁烯二酸酐溶解在 50mL 丙酮中，随后加入到装有磁力搅拌装置的四口烧瓶中。室温下，通氮气保护，将溶解在 50mL 丙酮中的 0.01mL 二氨基化合物缓慢滴加到四口烧瓶中，滴加时间控制在 1h 之内。滴加完毕后，体系在室温下继续反应 6h。随后，向四口烧瓶中加入 4mL 三乙胺、0.1g 乙酸钠、8.2mL 乙酸酐，搅拌状态下升温至回流，继续反应 8h。反应结束后，反应液冷却至室温，缓慢滴加到冰水中，有大量黄色沉淀物析出。过滤，滤饼用 NaH-CO_3 溶液洗涤，减压过滤，在 80℃ 真空干燥箱中干燥，得到 BMI 单体。产率为 85%（88%）。

2.3.2　芳醚型 FBMI 单体的合成 [4, 5]

2.3.2.1　二硝基化合物的合成

在装有磁力搅拌、回流冷凝装置以及加热装置的三口烧瓶中加入 0.01mol 9,9-双（4-羟基苯基）芴［或 9,9-双（4-羟基-3-甲基苯基）芴］、0.2mol 无水碳酸钾、0.21mol 对氯硝基苯和 200mL DMF。氮气保护下升温至 150℃，回流反应 10h。反应结束后，趁热过滤去除无机盐。滤液减压浓缩，冷却至室温，有大量黄色固体析出，过滤，滤饼用 200mL 热乙醇洗涤，减压过滤，在 80℃ 真空干燥箱中干燥，得到二硝基化合物。产率为 92%（93%）。

2.3.2.2　二氨基化合物的合成

在装有磁力搅拌、回流冷凝装置、加热装置和恒压滴液漏斗的三口烧瓶中加入 0.05mol 二硝基化合物、1.5g 5% Pd/C、200mL 乙醇。氮气保护下升温至 80℃，向三口烧瓶中滴加 100mL 80% 水合肼，滴加时间控制在 1h 之内。滴加完毕后，再继续恒温反应 24h。反应结束后，趁热过滤，滤液减压浓缩并逐渐冷却至室温，有白色晶体析出，减压过滤，得到二氨基化合物，在 50℃ 真空干燥箱中干燥。产率为 89%（84%）。

2.3.2.3　双马来酰亚胺酸的合成

将 0.063mol 顺丁烯二酸酐溶解在 100mL 丙酮中，随后加入到装有搅拌装置的四口烧瓶中。室温下，通氮气保护，将 0.03mol 溶解在 150mL 丙酮中的二氨基化合物滴加到四口烧瓶中，滴加时间控制在 2h 之内。滴加完毕后，搅拌状态下继续反应 6h。将生成的黄色沉淀过滤，用适量丙酮洗涤除去未反应的顺丁烯二酸酐，在 80℃ 真空干燥箱中干燥得到双马来酰亚胺酸。产率为 95%（97%）。

2.3.2.4　双马来酰亚胺单体（PFBMI、 MFBMI）的合成

将 0.04mol 双马来酰亚胺酸、11mL 三乙胺、1.2g 乙酸钠和 200mL 丙酮加入到装有磁力搅拌、回流冷凝装置、加热装置以及恒压滴液漏斗的三口烧瓶中，升温至 50℃，搅拌反应至体系完全透明，滴加 16.4mL 乙酸酐。滴加完毕后，恒温反应 8h，反应液冷却至室温，缓慢滴加到冰水中，有大量黄色固体析出。减压过滤，氯仿重结晶，在 80℃ 真空干燥箱中干燥，得到 BMI 单体。产率为 87%（88%）。

2.4 含 1，3，4-噁二唑分子结构不对称双马单体（ZBMI）的合成 [6-9]

2.4.1 4-硝基苯甲酰肼的合成

在装有温度计、搅拌装置及冷凝装置的 250mL 三口烧瓶中，加入 4-硝基苯甲酸（33.4g，0.2mol）、无水甲醇 150mL、浓硫酸 5mL，搅拌加热回流反应 6h。反应结束后，冷却，将反应液倒入 500mL 蒸馏水中，有乳白色固体析出，抽滤，滤饼用碳酸氢钠水溶液洗涤，干燥，得到 4-硝基苯甲酸甲酯，产率 97%。

加入制得的对硝基苯甲酸甲酯（18.1g，0.1mol）、无水乙醇 100mL、水合肼（85%）10mL。搅拌加热升至 75℃，继续回流反应 8h，有大量黄色固体析出。待反应液冷却之后，抽滤，滤饼用适量冷的无水乙醇溶液洗涤，干燥，得到 4-硝基苯甲酰肼，熔点 215℃，产率 95%。

2.4.2 3-甲基-4'-硝基二苯醚和 4-甲基-4'-硝基二苯醚的合成

在装有温度计、搅拌装置及冷凝装置的 500mL 的三口烧瓶中，加入间甲酚（0.21mol，22.3mL）、无水碳酸钾（0.21mol，27.6g）、相转移催化剂聚乙二醇 600（4.8g）、DMF 100mL。氮气保护下，加热升温至 105℃，反应 2h 之后升温至 120℃，将 4-氯硝基苯（31.5g，0.2mol）溶于 100mL DMF 中，滴加入反应瓶中，滴加完毕后，继续恒温反应 5～6h。反应结束后，趁热过滤以除去无机盐，待滤液冷却后，加入一定量的蒸馏水，产物析出，抽滤，滤饼用碳酸钠水溶液洗涤，干燥，将得到的黄色固体通过柱层析方法进一步纯化，淋洗液为石油醚/二氯甲烷（8∶1，体积比），得到 3-甲基-4'-硝基二苯醚，熔点 62℃，产率 87%。4-甲基-4'-硝基二苯醚采用类似方法以对甲酚为原料制得，熔点 67℃，产率 88%。

2.4.3 3-（4-硝基苯氧基）-苯甲酸和 4-（4-硝基苯氧基）-苯甲酸的合成

在装有温度计、搅拌装置及冷凝装置的 500mL 三口烧瓶中，加入蒸馏水 200mL，NaOH（20g，0.5mol），搅拌加热升温至 90℃。将 3-甲基-4'-硝基二苯醚（23.9g，0.1mol）溶于 100mL 吡啶中，逐滴加入反应瓶中。滴加完毕后，分批加入高锰酸钾（63.2g，0.4mol），控制在半小时之内加完，继续恒温反应 9h，直至高锰酸钾不褪色。反应完毕滴加无水甲醇，使过量的高锰酸钾褪色，趁热过滤除去生成的二氧化锰固体，待滤液冷却之后，加入一定量的硫酸，有白色固体产物析出，过滤，滤饼用蒸馏水洗涤，烘干，得到 3-(4-硝基苯氧基)-苯甲酸，熔点 197℃，产率 95%。4-(4-硝基苯氧基)-苯甲酸采用类似方法以 4-甲基-4'硝基二苯醚为原料制得，熔点 245℃，产率 93%。

2.4.4 二硝基化合物（m-ZDN、p-ZDN）的合成

在装有温度计、搅拌装置及冷凝装置的 500mL 三口烧瓶中，加入制备的 4-硝基苯甲酰肼（19.9g，0.11mol）、3-(4-硝基苯氧基)-苯甲酸或 4-(4-硝基苯氧基)-苯甲酸（25.9g，0.1mol）、多聚磷酸 250g。搅拌加热至 120℃，恒温反应 8h，直至反应体系成为红棕色透明均一相。反应结束将反应液冷却之后，加入一定量蒸馏水，析出乳白色固体，过滤、干燥得到两种二硝基化合物，熔点分别为 207℃、194℃，产率分别为 84%、86%。

2.4.5 二胺基化合物（m-ZDA、p-ZDA）的合成

在装有搅拌，冷凝装置及氮气通管的 500mL 三口烧瓶中，加入二硝基化合物（40.4g，0.1mol）、活性炭 20g、三氯化铁 0.5g、乙二醇单甲醚 250mL。在氮气保护下，搅拌加热升温至 105℃，然后在 1h 内缓慢滴加 85% 水合肼溶液 50mL，之后继续恒温反应 10h。趁热抽滤除去无机盐及活性炭，滤液冷却后，白色固体产物通过加入一定量蒸馏水析出，经过滤、真空干燥，即可得到两种二胺基化合物，熔点分别为 233℃、255℃，产率分别为 89%、87%。

2.4.6 双马来酰亚胺单体（m-Mioxd、p-Mioxd）的合成

在装有搅拌装置，冷凝装置的 500ml 三口烧瓶中，加入马来酸酐（21.56g，0.11mol）、丙酮 200mL，室温下搅拌溶解，将二氨基化合物（17.2g，0.05mol）溶于 80mL DMF 中，缓慢加入到反应瓶中，之后继续室温反应 4h，有大量黄色固体析出，过滤，滤饼用适量丙酮冲洗，以除去过量的马来酸酐，真空干燥，得到两种双马来酰胺酸，产率分别为 95%、93%。

在上述相同的装置中加入双马来酰胺酸（27.2g，0.05mol）、三乙胺 5mL、丙酮 150mL，搅拌加热至 55℃，加入乙酸钠 0.04g，乙酸酐 15mL，搅拌加热直至双马来酰胺酸全部溶解，之后继续恒温反应 4h，会有浅黄色固体析出，将反应液减压浓缩之后，冷却至室温，过滤，滤饼先后用饱和 $NaHCO_3$ 水溶液及蒸馏水洗涤多次，真空干燥，得到两种双马来酰亚胺单体，熔点分别为 206℃、247℃，产率分别为 79%、81%。

2.5 含氰基和酞（芴）结构双马来酰亚胺的合成 [10-15]

2.5.1 含氰基和酞（芴）结构二硝基寡聚物的合成

向 500mL 三口烧瓶中加入 0.1mol 的酚酞 [或邻甲酚酞，或 9,9'-双（4-羟基苯基）芴]、0.21mol 无水碳酸钾、1mL 去离子水、10mL 甲苯和 250mL N，N'-二甲基甲酰胺（DMF），120℃ 恒温搅拌 1h，使双酚和碳酸钾充分反应形成无机盐，通过甲苯除去体系中的水。待不再有水流入分水器后，升温至 153℃，除去甲苯，拆除分水器，加入 0.05mol 的 2,6-二氯苯腈，充分反应 5～10h 后，加入 0.21mol 的 4-氯硝基苯，继续反应 7～12h，停止加热，趁热过滤，将滤液倒入装有机械搅拌的冰水中，再经醇洗，过滤，干燥，得到含氰基和酞（芴）结构二硝基寡聚物。

2.5.2 含氰基和酞（芴）结构二氨基寡聚物的合成

向 250mL 四口烧瓶中加入 0.01mol 含氰基和酞（芴）结构二硝基寡聚物、9g 活性炭（粉末）、3g 的 $FeCl_3 \cdot 6H_2O$ 和 100mL 乙二醇甲醚，升温至 80～100℃，在氮气保护下，滴加 18mL 乙二醇甲醚 1:1 稀释的水合肼溶液，滴加完成后，反应 4～6h，趁热过滤以除去固体杂质，将滤液倒入装有机械搅拌的冰水中，多次水洗，过滤，真空干燥，得到含氰基和酞（芴）结构二氨基寡聚物。

2.5.3 含氰基和酞（芴）结构双马来酰亚胺酸的合成

向 250mL 三口烧瓶中加入 0.022mol 顺丁烯二酸酐和 50mL 丙酮，在室温条件下，滴加溶有 0.01mol 含氰基和酞（芴）结构二氨基寡聚物的丙酮溶液，滴加完成后，反应 4～6h，倒入装有机械搅拌的乙醇中，多次醇洗，过滤，干燥，得到含氰基和酞（芴）结构双马来酰亚胺酸。

2.5.4 含氰基和酞（芴）结构双马来酰亚胺的合成

反应装置同 2.3.3 节，加入 0.01mol 含氰基和酞（芴）结构双马来酰亚胺酸、0.1g 乙酸钠和 150mL 丙酮，加热至 50℃，滴加 4mL 乙酸酐，滴加完成后，反应 4～6h，倒入装有机械搅拌的冰水中，过滤，用碳酸氢钠水溶液洗至中性，水洗，过滤，干燥，得到含氰基和酞（芴）结构双马来酰亚胺。

2.6 双马来酰亚胺及其改性树脂固化物的制备 [16-22]

2.6.1 PBMI 浇铸体的制备

将三种 PBMI 单体（PPBMI、MPBMI、IPBMI）加热熔融，于 180℃ 真空烘箱中抽真空直至无气泡冒出，将脱泡后的熔体注入抹有脱模剂并已预热的模具中，按照 200℃×1h+250℃×2h+280℃×2h+300℃×2h 的工艺进行固化，自然冷却至室温，即得用于固化物性能测试的浇铸体样条。

2.6.2 PPBMI/DABPA 树脂及浇铸体的制备

DABPA 加热到 140℃，分批加入 PPBMI，搅拌至体系透明，制得 PPBMI/DABPA 共混树脂。取出部分树脂冷却到室温用于 DSC 和红外测试，剩余树脂则置于 130℃ 真空烘箱中脱泡，将得到的透明无泡混合溶液注入抹有脱模剂并已预热的模具中，按照设定的工艺（180℃×1h+200℃×2h+250℃×6h）进行固化，自然冷却至室温，即得用于固化物性能测试的浇铸体样条。

选择 DABPA 与 PPBMI 的化学计量比分别为 1.2、1、0.87 的体系依次被记作 DP120、DP100、DP87。

2.6.3 PPBMI/MBMI/DABPA 树脂及浇铸体的制备

方法同 PPBMI/DABPA 树脂及浇铸体的制备方法一样，只是把分批加入 PPBMI 改为分批加入 PPBMI 和 MBMI 的混合物。

设定 DABPA 的官能团数与 PPBMI 和 MBMI 官能团总数的化学计量比为 0.87，而 PPBMI 与 MBMI 的摩尔比分别为 1:0、7:3、5:5、3:7、1:9、0:1，依次被记作 PM10、PM73、PM55、PM37、PM19、PM01 体系。

2.6.4 PPBMI/DDS/E-51 树脂及浇铸体的制备

E-51 加热到 130℃，分批加入 PPBMI，搅拌至体系呈均相，然后加入 DDS，继续搅拌至 DDS 完全溶解。取出部分树脂冷却到室温用于 DSC 和红外测试，剩余树脂则置于 130℃ 真空烘箱中脱泡，将得到的透明无泡混合溶液注入抹有脱模剂并已预热的模具中，按照设定的工艺（150℃×1h+180℃×2h+200℃×4h+220℃×2h）进行固化，自然冷却至室温，即得用于固化物性能测试的浇铸体样条。改性树脂体系中 PPBMI、DDS 和 E-51 的官能团摩尔比分别为 4:4:1、4:4:2、4:4:3、4:2:1、4:2:2、4:2:3，依次被记作 441、442、443、

421、422、423。

2.6.5 FBMI 树脂玻璃布复合物的制备

取适量 FBMI 单体溶解在二氯甲烷中，溶液浓度控制在 0.5g/mL。将经 KH-550 处理过的玻璃布剪切成 35mm×6.5mm 的小块放入溶液中，浸泡 24h，垂直悬挂晾干，放入 60℃烘箱中烘干。复合物放入具有一定压力的钢制模具中，按照 200℃×2h＋250℃×3h＋280℃×5h 的工艺固化。自然冷却至室温，得到用于 DMA 测试的 BMI 单体玻璃布复合物样条。复合物中树脂的含量控制在 40%左右。

2.6.6 PFBMI/DABPA 及 MFBMI/DABPA 树脂及其玻璃布复合物的制备

将 DABPA 加热到 130℃，分批加入 PFBMI 或 MFBMI，搅拌至体系透明，制得改性树脂。取适量改性树脂溶解在二氯甲烷中，溶液浓度控制在 0.5g/mL。将经 KH-550 处理过的玻璃布剪切成 35mm×6.5mm 的小块放入树脂溶液中，浸泡 24h，垂直悬挂晾干，放入 60℃烘箱中烘干。复合物放入具有一定压力的钢制模具中，按照 180℃×1h＋200℃×2h＋250℃×6h 的工艺固化。复合物中树脂含量比例控制在 40%左右。

设定 PFBMI 与 DABPA 的摩尔比为 1∶0.87、1∶1 和 1∶1.2，并依次记为 PD87、PD100 和 PD120。设定 MFBMI 与 DABPA 的摩尔比为 1∶1，记为 MD100。

2.6.7 PFBMI/MBMI/DABPA 树脂及其浇铸体的制备

将 DABPA 加热到 130℃，分批加入 MBMI 或 PFBMI/MBMI 混合物，搅拌至体系透明，真空烘箱中抽气脱泡，直至无气泡产生。将脱泡后的熔体注入事先在 130℃预热好并涂有脱模剂的模具中，按照 180℃×1h＋200℃×2h＋250℃×6h 的工艺固化，自然冷却至室温，得到用于性能测试的固化物样条。

设定 PFBMI 和 MBMI 的总官能团数与 DABPA 的官能团数比为 1∶0.87。PFBMI 与 MBMI 的摩尔比设定为 0∶1、0.02∶1、0.04∶1、0.06∶1、0.08∶1 和 0.10∶1，依次记为 PMD-0、PMD-2、PMD-4、PMD-6、PMD-8 和 PMD-10。

2.6.8 纤维增强 ZBMI/MBMI 树脂基复合材料的制备

将两种新型 ZBMI 单体（p-Mioxd，m-Mioxd）分别与 MBMI 混合均匀，其中 ZBMI 含量为 0%、2.5%、5%、10%（质量分数），分别记为 MBMI、p-Mioxd-2.5、p-Mioxd-5、p-Mioxd-10、m-Mioxd-2.5、m-Mioxd-5、m-Mioxd-10。两种单体混合物溶于一定量 DMF 中配成浓度约为 0.5g/mL 的溶液，将玻璃布在此溶液中浸泡 24h 后，取出悬挂真空 80℃ 烘干溶剂，得到纤维预浸料。预浸料裁成合适的尺寸后叠放入模具内，按照 180℃×4h＋230℃×5h＋260℃×2h 的固化工艺，在热压机内进行固化，压力为 2MPa，所得层压板裁剪成合适尺寸用于力学性能测试。

2.6.9　ZBMI/DABPA 树脂及其复合材料的制备

ZBMI 与 DABPA 按照一定的摩尔比溶于二氯甲烷中，除去溶剂得到混合均匀的树脂体系，其中 DABPA 与 ZBMI 的摩尔比分别为 0.87∶1、1∶1、1.2∶1，分别记为 m-DZ87、m-DZ100、m-DZ120、p-DZ87、p-DZ100、p-DZ120。取出部分树脂用于 DSC 及红外测试分析。

m-Mioxd/DABPA 在 120℃ 下加热 40min 得到树脂预聚体，所得预聚体溶于一定量二氯甲烷中配成树脂胶液，树脂含量约为 40g/100mL。玻璃布在此溶液中浸泡 24h 后，取出悬挂真空 40℃ 烘干溶剂，得到纤维预浸料，裁成合适尺寸并后叠放入模具内，按照 180℃×1h＋210℃×2h＋250℃×6h 的固化工艺，在热压机内进行固化，压力为 2MPa。所得层压板裁剪成合适尺寸用于测试。

2.6.10　ZBMI/MBMI/DABPA 树脂及其浇铸体的制备

DABPA 加热至 140℃，分批加入 ZBMI/MBMI 共混物，搅拌直至体系成为红棕色均一透明液体，树脂共混物先在 130℃ 真空烘箱中脱泡，然后注入预热好的模具中按照 180℃×1h＋210℃×2h＋250℃×6h 的工艺进行固化，自然冷却至室温得到固化样条，经过打磨后用于物理性能的测试。体系中烯丙基与马来酰亚胺双键的摩尔比为 0.87∶1，而 MBMI 与 ZBMI 的摩尔比分别为 1∶0、1∶0.03、1∶0.05、1∶0.07、1∶0.09，依次记为 M-0、m-3、m-5、m-7、m-9、p-3、p-5、p-7、p-9。

2.6.11　二元胺扩链 BMI 共聚物（ZM）及其改性树脂浇铸体的制备

两种含 1,3,4-噁结构不对称二元胺（p-ZDA、m-ZDA）分别与 MBMI 按照一定摩尔比（2∶3、1∶2、2∶5）在溶液中混合均匀，蒸除溶剂，混合物于 140℃ 预聚 30min，得到二元胺扩链 BMI 共聚物并进行红外及 DSC 分析测试，分别记为 p-ZM23、p-ZM12、p-ZM25、m-ZM23、m-ZM12、m-ZM25。

DABPA 加热至 140℃，分批加入 p-ZM12 或 m-ZM12 与 MBMI 的混合物，

搅拌直至体系成为红棕色均一透明液体，树脂混合物先在130℃真空烘箱中脱泡，然后注入预热好的模具中按照180℃×1h＋210℃×2h＋250℃×6h的工艺进行固化，自然冷却至室温得到固化样条，经过打磨后用于物理性能的测试。体系中DABPA与MBMI的摩尔比为0.87∶1，p-ZM12或m-ZM12的质量分数为0%、3%、5%、7%、9%，依次记为MB0、p-ZM3、p-ZM5、p-ZM7、p-ZM9、m-ZM3、m-ZM5、m-ZM7、m-ZM9。

2.6.12 碳纤维增强PPCBMI/DABPA体系复合材料的制备

将适量的DABPA加热至150℃，随后不断搅拌加入不同物质的量的PPCBMI，以进行烯丙基与酰亚胺之间的"ene"反应，直至混合物变为透明液体，其中，DABPA与PPCBMI的摩尔比为0.87∶1、1∶1、1.2∶1，依次命名为DPC87、DPC100和DPC120。将混合物冷却并溶于丙酮（树脂浓度约为40g/100mL）以形成透明树脂溶液。然后，T700通过浸胶槽浸渍树脂之后，平行缠绕于框架上，在40℃真空干燥除去丙酮，制备出预浸料。将预浸料裁剪为80mm×40mm的矩形样品，裁剪完成后，铺覆于模具内（18层），按照190℃×2h＋230℃×4h＋260℃×2h的工艺进行固化，压力为2MPa。并将层压板切割成合适的尺寸进行测试。

2.6.13 玻璃纤维增强PFCBMI/BDM复合材料的制备

将PFCBMI与BDM混合，PFCBMI质量分数为0%、2.5%、5%、7.5%和10%，溶于DMF中，制成浓度为0.5g/mL的胶液，将玻璃纤维布在胶液中充分浸胶，烘干除去溶剂，制得玻璃纤维/BMI预浸料。将预浸料按照模具尺寸裁剪成尺寸为80mm×40mm的矩形样品，裁剪完成后，铺覆于模具内（14层），按照180℃×4h＋220℃×4h＋250℃×2h的工艺进行固化，压力为2MPa。其中，按照PCFBMI质量分数的不同，将复合材料依次标记为BDM、PFCM2.5、PFCM5.0、PFCM7.5和PFCM10.0。

2.6.14 PPCBMI/BDM/DABPA树脂浇铸体的制备

将适量的DABPA加热至150℃，加入PPCBMI/BDM的混合物，并不断搅拌，直至变为透明液体，放入150℃的真空烘箱中进行初步的脱泡，然后倒入已预热的模具中进一步脱泡。待无气泡产生后，按照180℃×2h＋230℃×4h＋260℃×4h的工艺进行固化。固化完全后，自然冷却至室温，根据测试所需的尺寸打磨浇铸样条即可。其中，烯丙基与马来酰亚胺双键的摩尔比为0.87∶1，PPCBMI在PPCBMI/BDM体系中所占质量分数依次为0%、1%、3%、5%、

7%和9%，命名为PBD-0、PBD-1、PBD-3、PBD-5、PBD-7和PBD-9。

2.7　结构性能表征方法

2.7.1　傅里叶红外光谱（FT-IR）分析

采用 Nicolet-20DXB 型红外光谱仪，KBr 压片，32 次扫描平均信号，观测波数范围：$400 \sim 4000 cm^{-1}$。

2.7.2　核磁共振（^{1}H NMR 和^{13}C NMR）测试

采用 INOVA 400M 核磁共振仪进行测试，以氘氯仿（$CDCl_3$）或氘代二甲基亚砜 [$(CD_3)_2SO$] 为溶剂，TMS 为内标，观测频率分别为 400MHz 和 100MHz。

2.7.3　元素分析

采用 Elementar Vario EL Ⅲ 分析仪，进行 C、H、N 元素质量的分析。

2.7.4　差热扫描量热分析（DSC）

采用 NETZSCH 公司 DSC204 差热扫描量热仪，N_2 氛围下，升温速度分别为 5℃/min、10℃/min、15℃/min 或 20℃/min，测试范围为室温至 350℃。

2.7.5　热重分析（TGA）

采用 TA 公司 TGA-7 型热重分析仪，在 N_2 氛围下，升温速度 20℃/min，测试温度范围 $50 \sim 800$℃。

2.7.6　偏光显微镜分析

采用 Nikon OPTIPHOT2-POL，观测倍数为 200 倍。

2.7.7　X 射线衍射分析（XRD）

采用日本理学 XRD 衍射仪，型号 D/MAX-2400，测试条件：2θ 角度范围 $10° \sim 50°$，扫描速度：8°/min。

2.7.8　动态力学（DMA）分析

采用 TA 公司生产的 Q800 型动态力学分析仪在单悬臂梁的模式下对树脂基

体的性能进行测试，测试频率分别为：0.1Hz、1Hz、10Hz，温度范围：室温至390℃，升温速度2℃/min，系统自动采集并储存试样的储能模量、损耗模量、损耗角正切随温度变化的关系曲线。

2.7.9 树脂固化物的力学性能测试

树脂固化物的力学性能及吸水率测试均取五个试样求平均值，计算方法如下：

（1）弯曲性能测试

参照 GB 1449—2005 标准，弯曲强度（σ_f）和弯曲模量（E_f）可按照式（2.1）和式（2.2）进行计算，试样尺寸为 80mm×10mm×4mm。

$$\sigma_f = \frac{3Pl}{2bh^2} \tag{2.1}$$

$$E_f = \frac{l^3 \Delta P}{4bh^3 \Delta S} \tag{2.2}$$

式中，P 为材料破坏时的载荷；b 和 h 分别为试样的宽度和厚度；l 为测试跨距；ΔP 为载荷-挠度曲线上初始值线段的载荷增量；ΔS 为与 ΔP 对应的跨距中点处的增量。当材料的 $S/l > 10\%$ 时，在挠度作用下支座水平分力会对弯矩产生一定影响，因此 σ_f 需要按照式（2.3）进行计算。

$$\sigma_f = \frac{3Pl}{2bh^2} \left[1 - 4\left(\frac{S}{l}\right)^2\right] \tag{2.3}$$

式中，S 为试样破坏时跨距中点处的挠度。

（2）冲击性能测试

参照 GB 1043.1—2008 标准，冲击强度可按照式（2.4）进行计算，无缺口样条尺寸为 60mm×6mm×4mm。

$$冲击强度 = \frac{冲击能量}{bh} \tag{2.4}$$

式中，b 和 h 分别为试样的宽度和厚度。

（3）层间剪切强度（ILSS）测试

参照 JC/T 773—2010 标准，复合材料层间剪切强度（ILSS）按照式（2.5）进行计算。

$$\tau = \frac{3P_b}{4bh} \tag{2.5}$$

式中，τ 为复合材料的 ILSS 值；P_b 为试样破坏时加载的最大载荷；b 和 h 分别为试样的宽度和厚度。

（4）吸水率测试

首先将试样在 120℃下干燥 5h 直至样品质量恒定，此时称得其质量作为试样初始质量 W_0，然后将试样放入沸水中，加热保持水一直沸腾，每隔一定时间将试样取出称得质量 W_t，吸水率按照式（2.6）计算：

$$吸水率 = \frac{W_t - W_0}{W_0} \times 100\%$$

（2.6）

2.7.10　树脂固化物的断面形貌分析

采用低真空扫描电镜 SEM（QUANTA200，荷兰 FEI 公司）对树脂固化物及其复合材料的破坏断面形貌进行比较分析。观察断面层中树脂和纤维的界面黏结情况，分析树脂固化物及其复合材料的破坏模式。

参考文献

[1] Xiong X H，Chen P，Yu Q，et al. Synthesis and properties of chain-extended bismaleimides containing phthalide cardo structure [J]. Polymer International，2010，59（12），1665-1672.

[2] 陈平，熊需海，王柏臣，等．一类含有酚酞结构链延长型双马来酰亚胺及其制备方法：CN200910011524. X [P]. 2009-11-11.

[3] Zhang L Y，Chen P，Na L Y，et al. Synthesis of new bismaleimide monomers based on fluorene cardo moiety and ester bond：characterization and thermal properties [J]. Journal of Macromolecular Science，Part A：Pure and Applied Chemistry，2015，53（2）：88-95.

[4] Zhang L Y，Chen P，Gao M B，et al. Synthesis，characterization，and curing kinetics of novel bismaleimide monomers containing fluorene cardo group and aryl ether linkage [J]. Designed Monomers and Polymers，2014，17（7）：637-646.

[5] 张丽影，陈平，赵小菁．含芴基及芳醚键结构双马来酰亚胺及其制备方法：ZL201310437116.7 [P]. 2015-10-23.

[6] 陈平，熊需海，马克明，等．含 1,3,4-噁二唑杂环结构芳香二元胺及其制备法：ZL201010211452.6 [P]. 2011-09-21.

[7] 陈平，熊需海，马克明，等．含 1,3,4-噁二唑结构双马来酰亚胺及其制备法：ZL201010211439.0 [P]. 2010-10-27.

[8] Xiong X H，Chen P，Zhu N B，et al. Synthesis and properties of a novel bismaleimide resin containing 1,3,4-oxadiazole moiety and the blend systems thereof with epoxy resin [J]. Polymer Engineering and Science，2011，51（8）：1599-1606.

[9] Xia L L，Zhai X J，Xiong X H，et al. Synthesis and properties of 1,3,4-oxadiazolecontaining bismaleimides with asymmetric structure and the copolymerized systems thereof with 4，40-bismaleimidodiphenylmethane [J]. RSC Adv.，2014，4（9），4646-4655.

[10] Liu S Y, Xiong X H, Chen P, et al. Bismaleimide-diamine copolymers containing phthalide cardo structure and their modified BMI resins [J]. High Performance Polymer, 2018, 30 (5): 527-538.

[11] 熊需海, 任荣, 陈平, 等. 一种含氰基和酞侧基双马来酰亚胺树脂及其制备方法: ZL201510024065.4 [P]. 2017-02-01.

[12] Liu S Y, Wang Y Y, Chen P, et al. Synthesis and properties of bismaleimide resins containing phthalide cardo and cyano groups [J]. High Performance Polymer, 2019, 31 (4): 462-471.

[13] Liu S Y, Chen Y Z, Chen P, et al. Properties of novel bismaleimide resins, and thermal ageing effects on the ILSS performance of their carbon fibre-bismaleimide composites [J]. Polymer Composites, 2019, 40 (S2): 1283-1293.

[14] 刘思扬, 陈平, 熊需海, 等. 含氰基和芴 Cardo 环结构双马来酰亚胺的合成与性能 [J]. 材料研究学报, 2018, 32: 820-826.

[15] 陈平, 刘思扬, 熊需海, 等. 含氰基和芴基双马来酰亚胺树脂及其制备方法: CN 201710153814.2 [P]. 2017-03-17.

[16] Xiong X H, Chen P, Zhang J X, et al. Cure kinetics and thermal properties of novel bismaleimide containing phthalide cardo structure [J]. Thermochimica Acta, 2011, 514 (1-2): 44-50.

[17] Xiong X H, Chen P, Zhu N B, et al. Preparation and properties of high performance phthalide-containing bismaleimide modified epoxy matrices [J]. Journal of Applied Polymer Science, 2011, 121 (6): 3122-3130.

[18] Xiong X H, Ren R, Chen P, et al. Preparation and properties of modified bismaleimide resins based on phthalide-containing monomer [J]. Journal of Applied Polymer Science, 2013, 130 (2): 1084-1091.

[19] Xiong X H, Chen P, Ren R, et al. Cure mechanismand thermal properties of the phthalide-containing bismaleimide/epoxy system [J]. Thermochimica Acta, 2013, 559: 52-58.

[20] Zhang L Y, Na L Y, Xia L L, et al. Preparation and properties of bismaleimide resins based on novel bismaleimide monomer containing fluorene cardo structure [J]. High Performance Polymer, 2015, 28 (2): 215-224.

[21] 张丽影, 陈平, 那立艳, 等. 含芴基 Cardo 环结构双马来酰亚胺的合成及与二烯丙基双酚 A 共聚物的热性能 [J]. 高分子材料科学与工程, 2014, 12: 20-22.

[22] Xia L L, Xu Y, Wang K X, et al. Preparation and properties of modified bismaleimide resins by novel bismaleimide containing1,3,4-oxadiazole [J]. Polymers for Advanced Technologies, 2015, 26 (3): 266-276.

含酞Cardo环结构链延长型双马来酰亚胺的合成表征及其性能

从分子结构设计出发，以酚酞、邻甲酚酞、百里酚酞为初始原料设计合成了三种含酞 Cardo 环结构延长型 BMI（PBMI）[1]。采用红外光谱、核磁共振、元素分析等技术表征了中间体和目标产物的分子结构；研究了 PBMI 的溶解性、固化行为以及其固化物的热稳定性、动态力学性能、吸湿行为等；深入探讨了取代基的大小和种类对 PBMI 光谱特性及性能的影响规律。

3.1 PBMI 单体的合成与表征

PBMI 单体的合成由四步反应组成：①二酚化合物和对氯硝基苯在碱性催化剂作用下进行 Williamson 亲核取代反应生成含酞侧基的二硝基化合物；②在 FeCl$_3$/C 催化下，水合肼提供氢源，二硝基化合物被还原成二氨基化合物；③二元胺与马来酸酐反应生成双马来酰胺酸；④双马来酰胺酸在三乙胺和乙酸钠共同催化下，以乙酸酐为脱水剂进行脱水环化反应生成目标化合物。具体合成路线如图 3.1 所示。

3.1.1 二硝基化合物的合成与表征

3.1.1.1 二硝基化合物的合成（PPDN、MPDN、IPDN）

如图 3.1 所示，二硝基化合物是由酚酞及其衍生物（邻甲酚酞、百里酚酞）与对氯硝基苯以碳酸钾为催化剂在强极性溶剂中反应制得。二酚化合物与对氯硝基苯反应理论上的摩尔比为 1∶2，然而对氯硝基苯具有挥发性，因此，为了提高产品的产率和纯度，反应时实际选择的摩尔比为 1∶2.2。另外，当对氯硝基苯过量太多时，增加了后处理的难度，产率也有所下降。

Williamson 醚化反应实质是亲核取代，反应过程常用的碱催化剂有氢氧化

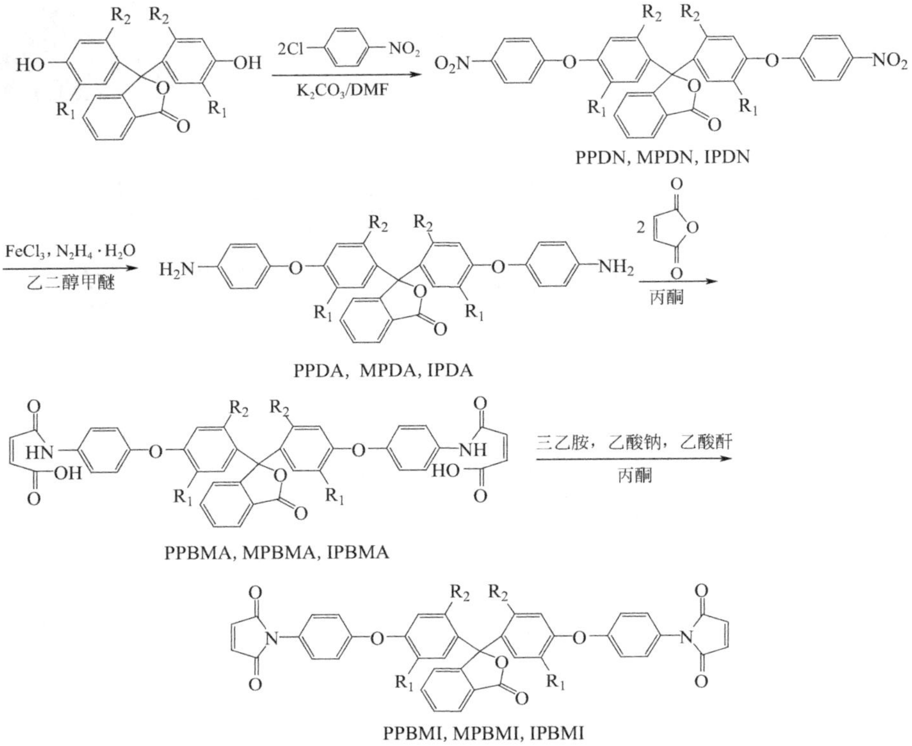

图 3.1　PBMI 单体的合成路线

PPDN, PPDA, PPBMA, PPBMI：R$_1$＝R$_2$＝H；MPDN, MPDA, MPBMA, MPBMI：R$_1$＝CH$_3$, R$_2$＝H；
IPDN, IPDA, IPBMA, IPBMI：R$_1$＝CH(CH$_3$)$_2$, R$_2$＝CH$_3$

钠、氢氧化钾、碳酸钾、碳酸钠、氢化钾、氢化钠、氢化钙等。一般情况下碱性越强越有利于酚盐的形成，能够提高反应活性。但有研究表明当酚酞作为亲核试剂时用强碱作为催化剂生成的酚盐主要为醌式结构，虽然醌式酚酞盐通过异构化仍能够进行亲核取代反应但其反应速率明显低于弱碱体系直接发生的亲核反应[2,3]。另外，研究表明 K$^+$ 比 Na$^+$ 有更好的反应活性。这是因为酚酞中 Cardo 侧基的存在赋予了酚酞分子特殊的空间结构，使 Cardo 环上氧的 p 电子和甲醚苯环上氧的 p 电子通过协同作用与固体 K$_2$CO$_3$ 形成络合物从而大大加快了其成盐反应速率；另一方面，由于在 K$_2$CO$_3$ 存在下生成的酚酞盐具有稳定的内酯式结构，所以它还能通过分子内或分子间的 K$^+$ 的络合转移，使相应的酚氧负离子更加"裸露"，从而进一步增加其亲核反应能力[3,4]。因此，本反应选择 K$_2$CO$_3$ 作为催化剂，其用量为二元酚物质的量的 2～2.5 倍。

反应的溶剂可选用 NMP、DMSO、DMAc、DMF 等强极性溶剂，但 DMF 具有明显的价格优势。由于这步反应进行较慢，反应时宜选用较高温度。因此，反应过程最好控制在溶剂沸点附近。实验表明，当反应进行 9～12h 时二酚化合物基本耗尽。按上述条件合成的三种二硝基化合物（PPDN、MPDN、IPDN）的产率均超过 90%。

3.1.1.2 二硝基化合物结构的表征分析

三种二硝基化合物的元素分析数据见表 3.1。另外，对三种化合物进行了 FT-IR 光谱和 ^{1}H NMR 谱表征。

表 3.1 二硝基化合物的元素分析结果

化合物	分子式	分子量	元素分析	
			计算值	实验值
PPDN	$C_{32}H_{20}N_2O_8$	560	C:68.57%,H:3.60%,N:5.00%	C:68.25%,H:3.56%,N:5.12%
MPDN	$C_{34}H_{24}N_2O_8$	588	C:69.38%,H:4.11%,N:4.76%	C:69.29%,H:4.23%,N:4.71%
IPDN	$C_{40}H_{36}N_2O_8$	672	C:71.42%,H:5.39%,N:4.16%	C:71.43%,H:5.51%,N:4.08%

图 3.2 是二硝基化合物 PPDN、MPDN、IPDN 的红外谱图。从图中可以看出 1518cm^{-1} 和 1342cm^{-1} 附近有中等强度的吸收峰，两峰分别归因于—NO$_2$ 不对称和对称伸缩振动引起的吸收，且对称伸缩振动的谱带更强，结合谱带的位置和强度差异可以确定化合物中存在与苯环相连的硝基基团。1230～1260cm^{-1} 的吸收峰表明芳醚键的形成。MPDN 和 IPDN 的红外谱图在 2800～3000cm^{-1} 处的吸收峰表明了甲基、异丙基的存在。1770cm^{-1} 附近的吸收峰是

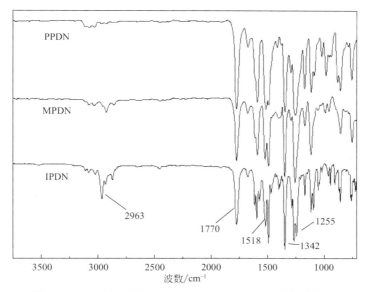

图 3.2 二硝基化合物 PPDN、MPDN、IPDN 的红外谱图

酞 Cardo 环中羰基的振动吸收峰。这些特征吸收峰的存在表明三种二硝基化合物被成功合成。

图 3.3 是二硝基化合物 PPDN、MPDN、IPDN 的 ^{1}H NMR 谱图和相应的归属。由于分子结构的对称性较高，PPDN 的核磁谱图较为简单。由 PPDN 的化学结构可知，它应该包括八种不同类型的氢质子，但是由于环内酯羰基相连苯环上的 3 位、5 位的氢质子受到羰基的诱导作用相似，使得它们的化学位移发生了重叠；另外，醚键两端苯环上与醚键相邻的质子处于相近的化学环境中，氢

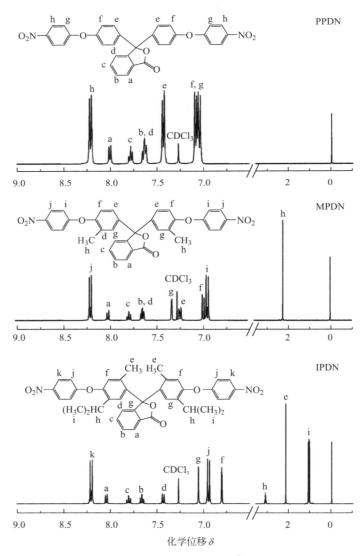

图 3.3　二硝基化合物 PPDN、MPDN、IPDN 的 ^{1}H NMR 谱图和相应的归属

核外的电子云密度相似，它们的化学位移非常的接近。因此，PPDN 的氢核磁谱图呈现出区分明显的六个质子谱带区域（δ）：8.21（d，4H，$J = 9.1$Hz，ArH），8.00（d，1H，$J = 7.6$Hz，ArH），7.78（t，1H，$J = 7.5$Hz，ArH），7.63（m，2H，ArH），7.43（d，4H，$J = 8.6$Hz，ArH），7.08（m，8H，ArH）。在 PPDN 分子结构中，硝基是最强的吸电子基团，它的去屏蔽效应也最显著，因此与硝基取代基相邻苯质子的化学位移出现在最低场。另一个强吸电子基团是环内酯中的羰基，它邻对位上的苯质子受到羰基的拉电子效应的影响，产生较强的去屏蔽作用，两位置上苯质子的电子云密度减小，因而两个质子的化学位移也出现在低场。再根据图 3.3 中 PPDN 谱图 8.00 和 7.78 处的裂分峰数，可以判断出邻位的化学位移值（双峰）稍大于对位的化学位移（三峰），也就是说在 PPDN 分子中羰基邻位受到的诱导作用强于它的对位。MPDN 和 IPDN 分子结构中由于甲基和异丙基的存在破坏了分子结构的对称性，因而它们的 ^{1}H NMR 谱图较 PPDN 的谱图复杂。

MPDN 的氢核磁谱图呈现出区分明显的九个质子共振谱带（δ）：8.19（d，4H，$J = 9.2$Hz，ArH），8.00（d，1H，$J = 8.0$Hz，ArH），7.78（t，1H，$J = 7.5$Hz，ArH），7.64（m，2H，ArH），7.32（d，2H，$J = 2.1$Hz，ArH），7.23（dd，2H，$J = 2.3$Hz，$J = 8.4$Hz，ArH），6.98（d，2H，$J = 8.5$Hz，ArH），6.94（d，4H，$J = 9.2$Hz，ArH），2.17（s，6H，—CH$_3$）。与 PPDN 的核磁谱图一样，在 MPDN 的谱图中与硝基相邻质子的共振吸收峰出现在最低场，羰基相连苯环上 3 位、5 位质子的化学位移重叠，羰基邻、对位质子化学位移出现在较低场且区分明显。由于甲基的取代，醚键两端苯环上与之相邻氢质子的共振谱带强度发生了变化，化学位移也因此变得易于识别。甲基中质子的共振吸收峰出现在最高场。

IPDN 的氢核磁谱图呈现出区分明显的十一个质子共振谱带（δ）：8.20（d，4H，$J = 9.2$Hz，ArH），8.04（d，1H，$J = 7.6$Hz，ArH），7.80（t，1H，$J = 7.5$Hz，ArH），7.66（t，1H，$J = 7.5$Hz，ArH），7.43（d，1H，$J = 7.7$Hz，ArH），7.05（s，2H，ArH），6.94（d，4H，$J = 9.2$Hz，ArH），6.80（s，2H，ArH），3.03[m，2H，Ar—CH（CH$_3$）$_2$]，2.10（s，6H，Ar—CH$_3$），1.04[m，12H，—CH(CH$_3$)$_2$]。与 PPDN 和 MPDN 的氢核磁谱带相比，IPDN 谱图包含更多的谱峰，而且由于甲基和异丙基取代作用使得各个质子电子云密度间的差异增大，所以谱图中没有出现重叠峰。从图中可以看出，与硝基相邻质子的共振吸收峰依然出现在最低场，苯酐侧基上四个质子的化学位移没有发生重叠，异丙基上甲基质子的化学位移出现在最高场。

三种硝基化合物的核磁谱图上谱峰的数量、峰的强度和峰型与理论预测一致并且谱图上没有明显的杂峰出现，这表明合成的三种化合物是目标产物且纯度较高。

3.1.2 二氨基化合物的合成与表征

3.1.2.1 二氨基化合物的合成（PPDA、MPDA、IPDA）

二氨基化合物是以三氯化铁为催化剂、水合肼为还原剂、乙二醇甲醚为溶剂，在 90～105℃ 的温度条件下还原二硝基化合物而制得。若用钯/碳作催化剂，还原效果更好，但鉴于其昂贵的价格，我们选用廉价的三氯化铁作替代。该反应也可选择乙醇作溶剂，然而硝基化合物在乙醇中溶解度偏低，使得反应时间延长。另外，为了加快反应速率，反应通常在乙醇沸腾的条件下进行，这样就使大量的氢气没被活性炭吸附就释放掉了，降低了水合肼的效率。因此，我们选择溶解性更佳、沸点更高的乙二醇甲醚为溶剂，在较高的且低于水合肼沸点的温度下进行反应。按上述条件合成三种二氨基化合物（PPDA、MPDA、IPDA）的产率都超过 85%。

3.1.2.2 二氨基化合物的表征

表 3.2 列出了三种二氨基化合物的元素分析数据。元素分析的实验值与理论计算值显示出较好的一致性。

表 3.2 二氨基化合物的元素分析数据

化合物	分子式	分子量	元素分析	
			计算值	实验值
PPDA	$C_{32}H_{24}N_2O_4$	500	C:76.78%,H:4.83%,N:5.60%	C:76.72%,H:4.94%,N:5.67%
MPDA	$C_{34}H_{28}N_2O_4$	528	C:77.25%,H:5.34%,N:5.30%	C:77.18%,H:4.54%,N:5.33%
IPDA	$C_{40}H_{40}N_2O_4$	612	C:78.40%,H:6.58%,N:4.57%	C:78.44%,H:5.65%,N:4.48%

图 3.4 为三种二氨基化合物 PPDA、MPDA、IPDA 的红外谱图。$1391cm^{-1}$ 和 $1460cm^{-1}$ 分别为甲基的对称变形振动吸收峰和不对称变形振动吸收峰，在其附近（$1342cm^{-1}$）表征硝基对称伸缩振动处的吸收峰已经完全消失。在 $1500cm^{-1}$ 附近只能发现苯环的吸收峰而硝基的不对称伸缩振动吸收峰（$1518cm^{-1}$）也消失了。而在 $3451cm^{-1}$、$3365cm^{-1}$ 和 $1629cm^{-1}$ 附近出现了氨基的特征吸收峰。这表明二硝基化合物已完全转化为二氨基化合物。

图 3.5 为三种二氨基化合物 PPDA、MPDA、IPDA 的 ^1H NMR 谱图和相应的归属。与二硝基化合物氢核磁谱图一样，PPDA 的氢核磁谱图最为明了。PPDA 的氢核磁谱图有七个明显的氢质子共振吸收峰（δ）：7.92(d, 1H, $J=$

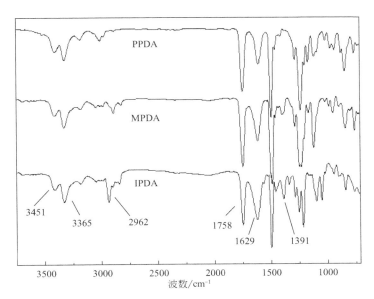

图 3.4 二氨基化合物 PPDA、MPDA、IPDA 的红外谱图

7.6Hz，ArH），7.67（t，1H，J = 7.5Hz，ArH），7.53（m，2H，ArH），7.22（d，4H，J = 8.8Hz，ArH），6.84（m，8H，ArH），6.66（d，4H，J = 8.7Hz，ArH），3.59（br，4H，Ar—NH$_2$）。与 PPDN 氢核磁谱图相比，最大的不同是在 3.6 附近出现了一个馒头状弥散宽峰，该峰是活泼质子 N—H 的共振吸收峰。这表明氨基的存在。另外，由于硝基转化为氨基，与硝基相邻苯质子的化学环境由拉电子作用变成了供电子作用，因而它们的化学位移发生了显著的移动，由苯质子化学位移的最低场移到最高场，这也表明硝基已完全转化成氨基。

MPDA 的氢核磁谱图有十个明显的氢质子共振吸收峰（δ）：7.91（d，1H，J = 7.3Hz，ArH），7.65（t，1H，J = 7.5Hz，ArH），7.51（t，2H，J = 7.2Hz，ArH），7.16（s，2H，ArH），7.00（dd，2H，J = 2.2Hz，J = 8.5Hz，ArH），6.76（d，4H，J = 8.7Hz，ArH），6.65（d，2H，J = 8.6Hz，ArH），6.62（d，4H，J = 8.7Hz，ArH），3.44（br，4H，Ar—NH$_2$），2.23（s，6H，Ar—CH$_3$）。

IPDA 的氢核磁谱图有十二个明显的氢质子共振吸收峰（δ）：7.95（d，1H，J = 7.6Hz，ArH），7.69（t，1H，J = 7.4Hz，ArH），7.55（t，1H，J = 7.4Hz，ArH），7.37（d，1H，J = 7.7Hz，ArH），6.91（s，2H，ArH），6.76（d，4H，J = 8.6Hz，ArH），6.64（d，4H，J = 8.6Hz，ArH），6.54（s，2H，ArH），3.45（br，4H，Ar—NH$_2$），3.22［m，2H，Ar—CH（CH$_3$）$_2$］。

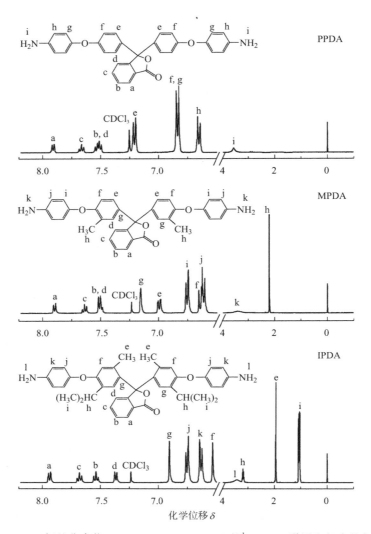

图 3.5 二氨基化合物 PPDA、MPDA、IPDA 的 ^{1}HNMR 谱图和相应的归属

三种二氨化合物的核磁谱图的谱峰数量，峰的强度和峰型与理论预测相一致且谱图上没明显的杂峰出现，这表明合成的三种化合物是目标产物且纯度较高。

3.1.3 双马来酰胺酸的合成与表征

从图 3.1 可知，双马来酰胺酸是由二元胺化合物和马来酸酐（顺丁烯二酸酐）反应制得。由于二元胺化合物和马来酸酐的反应活性较高且反应放热，所以反应在室温进行并且通过调整二元胺化合物的加料速度来控制反应体系温度恒定。为了使二元胺化合物充分反应，一般使马来酸酐过量 10% 左右。本反应采用丙酮作为溶剂，反应一段时间后，生成的双马来酰胺酸逐渐从体系中析出。反应结束后，过滤沉淀，用丙酮冲洗滤饼即可得到产率和纯度都较高的产品。三种双马来酰胺酸（PPBMA、MPBMA、IPBMA）的产率都超过 95％。

图 3.6 是三种双马来酰胺酸化合物的红外光谱图。从红外吸收光谱图上可以看出 $3450cm^{-1}$ 和 $3350cm^{-1}$ 附近的伯胺特征振动吸收双峰已经转变成 $3287cm^{-1}$ 仲胺的振动吸收峰。在 $1710cm^{-1}$ 和 $1630cm^{-1}$ 左右的中等强度吸收峰分别为羧酸羰基和酰胺羰基的振动吸收峰。$1550cm^{-1}$ 处的吸收峰则是仲酰胺 N—H 的弯曲振动吸收峰。这些特征峰的出现表明二元胺化合物和马来酸酐反应已生成马来酰胺酸。

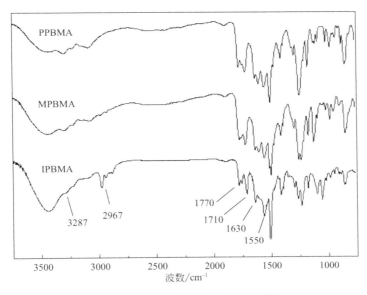

图 3.6　双马来酰胺酸的红外光谱图

3.1.4　双马来酰亚胺的合成与表征

3.1.4.1　双马来酰亚胺的合成

合成双马来酰亚胺的常用方法是在以乙酸酐为脱水剂，乙酸盐和三乙胺为共催化剂的条件下双马来酰胺酸进行脱水环化反应。该步反应伴随着异酰亚胺化、分子间脱水缩聚等多种副反应。反应温度，催化剂的类型和用量，溶剂的类型等影响副反应的发生。大量研究实验证明乙酸钠/三乙胺作为催化体系能够在较低的温度下得到产率和纯度都比较高的产品[5-8]。本实验采用丙酮作为溶剂，乙酸钠的用量（以双马来酰胺酸）为 0.2～0.3g/mol，三乙胺和双马来酰胺酸等摩尔比；另外，为了使脱水环化反应更好进行，乙酸酐的用量比理论用量多 25%。三种双马来酰亚胺单体的产率都在 80%～87%。

3.1.4.2 双马来酰亚胺的表征

表 3.3 列出了三种单体元素分析的数据。实验值与理论计算值基本相同。

表 3.3 双马来酰亚胺的元素分析结果

化合物	分子式	分子量	元素分析	
			计算值	实验值
PPBMI	$C_{40}H_{24}N_2O_8$	660	C:72.72%,H:3.66%,N:4.24%	C:72.73%,H:3.86%,N:4.12%
MPBMI	$C_{42}H_{28}N_2O_8$	688	C:73.25%,H:4.10%,N:4.07%	C:73.35%,H:4.24%,N:4.09%
IPBMI	$C_{48}H_{40}N_2O_8$	772	C:74.60%,H:5.22%,N:3.62%	C:74.67%,H:5.13%,N:3.45%

图 3.7 为三种双马来酰亚胺的红外谱图。从图中可以看出与双马来酰胺酸有关的特征峰完全消失，如：2800～3000cm^{-1} 表征羧酸羟基的宽峰，1630cm^{-1} 处酰胺羰基伸缩振动吸收峰以及 3287cm^{-1}、1550cm^{-1} 处仲胺的振动吸收峰。同时，在 1712cm^{-1} 左右出现酰亚胺环上羰基的伸缩振动吸收峰，3100cm^{-1} 附近出现不饱和双键上 C—H 的伸缩振动吸收峰。另外，1396cm^{-1}、1150cm^{-1} 附近新出现的峰为 C—N—C 不对称和对称伸缩振动吸收峰，3450cm^{-1} 处的弱峰为羰基的泛频峰。这些特征峰的出现表明成功合成了双马来酰亚胺单体。

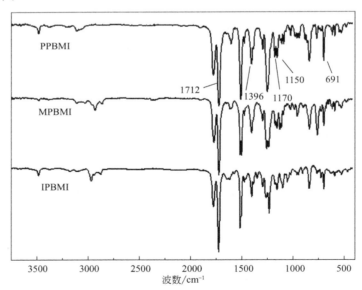

图 3.7 三种双马来酰亚胺单体的红外谱图

图 3.8 和图 3.9 分别为三种双马来酰亚胺 PPBMI、MPBMI、IPBMI 的
^{1}H NMR 谱图和^{13}CNMR 谱图及相应的归属。三种 PBMI 的氢核磁谱图与二硝
基化合物和二氨基化合物类似，不同点在于每种 PBMI 单体的谱图上多了一条
表征烯烃氢质子的谱带以及由于端基吸电子作用的变化导致相邻氢质子的化学
位移发生有规律的移动。PPBMI 氢核磁谱图显示出 7 条共振谱带（δ）：7.96(d，
1H，$J = 7.6$Hz，ArH)，7.73（t，1H，$J = 7.5$Hz，ArH)，7.58（m，2H，

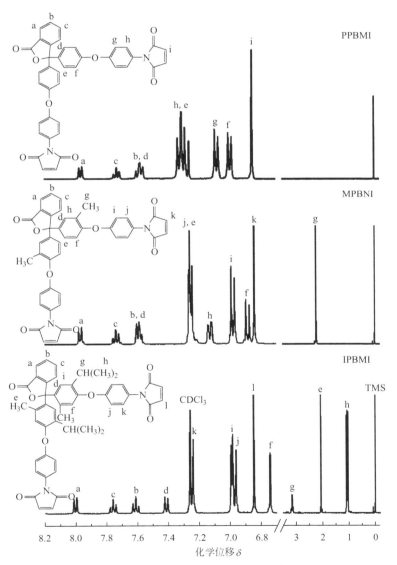

图 3.8 三种双马来酰亚胺 PPBMI、MPBMI、IPBMI 的^{1}H NMR 谱图及相应归属

ArH），7.31（m，8H，ArH），7.08（d，4H，$J=8.9\text{Hz}$，ArH），7.00（d，4H，$J=8.8\text{Hz}$，ArH），6.85（s，4H，$H—C\!=\!C—H$）。PPBMI 碳核磁谱图显示出 18 条共振谱带（δ）：91.26[$O—C—C(Ph)_3$]、118.96、119.67、124.17、125.67、126.33、126.64、127.84、129.02、129.67、134.38、134.46、136.09、152.12、156.32、157.23、169.68（$C\!=\!O$，酰亚胺）、169.73（$C\!=\!O$，环内酯）。共振谱带的数目与理论分析一致，其中环内酯羰基中碳原子和酰亚胺环上羰基碳原子的化学位移非常的接近，在谱图局部放大的情况下才能被区分。

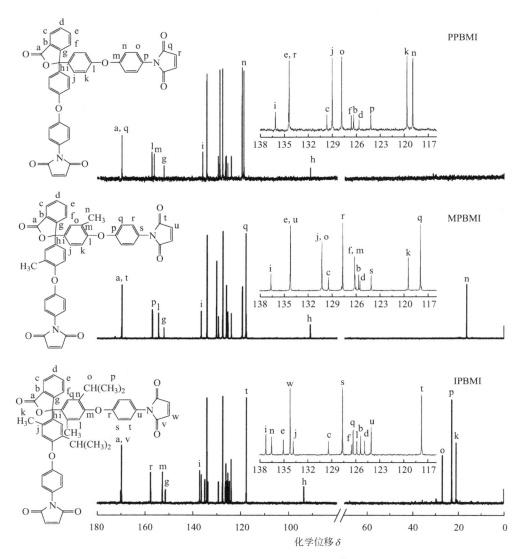

图 3.9　三种双马来酰亚胺 PPBMI、MPBMI、IPBMI 的 ^{13}C NMR 谱图及相应归属

MPBMI氢核磁谱图显示出 9 条共振谱带（δ）：7.97(d，1H，$J=7.5\text{Hz}$，ArH），7.74(t，1H，$J=7.1\text{Hz}$，ArH），7.59(m，2H，ArH），7.24(m，6H，ArH），7.13(dd，2H，$J=2.2\text{Hz}$，$J=8.5\text{Hz}$，ArH），6.98(d，4H，$J=8.9\text{Hz}$，ArH），6.88(d，2H，$J=8.5\text{Hz}$，ArH），6.84(s，4H，$H—C=C—H$），2.21(s，6H，Ar—CH_3）。MPBMI碳核磁谱图显示出 21 条共振谱带（δ）：16.37（CH_3—）、91.24［$O—C—C（Ph）_3$］、117.99、119.48、124.11、125.52、125.69、126.15、126.20、127.68、129.46、130.27、130.29、134.21、134.26、136.62、152.09、154.38、156.93、169.60($C=O$，酰亚胺）、169.70（$C=O$，环内酯）。共振谱带的数目与理论分析一致。

IPBMI氢核磁谱图显示出 12 条共振谱带（δ）：8.00(d，1H，$J=7.6\text{Hz}$，ArH），7.76(t，1H，$J=7.4\text{Hz}$，ArH），7.61(t，1H，$J=7.4\text{Hz}$，ArH），7.42(d，1H，$J=7.7\text{Hz}$，ArH），7.25(s，4H，$J=7.8\text{Hz}$，ArH），6.99(s，2H，ArH），6.97(d，4H，$J=8.9\text{Hz}$，ArH），6.85(s，4H，$H—C=C—H$），6.74(s，2H，ArH），3.14［m，2H，Ar—$CH(CH_3)_2$］，1.98(s，6H，Ar-CH_3），1.06［m，12H，—$CH(CH_3)_2$］。IPBMI碳核磁谱图显示出 23 条共振谱带（δ）：20.98、22.87、27.00、93.92［$O—C—C（Ph）_3$］、117.82、124.10、124.92、125.94、125.89、126.35、126.52、127.67、129.42、133.81、134.21、135.06、136.51、137.21、151.48、152.71、157.62、169.66($C=O$，酰亚胺）、170.07($C=O$，环内酯）。

根据三种双马来酰亚胺单体的[1]H 核磁谱图和[13]C 核磁谱图的分析和相互佐证，可以确定合成的产物即为目标产物，且具有较高的纯度。

3.2　PBMI 单体的溶解性能与固化行为

3.2.1　PBMI 单体的溶解性能

表 3.4 列出了三种 PBMI 单体的溶解性能。从表中的结果可以看出三种单体在普通有机溶剂中均具有较好的溶解性能，这是因为酞侧基的引入破坏了分子结构的对称性，增加了分子的极性同时醚键柔性连接链的存在降低了分子链段内旋转的阻力，从而使单体的结晶性降低，溶解性能增加。另外，与 PPBMI 相比，MPBMI 和 IPBMI 的溶解性更为优越。这是由于甲基、异丙基的存在降低了分子链的堆砌密度和分子间作用力，溶剂的扩散渗透更为容易，溶质和溶剂间作用力得到增强[1]。

表 3.4　三种 PBMI 单体的溶解性能

单体	乙醇	丙酮	甲苯	二氯甲烷	氯仿	四氢呋喃	N,N-二甲基甲酰胺	二甲基亚砜	N-甲基吡咯烷酮
PPBMI	－	－	＋	＋＋	＋＋	＋	＋＋	＋＋	＋＋
MPBMI	－	＋＋	＋＋	＋＋	＋＋	＋＋	＋＋	＋＋	＋＋
IPBMI	－	＋＋	＋＋	＋＋	＋＋	＋＋	＋＋	＋＋	＋＋

注：－，不溶；＋，加热可溶；＋＋，室温可溶（≥100mg/mL）。

3.2.2　PBMI 单体的固化行为

图 3.10 显示了三种 PBMI 单体动态 DSC 曲线（升温速率为 10℃/min）。从 DSC 曲线得到的 PBMI 单体固化过程的特征数据分别列于表 3.5 中，其中：T_m 为单体的熔点；T_i 为固化起始温度；T_p 为固化峰值温度；T_f 为固化终止温度；ΔH 为 BMI 单体的固化反应热。从 DSC 曲线可以看出 PPBMI 的熔点比 MPBMI 和 IPBMI 高，熔融峰也比其他两者的大，这进一步佐证了甲基和异丙基的存在降低了 BMI 单体结晶的完善程度。另外，从表 3.5 可以看出三种单体都具有比较宽的熔融加工窗口（$T_i - T_m$）且随着取代基体积的增加，加工窗口被进一步的拓宽。

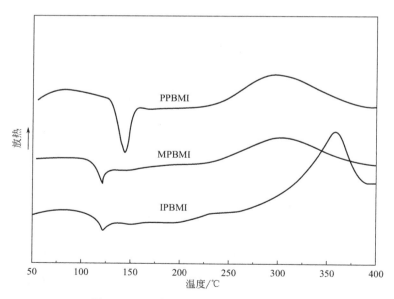

图 3.10　三种 PBMI 单体动态 DSC 曲线

表 3.5　PBMI 单体固化过程的特征数据

单体	$T_m/℃$	$T_i/℃$	$T_p/℃$	$T_f/℃$	$\Delta H/(J/g)$
PPBMI	145	213	297	367	115.4
MPBMI	119	221	306	375	142.5
IPBMI	122	254	359	390	85.8

　　比较三种单体的固化放热峰，PPBMI 和 MPBMI 的放热行为相近，而 IPB-MI 的放热峰明显向高温区域移动，其峰值温度甚至超过 350℃。这说明 PBMI 单体中甲基的存在几乎不影响其固化性能，而大的取代基如异丙基的存在则改变了其固化行为。事实上，三种 PBMI 结构中环内酯羰基与参与固化反应的双键间有苯环和醚键相隔，距离较远，所以羰基的拉电子效应对双键的反应活性影响较小。固化行为的差异主要是由于取代基的存在增大了熔体的黏度并相应降低了单位体积内官能团的数目，两种效应的叠加导致 IPBMI 双键的反应活性显著降低；而 MPBMI 中的甲基则是由于大体积酞侧基的存在对其形成了屏蔽作用，使得它对 MPBMI 双键的反应活性并没有影响，所以 PPBMI 和 MPBMI 的固化行为相似[1]。

3.3　PBMI 固化物的热性能和吸湿行为

3.3.1　PBMI 固化物的 FT-IR 表征

　　图 3.11 为三种 PBMI 固化物的红外谱图，与 PBMI 单体的红外谱图（图 3.7）相比，1765cm^{-1} 和 1716cm^{-1} 处表征环内酯上的羰基和酰亚胺环上的羰基的吸收峰仍然存在，说明固化过程中酞内酯环和酰亚胺环没有被破坏；最为明显的区别是固化后 1150cm^{-1}、3100cm^{-1} 和 690cm^{-1} 附近的吸收峰消失，这说明固化物中的不饱和双键已反应完全。

3.3.2　PBMI 固化物的热稳定性

　　图 3.12 为三种 PBMI 固化物的动态热重分析（TGA）和微商热重（DTG）曲线（升温速率为 10℃/min）。表 3.6 列出了 PBMI 固化物热分解特征参数，其中：$T_{5\%}$ 为固化物质量损失 5% 的温度；$T_{10\%}$ 为固化物质量损失 10% 的温度；T_{max} 为固化物质量损失速率最快点的温度，即 TGA 曲线一阶导数（DTG）曲线的峰值温度；RW 为固化物在 600℃ 时的残炭率。由图 3.12 和表 3.6 可知，三种 BMI 固化物具有较高的热稳定性和残炭率，这是因为它们的分子结构主要是由具有优良耐热性的芳杂环结构组成。另外，与 PPBMI 固化物的热稳定相

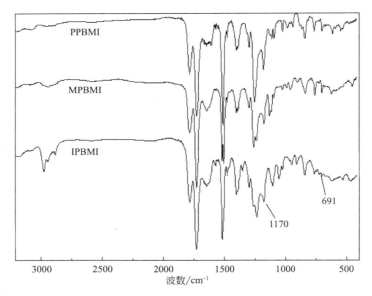

图 3.11 PBMI 固化物的红外谱图

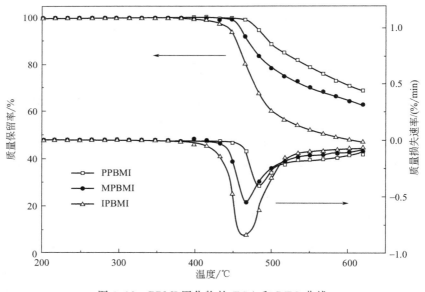

图 3.12 PBMI 固化物的 TGA 和 DTG 曲线

比，随着取代基体积的增加，固化物各项热稳定性能指标均出现降低；Zhang 等研究含酚酞骨架氰酸酯固化物的热稳定性时也观察到相同的现象[9]，这主要是烷基取代基的热稳定性较差造成的。

表 3.6　PBMI 固化物热分解特征参数

样品	$T_{5\%}/℃$	$T_{10\%}/℃$	$T_{max}/℃$	RW/%
PPBMI	466	495	483	70.8
MPBMI	443	468	466	64.5
IPBMI	414	454	462	48.3

3.3.3　PBMI 固化物的动态力学性能

图 3.13 和图 3.14 分别为 PBMI 固化物的剪切储能模量（G'）和损耗角正切值（$\tan\delta$）随温度变化的趋势图。从图 3.13 可以看出，PPBMI 固化物在玻璃态区域的储能模量随温度变化最小，在室温至 200℃ 的范围内几乎是恒定的，而 MPBMI 固化物在玻璃态区域的储能模量随温度变化较大。另外，在低温区域，即小于约 100℃，MPBMI 固化物的储能模量高于 PPBMI，并远高于 IPBMI 固化物的储能模量，例如，在 50℃ 时三种 BMI 固化物的储能模量的顺序是：MPBMI（4.12GPa）＞PPBMI（3.91GPa）＞IPBMI（2.83GPa）；而当温度高于约 100℃，MPBMI 固化物的储能模量却低于 PPBMI。这可能是因为聚合物处于玻璃态时的储能模量主要受分子链段的次级松弛的影响，而分子链段的次级运动与分子链的刚性、堆积密度、分子间的作用力有关。PPBMI 和 MPBMI 的固化网络中网链间的范德华力和网链链段的刚性近似；但是与 PPBMI 固化网络相比，MPBMI 固化网络中甲基的存在填充了酞侧基间的空隙使得网络的堆积密度

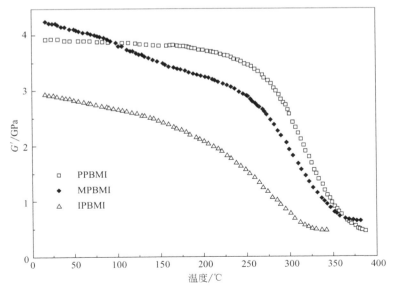

图 3.13　PBMI 固化物的剪切储能模量（G'）随温度变化的趋势图

增加、网链次级运动受到阻碍，从而提高其固化网络的储能模量。而当温度高于100℃时，网链的松弛部分被激活，甲基的运动变得活跃并充当一种类似小分子增塑剂的作用使得网络的松弛进一步加剧，储能模量快速降低。与PPBMI和MPBMI的固化物相比，IPBMI固化物玻璃态的储能模量一直处于较低的水平是因为大体积异丙基取代基的存在降低了网链的堆砌密度和交联密度，而网链间距离的增加又削弱了范德华力，三种因素共同作用使得IPBMI固化物的玻璃态储能模量偏低。

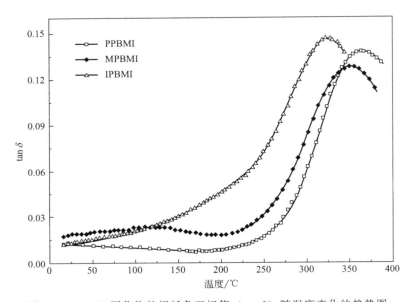

图3.14　PBMI固化物的损耗角正切值（tan δ）随温度变化的趋势图

由图3.14可知，三种BMI固化物均具有较高的玻璃化转变温度。这是因为固化网络的玻璃化转变温度除了受交联密度的决定性影响之外还受到内聚能密度和网链运动难易程度的影响。酰侧基的大体积、强极性以及高的刚性增大了网链运动的难度，从而导致玻璃化转变温度的相对增加。然而，PPBMI的固化物具有最高的玻璃化转变温度；三种BMI固化物的玻璃化转变温度的高低顺序是：PPBMI（364℃）＞MPBMI（353℃）＞IPBMI（324℃），即三种BMI固化物的玻璃化转变温度随着取代基体积的增加而降低。这是因为取代基的存在降低了单位体积内网络的交联密度[1,9]。

3.3.4　PBMI固化物吸湿行为

图3.15为三种PBMI固化物在沸水中水煮24h内吸水率随时间的变化曲线。

从图中可以看出，随着水煮时间的延长，三种 PBMI 固化物的吸水率展现相似的趋势：先快速升高后趋于水平。然而，不同结构 PBMI 固化物的吸水速率和平衡含水量都有显著的差异。MPBMI 的固化物无论是起始的吸水速率还是平衡吸水量都是三者中最低的，而 IPBMI 则是最高的。

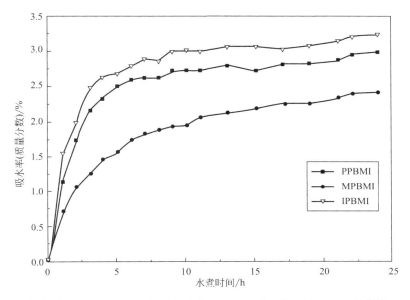

图 3.15　PBMI 固化物在沸水中水煮 24h 内吸水率随时间的变化曲线

一般来讲，聚合物内部的自由体积和网链的亲水性是影响聚合物吸水速率和吸水平衡含水量的两个主要因素。酞侧基和脂肪族取代基的存在扰乱了聚合物网链的规整堆砌，导致未占有自由空间的增加。然而，当 PBMI 单体的分子结构中与醚键相邻苯环上的一个氢被甲基取代后，甲基相对小的体积不仅不足以迫使网链彼此分开反而占据了网链间的自由空间，导致自由体积的减少[1,10,11]。另外，甲基的疏水性也不利于水分子在固化网络中扩散。基于这两点原因，MPBMI 展现出最好的抗吸湿性能。IPBMI 分子结构中醚键相连苯环的邻位、间位上的苯氢分别被异丙基和甲基取代，虽然甲基和异丙基具有强的疏水性，然而它们也破坏了 IPBMI 固化物网链的紧密堆砌，从而导致固化物内部的自由体积增加。显然，后者是 IPBMI 固化物吸湿行为的决定因素。

参考文献

[1] Xiong X H，Chen P，Zhu N B，et al. Synthesis and properties of chain-extended bismale-imides containing phthalide cardo structure [J]. Polymer International，2010，59，

1665-1672.

[2] 金晓明，王佛松，刘克静 . 弱碱 K_2CO_3 体系中酚酞盐的结构特征 [J]. 有机化学，1992，12（3）：264-268.

[3] 金晓明，王佛松，刘克静 . 酚酞型聚芳醚砜（Ⅶ）：K_2CO_3 存在下 PP/DCDPS 体系聚合反应机理的研究 [J]. 高分子材料学报，1991（6）：646-652.

[4] 金晓明，王佛松，刘克静 . 酚酞型聚芳醚砜 Ⅱ . 侧基结构对 Cardo 双酚聚合反应活性的影响 [J]. 应用化学，1989，6（1）：30-35.

[5] 刘润山，王利亚 . 双马来酰亚胺的合成 [J]. 化学试剂，1983，5（4）：237-239.

[6] 刘润山 . 合成条件对双马来酰亚胺合成的影响 [J]. 化学试剂，1985，7（6）：364-367.

[7] 刘丽，刘润山，赵三平 . 添加剂对二苯甲烷双马来酰亚胺合成和性能影响的研究 [J]. 功能高分子学报，2001，14（3）：283-287.

[8] 李友清，刘润山，刘丽，等 . 溶剂含水量对二苯甲烷双马来酰亚胺合成和性能的影响 [J]. 绝缘材料，2003（5）：11-16.

[9] Zhang B F，Wang Z G，Zhang X. Synthesis and properties of a series of cyanate resins based on phenolphthalein and its derivatives [J]. Polymer，2009，50：817-824.

[10] Wang Z G，Chen T L，Xu J P. Gas transport properties of novel cardo poly（aryl ether ketone）s with pendant alkyl groups [J]. Macromolecules，2000，33：5672-5679.

[11] Wang Z G，Chen T L，Xu J P. Gas and water vapor transport through a series of novel poly（aryl ether sulfone）membranes [J]. Macromolecules，2001，34：9015-9022.

含酞Cardo环结构改性双马来酰亚胺树脂的制备及其性能

含酚酞骨架的 PBMI（PPBMI）具有更优越的综合性能，因此，本章内容主要是利用 PPBMI 分别与烯丙基双酚 A（DABPA）/二苯甲烷型 BMI（MBMI）共聚制备改性树脂、与 4,4-二氨基二苯砜（DDS）/环氧树脂（E-51）混合制备共固化树脂体系，并采用动态 DSC、等温红外光谱、DMA、TGA 等分析技术详细地研究了各类改性树脂体系固化机理、固化动力学、热性能及力学性能。

4.1 PPBMI/DABPA 共聚树脂体系 [1]

4.1.1 PPBMI/DABPA 树脂的固化行为及固化机理

图 4.1 为 PPBMI/DABPA 树脂体系的动态 DSC 曲线（升温速率为 10℃/min），DP87、DP100、DP120 分别指代 DABPA 与 PPBMI 的化学计量比为 0.87、1、1.2 的三种体系。从图 4.1 可以看出，三种树脂体系表现出相似的固化特征：在 100～180℃的温度范围内有一个小的放热峰，主要固化放热峰出现在 180～300℃范围内。这与文献报道相一致，当预聚物在 130～150℃预聚时间不足时，在 100～200℃会出现一个小的放热峰，该峰表征了 BMI 双键和烯丙基化合物双键间发生了"ene"加成反应；200～300℃范围内的放热峰则是由 BMI 与中间体进行的 Diels-Alder 反应以及 BMI 的自聚反应引起的[2]。

表 4.1 列出了由 PPBMI/DABPA 树脂体系 DSC 曲线得到的固化反应特征参数。如表 4.1 所示，"ene"加成反应的放热峰峰值温度（T_{p1}）随 DABPA 与 PPBMI 摩尔比的增加先减小后增加，即等摩尔比体系的 T_{p1} 最小，而主要放热峰的峰值温度（T_{p2}）却是随着 PPBMI 含量的增加而升高，这可能是因为在低温 PPBMI 过量树脂体系的黏度较大不利于"ene"加成的进行，而 PPBMI 欠量

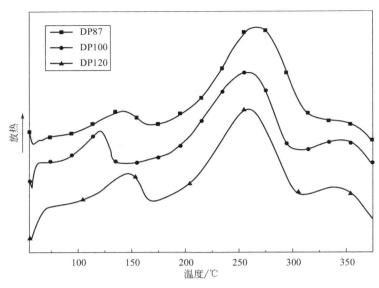

图 4.1 PPBMI/DABPA 树脂体系的动态 DSC 曲线

体系虽然黏度小但是 PPBMI 的浓度低也不利于"ene"加成的进行，因此等摩尔比树脂体系最有利于双烯加成反应的进行。200～300℃范围内发生的固化反应逐渐由化学控制转向扩散控制，而 PPBMI 分子结构中大的酰侧基阻碍分子链的运动，因此随 PPBMI 含量增加树脂体系黏度增大、反应性基团运动受限加剧从而导致固化反应滞后，放热峰整体向高温方向移动。另外，当树脂体系为等摩尔比或 DABPA 过量时，在 300～350℃范围内出现一个小的放热峰；当 DABPA 稍欠量时，放热峰消失，因此可以确定该放热峰是由烯丙基自聚反应引起的。由于烯丙基是一种非常稳定的基团，即使加入自由基催化剂也很难使其发生自聚反应，只有在特定高温下烯丙基自聚反应才能被激活[1,3]。Yao 等研究烯丙基化酚醛树脂固化时发现除 239℃的放热峰外，在 334℃处也有一个放热峰，他们把后者也归因于烯丙基的均聚合反应[4]。等摩尔比体系也存在烯丙基高温自聚放热峰，这证实了在改性体系中发生了 PPBMI 的自聚反应。

表 4.1　由 PPBMI/DABPA 树脂体系 DSC 曲线得到的固化反应特征参数

样品	$T_{p1}/℃$	$T_{p2}/℃$	$T_{p3}/℃$
DP87	140.9	265.4	——
DP100	120.2	257.2	342
DP120	146.8	257.1	338.8

4.1.1.1　PPBMI/DABPA 树脂体系固化动力学[1]

热固性树脂固化物的诸多性能，如强度、模量、玻璃化转变温度等受到树脂固化反应的制约，而固化反应又遵循着反应速率论。因此，研究 BMI 树脂体系固化反应的动力学参数，如表观活化能和反应级数等，对了解固化反应机理以及获得综合性能优良的材料具有重要意义。表观活化能是决定固化反应能否进行的能量参数，参与反应的分子只有获得大于活化能的能量，固化反应才能进行；通过反应级数的确定，可以粗略的估计固化反应的机理。本节将采用动态 DSC 法研究树脂固化的动力学，计算固化反应表观活化能和反应级数。由图 4.1 可知，三个不同摩尔比的 PPBMI/DABPA 树脂体系表现出相似的固化行为，因此本小节将以等摩尔比的树脂体系（DP100）为代表来研究它们的固化动力学。图 4.2 为不同升温速率下 DP100 体系的动态 DSC 曲线。从图中可以看出，随着升温速率的升高，三个放热峰向高温方向移动。三个阶段固化反应的峰值温度（T_{p1}、T_{p2}、T_{p3}）列于表 4.2。

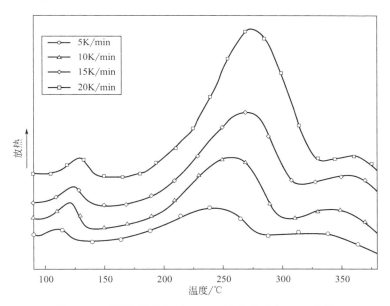

图 4.2　不同升温速率下 DP100 体系的动态 DSC 曲线

表 4.2　不同升温速率下 DP100 体系三个固化反应的峰值温度

β/(K/min)	T_{p1}/℃	T_{p2}/℃	T_{p3}/℃
5	111.2	240.6	326.2
10	120.2	257.2	342
15	123.5	269.8	351.5
20	128.2	274.5	357.2

（1）多升温速率法确定表观活化能和反应级数

Kissinger 法和 Crane 法是基于多升温速率动态 DSC 曲线确定固化反应的表观活化能和反应级数最常用的方法。两种方法的优点在于都是非等温积分的方法，求解活化能的过程中不需要知道固化反应机理，只需获得不同升温速率时放热峰的峰值温度即可。因此两种方法特别适合放热峰不完整或者存在多个放热峰的树脂固化体系。

Kissinger 方程[5-7]：

$$\ln\left(\frac{\beta}{T_p^2}\right) = -\frac{E_a}{RT_p} + \ln\left(\frac{AR}{E_a}\right) \tag{4.1}$$

式中，β 为升温速率，K/min；T_p 为放热峰峰值温度，K；R 为摩尔气体常数，$R = 8.314\text{J}/(\text{mol} \cdot \text{K})$；$E_a$ 为固化反应表观活化能，J/mol。

由 Kissinger 方程可知，$\ln(\beta/T_{p2})$ 和 $\ln(\beta)$ 对 $1/T_p \times 1000$ 作图可以得到直线（图 4.3），由直线的斜率求出固化反应的表观活化能（E_a），由截距求出反应的指前因子（A）。

Crane 方程[7]：

$$\frac{\text{d}[\ln(\beta)]}{\text{d}(1/T_p)} = -\left(\frac{E_a}{nR} + 2T_p\right) \tag{4.2}$$

当 $E_a/nR \gg 2T_p$，$2T_p$ 可以忽略，Crane 方程可简化为：

$$\frac{\text{d}[\ln(\beta)]}{\text{d}(1/T_p)} = -\frac{E_a}{nR} \tag{4.3}$$

对 PPBMI/DABPA 体系而言，E_a/nR 远远大于 $2T_p$，因此在已知 E_a 的前提下由 $\ln(\beta)$ 对 $1/T_p$ 作图（图 4.3），根据直线的斜率即可求出反应级数（n）。联合上述两种方法求出等摩尔比 DP100 体系三个不同固化阶段的反应动力学参数，计算结果列于表 4.3。

由表 4.3 可以看出，第二阶段固化反应的活化能和反应级数值都是最低的，说明在该温度区域，固化反应容易进行。表观活化能的差异反映了三个阶段固化机理的不同。第一阶段固化反应的活化能高于第二阶段固化反应的活化能说明"ene"反应比 Diels-Alder 反应具有更高的活化能，虽然两个反应都是周环反应，反应途径类似，但是"ene"反应是烯丙基上 C—Hσ 键的断裂而 Diels-Alder 反应是双烯体上 C=Cπ 键的断裂，因此，"ene"反应的进行需要克服更高的能量势垒[8]。第三个阶段固化反应具有最高的活化能，这是因为在该温度区域主要发生的是残余烯丙基基团的自聚反应，而热引发的烯丙基自由基非常稳定，聚合的活化能很高。Wang 等[9] 采用 Kissinger 法计算出烯丙基化聚苯醚（PPO）中烯丙基双键自聚的活化能是 121kJ/mol。该结果与我们计算的第三个阶段固化反应活化能 128.8kJ/mol 相近，这也说明把高温区的放热峰归因于烯丙基双键的自聚是正确的。

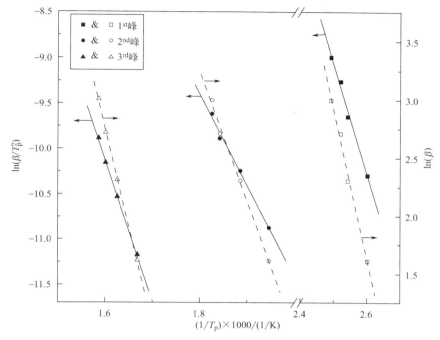

图 4.3　$\ln(\beta/T_p^2)$ 和 $\ln(\beta)$ 对 $1000/T_p$ 关系图

表 4.3　等摩尔比 DP100 体系三个不同固化阶段反应动力学参数

放热峰	$E_a/(\mathrm{kJ/mol})$	A/min^{-1}	n
100~180℃	100.2	1.68×10^{13}	0.938
180~300℃	83.3	6.00×10^{7}	0.905
300~350℃	128.8	3.59×10^{10}	0.927

（2）等转化率法确定固化反应动力学参数

由图 4.2 可知，第二个固化放热峰是主要的，它的固化状态将直接决定固化物的最终性能。在该固化温度区域内，有众多的反应发生，反应机理复杂，仅仅依靠 Kissinger 法确定的动力学参数难以评估整个固化过程。另外，第二个固化放热峰与其他两个放热峰有着明显的分界，峰形也比较完整，适合独立分析。因此，本小节选择等转化率法来分析第二个固化机制的反应动力学。等转化率法的优点在于能够提供整个转化率范围内的动力学参数。通过对动力学参数与转化率关系的分析可以解释复杂的固化机理并预测固化动力学。

为了使用等转化率法计算动力学参数，首先将不同升温速率 DSC 曲线上的第二个放热峰分离出来并采用方程（4.4）把放热峰曲线转化成不同升温速率下反应程度（α）对温度的关系曲线（图 4.4）。α 可由放热峰的初始反应温度至某特定温度 T 时的部分热量 H_T 与整个固化放热峰所对应的总热量 H_t 的比值求得，即：

$$\alpha = \frac{H_T}{H_t} \tag{4.4}$$

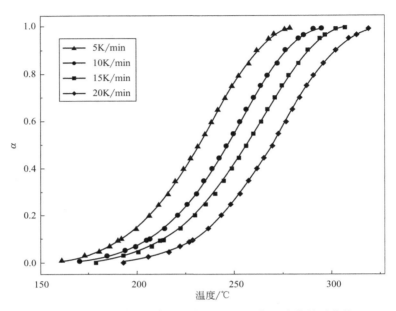

图 4.4　在不同升温速率下反应程度（α）与温度的关系曲线

Ozawa-Flynn-Wall 方法是一种常用的等转化率计算固化动力学参数的方法[10,11]。它是以特定转化率时活化能不变为前提的多曲线非等温积分方法。

$$\ln(\beta) = \ln\left(\frac{AE_a}{R}\right) - \ln[g(\alpha)] - c - l\,\frac{E_a}{RT} \tag{4.5}$$

式中，β 为升温速率，K/min；T 为特定转化率的温度，K；R 为摩尔气体常数，$R = 8.314\text{J}/(\text{mol} \cdot \text{K})$；$E_a$ 为固化反应表观活化能，J/mol。

$g(\alpha)$ 是 α 的积分函数，与升温速率无关，特定 α 时是一定值；c 和 l 是一对常数。

采用 Ozawa-Flynn-Wall 方法的关键点是 c 值和 l 值的确定，一般情况当 $E_a/RT = 28 \sim 50$ 时，$c = 2.313$，$l = 0.4567$；当 $E_a/RT = 8 \sim 30$ 时，$c = 2.000$，$l = 0.4667$；当 $E_a/RT = 13 \sim 20$ 时，$c = 1.600$，$l = 0.4880$[10,11]。PPBMI/DABPA 体系的 E_a/RT 在 17～22 之间，因此，采用 $c = 2.000$，$l = 0.4667$。活

化能可以通过 $\ln(\beta)$ 与 $1/T$ 拟合直线的斜率求出。图 4.5 显示活化能随转化率和温度的变化趋势，其中温度的值是用特定转化率时的 T 与 β 进行直线拟合，外推至 $\beta=0$ 时所得的温度。

由图 4.5 可知，活化能随着转化率的增加表现出有规律的变化。在固化的初始阶段（$\alpha<0.1$）活化能随着转化率的增加而迅速减少；在 $0.1<\alpha<0.7$ 区域，活化缓慢增加；当 $\alpha>0.7$，特别是接近固化结束时活化能快速增加。类似的现象在研究其他热固性树脂固化过程也曾被观察到，但解释各不相同[12-16]。通常在低温低转化率区域活化能的减少与体系的黏度降低有关，该温度区域内体系的黏度比较大，扩散速率是固化反应的控制步骤，随温度的升高体系的黏度逐渐降低，因而反应基团的运动能力增加、反应活化能降低。在 $0.1<\alpha<0.7$ 区域，升高的温度加速了固化反应的进行，分子量快速增加、体系的黏度也随之增大，然而温度升高却有降低黏度的趋势，两种效应叠加使得该区域的黏度偏低，固化反应主要受化学反应速率的控制，所以活化能增加缓慢。该转化率区域的活化能平均值 85.9kJ/mol，与 Kissinger 法计算的活化能值相当。当固化反应进行到后期阶段，体系高度交联，反应点的运动受到抑制，活化能增加；另外，活化能增大的原因也可能是此时高的固化温度激活一些具有高活化能的反应，例如：芳构化反应。

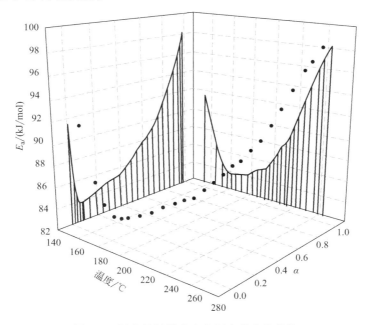

图 4.5　活化能随转化率和温度的变化趋势

4.1.1.2 PPBMI/DABPA 树脂体系固化工艺的确定

由图 4.1 可知，三个不同摩尔比的 PPBMI/DABPA 树脂体系表现出相似的固化行为，所以我们以等摩尔比的树脂体系（DP100）为代表来确定它们的固化工艺。热固性树脂固化工艺一般根据动态 DSC 曲线来确定。在 DSC 研究中，DSC 曲线随着升温速率（β）的增加将逐渐向高温方向移动，这主要是因为固化反应不仅是一个热力学过程，同时也是一个动力学过程。在较低的升温速率下，固化体系有足够的时间反应，因此在较低的温度下就开始发生固化反应；当升温速率过快时，体系吸收能量时间较短，从外界吸收的能量较少，体系来不及反应，因此其固化温度升高，即反应滞后[17]。由此可知，升温速率无限接近于 0 的 DSC 曲线才能正确地表征出固化反应的初始反应温度（T_i）、反应速率最大点的温度（即放热峰峰值反应温度，T_p）以及反应结束的温度（T_f）。然而升温速率无限接近于 0 的 DSC 实验只存在理论中，在实践中是难以实施的。因此研究者通常采用 T-β 外推法来确定固化工艺的近似值，即通过对不同升温速率（β）下 DSC 曲线上的特征峰温度 T_i、T_p 和 T_f 分别与 β 作直线图，外推至 $\beta = 0$ 即可从理论上得到体系在静态时的 T_i、T_p 和 T_f 等工艺参数。

图 4.2 给出的是 DP100 体系在 5K/min、10K/min、15K/min 和 20K/min 四个不同升温速率下的 DSC 曲线。从图 4.2 得到等摩尔比 PPBMI/DABPA 体系在不同升温速率下的主要反应放热峰的特征温度 T_i、T_p、T_f 值分别列于表 4.4。从表 4.4 可以看出，随着升温速率的增加，所有研究体系的放热峰温度都向高温方向移动。因此，将表 4.4 中的 T_i、T_p 和 T_f 值分别对 β 作外推直线图（见图 4.6），并进行线性回归，求得 $\beta = 0$ 时各树脂体系的 T_i、T_p 和 T_f 值分别为 174℃、232℃和 264℃。计算的结果与商业化 XU 292 树脂体系的固化工艺参数相近，因此本小节研究的三种树脂体系的固化成型将统一采用 XU 292 的固化工艺，即 180℃×1h＋200℃×2h＋250℃×6h[18]。

表 4.4 等摩尔比 PPBMI/DABPA 体系在不同升温速率下的主要放热峰特征温度参数

β/(K/min)	T_i/℃	T_p/℃	T_f/℃
5	183.6	240.6	277.8
10	193.9	257.2	293.6
15	201.5	269.8	305.9
20	212.4	274.5	321.4

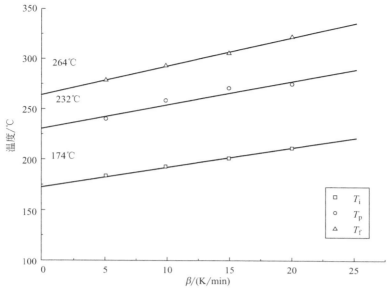

图 4.6　特征温度与 β 的外推直线图

4.1.1.3　PPBMI/DABPA 树脂固化机理 FT-IR 研究[1]

　　上一节采用 DSC 方法对 PPBMI/DABPA 体系的固化反应进行了研究，但 DSC 方法只是根据样品在升温过程中放出的热量随温度的变化来推断可能发生的反应，并不能确定某种反应就一定发生。FT-IR 则是从分子结构中特定基团吸收峰强度的变化来确定反应是否进行。因而，用 FT-IR 跟踪树脂的固化过程官能团的变化能更清楚地知道体系中发生了什么样的反应。PPBMI/DABPA 体系的固化机理复杂，固化过程中随温度的变化可能发生的反应包括：烯丙基与马来酰亚胺间的"ene"反应、交替共聚反应；烯丙基到丙烯基的异构化反应；丙烯基与马来酰亚胺间的交替共聚反应；马来酰亚胺基团的自聚反应；Diels-Alder 反应；烯丙基的自聚反应以及羟基的醚化反应等[19-22]。图 4.7 显示了 PPBMI/DABPA 体系固化机理。

　　本小节将采用 FT-IR 光谱法追踪 PPBMI/DABPA 体系分别在 130℃、180℃和 200℃等温条件下可能发生的反应。图 4.8 显示了 PPBMI/DABPA 体系在 180℃等温固化不同时间段的 FT-IR 谱图。从图中可以看出马来酰亚胺环中 C—N—C 的振动吸收峰（1149cm^{-1}）随固化时间延长逐渐减弱直至消失，这表明了马来酰亚胺基团发生了反应。995cm^{-1} 和 912cm^{-1} 处的吸收峰是烯丙基上 C—H 的振动吸收峰，但是 912cm^{-1} 处的吸收峰被 927cm^{-1} 的强吸收峰所覆盖，在固化过程中变化不明显；995cm^{-1} 处的吸收峰虽然较弱但比较独立且随

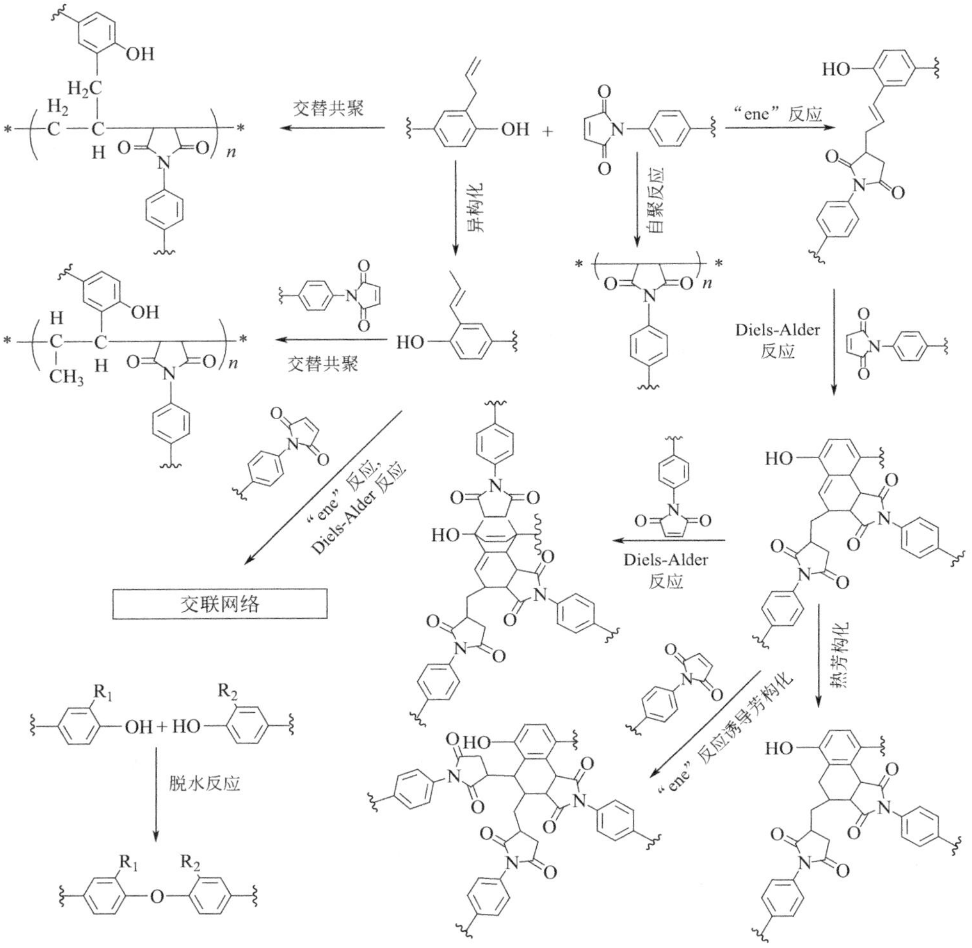

图 4.7 PPBMI/DABPA 体系的固化机理

固化时间增加而发生变化。因此，1149cm^{-1} 和 995cm^{-1} 处的吸收峰被选为目标跟踪峰。为消除每次测试的误差，选用甲基在 2964cm^{-1} 处的吸收峰为参考基准峰，该峰强度适中且不受固化反应的影响。采用式（4.6）定量地分析两种官能团在等温固化过程中转化率（α）随时间变化。

$$\alpha = 1 - (A_r / A_{ref})_t / (A_r / A_{ref})_0 \qquad (4.6)$$

式中，$(A_r / A_{ref})_t$ 是在固化 t 时间后跟踪峰面积与参考基准峰面积的比值；$(A_r / A_{ref})_0$ 是固化 0 时间段后跟踪峰面积与参考基准峰面积的比值。

图 4.9 为马来酰亚胺基团和烯丙基分别在 130℃、180℃ 和 200℃ 等温条件的转化率曲线。从图中可以看出，随温度的升高，固化反应速率增大；马来酰亚

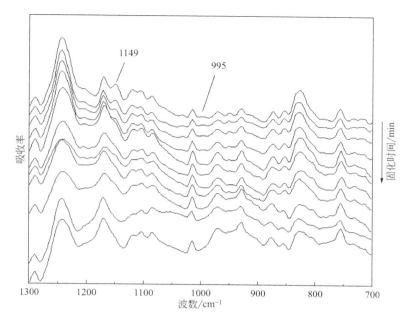

图 4.8　PPBMI/DABPA 体系在 180℃ 等温固化不同时间段的 FT-IR 谱图（固化时间分别为：0min，10min，30min，60min，120min，180min，240min，300min，360min，420min 和 480min）

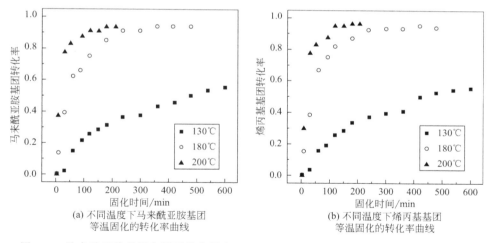

(a) 不同温度下马来酰亚胺基团
　　等温固化的转化率曲线

(b) 不同温度下烯丙基基团
　　等温固化的转化率曲线

图 4.9　马来酰亚胺基团和烯丙基分别在 130℃、180℃ 和 200℃ 等温条件的转化率曲线

胺基团在 130℃ 经过 600min 的固化，转化率达 60%；而在 180℃ 和 200℃ 的条件下分别经过 200min 和 100min 固化后转化率都达到 90% 左右，并且随时间延长转化率不再增加。烯丙基在不同温度下的转化率趋势与马来酰亚胺基团相似。为了准确比较两者的关系，以不同温度下马来酰亚胺基团的转化率为纵坐标，

烯丙基的转化率为横坐标作图。图 4.10 显示两者在不同温度下的转化率呈现出严格的 1∶1 线性关系。也就是说在 200℃ 以下，马来酰亚胺基团和烯丙基主要发生的是"ene"反应或交替共聚反应。由此也可以推断马来酰亚胺的自聚反应和烯丙基的异构化反应基本不会发生，因为只有当两种反应在不同温度下反应速率都相同的时候才能与图 4.10 的趋势相一致。另外，Diels-Alder 反应也不可能发生，Diels-Alder 反应发生时马来酰亚胺基团与烯丙基的消耗摩尔比应该是 2∶1 甚至 3∶1 的关系。Mijovic 用近红外光谱研究 MBMI/DABPA 体系固化机理时也得到相似的结论[19]。

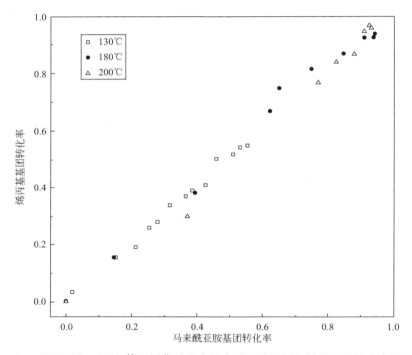

图 4.10　PPBMI/DABPA 等温固化过程中马来酰亚胺基团和烯丙基的转化率的比较

4.1.2　PPBMI/DABPA 树脂固化物的动态力学性能

图 4.11 显示了 PPBMI/DABPA 固化物的 DMA 谱图。从储能模量曲线得到各树脂体系在玻璃态（50℃）和橡胶态（325℃）时的 G' 值以及从 tan δ 谱得到的一些特征参数（峰高、T_g）列于表 4.5。从表 4.5 可以看出，在 PPBMI/DABPA 共固化体系中，PPBMI 过量和适量的体系在玻璃态时 G' 明显高于欠量体系的 G'。PPBMI 过量和适量的体系中交联网络主要有 PPBMI 的均聚物以及 PPBMI 和 DABPA 共聚物构成，网链刚性比较强，故在玻璃态时表现出较高的

G'。而 PPBMI 欠量的体系中,烯丙基过量,固化网络含有刚性较弱的烯丙基均聚物;另一方面,烯丙基的反应活性比较低,固化网络中可能存在未反应的烯丙基基团。两种因素共同作用使得 PPBMI 欠量体系的固化物具有较低的 G'。

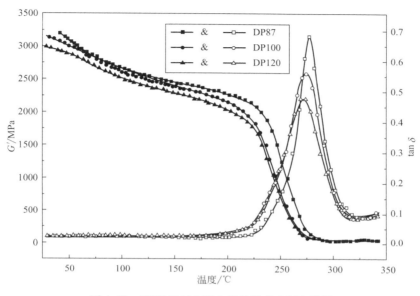

图 4.11 PPBMI/DABPA 固化物的 DMA 谱图

由表 4.5 可知,PPBMI 过量、适量、欠量体系玻璃化转变温度 (T_g) 以及损耗角正切值 ($\tan\delta$) 的峰值也是依次减小。这是因为在玻璃化转变时,分子链段的运动和应力松弛被激发,而 PPBMI 具有大的分子体积使固化物分子链的运动困难、应力松弛滞后等特点,所以 T_g 随 PPBMI 含量的增加而增加。

表 4.5 PPBMI/DABPA 体系固化物的 DMA 特征数据

样品	剪切储能模量(G')/MPa		T_g/℃	$\tan\delta$ 峰值
	玻璃态(50℃)	橡胶态(325℃)		
DP87	3109	37.3	277	0.68
DP100	3020	25.3	274	0.56
DP120	2884	31.9	271	0.48

4.1.3 PPBMI/DABPA 树脂固化物的热稳定性

图 4.12 为 PPBMI/DABPA 固化物的 TGA 和 DTG 曲线 (升温速率为 20℃/min)。从图中看出,三种树脂体系 TGA 和 DTG 曲线的变化趋势相似,这说明树脂组成的变化对共固化物的热分解机理影响不大。从图 4.12 得到一些

热分解参数，如最大分解温度 T_{max}，质量损失 5％、10％、20％、50％时的温度 $T_{5\%}$、$T_{10\%}$、$T_{20\%}$、$T_{50\%}$ 以及 700℃时的残炭率等，其结果列于表 4.6。从表 4.6 看出三种树脂体系的初始分解温度（$T_{5\%}$）相近，但随着温度升高热稳定性的差异逐渐明显。三种体系质量损失 50％时的温度相差 10℃左右。PPBMI 过量的体系表现出最优的热稳定性，这可能是因为 PPBMI 的分子结构中不含脂肪链、其比 DABPA 具有更优的耐热性。共固化物的热分解先从 DABPA 分子链的次甲基、异丙基等薄弱环节开始，因此对于相同的质量损失率 DABPA 含量高的体系在较低温度就能达到，即热分解温度较低。

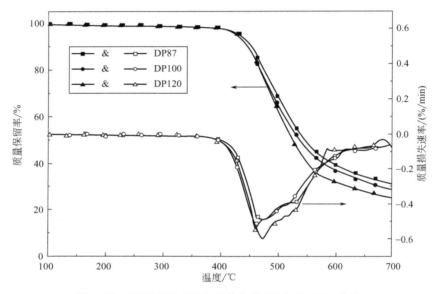

图 4.12 PPBMI/DABPA 固化物的 TGA 和 DTG 曲线

表 4.6 TGA 和 DTG 曲线得到的 PPBMI/DABPA 固化物的热分解参数

样品	$T_{5\%}$/℃	$T_{10\%}$/℃	$T_{20\%}$/℃	$T_{50\%}$/℃	T_{max}/℃	残炭率/％
DP87	431	453	475	546	464	30.6
DP100	429	447	467	537	463	28.3
DP120	428	447	468	526	471	24.9

4.1.4 PPBMI/DABPA 树脂固化物力学性能

表 4.7 给出了三种不同摩尔比 PPBMI/DABPA 固化物的力学性能。从表中看出 PPBMI/DABPA 摩尔比的改变对固化物的力学性能影响较小；弯曲强度和模量随 PPBMI 含量的降低略有增加，而无缺口试样冲击强度也仅稍有提高。

表 4.7　不同摩尔比 PPBMI/DABPA 固化物的力学性能

样品	弯曲强度/MPa	弯曲模量/GPa	冲击强度/(kJ/m²)
DP87	149	4.07	11.68
DP100	145	4.03	13.73
DP120	144	4.04	12.24

4.1.5　PPBMI/DABPA 树脂固化物的吸湿行为

图 4.13 为不同摩尔比 PPBMI/DABPA 固化物在沸水中 36h 内吸水率随时间的变化曲线。从图中可以看出，随 PPBMI 含量的增加，共固化物的吸水速率和平衡吸水量都有所降低。这是因为 DABPA 中的羟基能够与水分子形成氢键，氢键的形成有利于水分子的快速吸附以及向材料内部的扩散，而 PPBMI 含量的增加使得单位体积内羟基数量减少，它的减少则导致吸水速率和平衡吸水量下降。

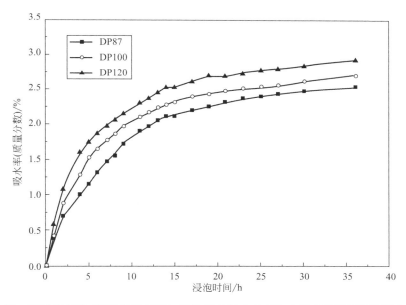

图 4.13　不同摩尔比 PPBMI/DABPA 固化物在沸水中 36h 内吸水率随时间的变化曲线

4.2　PPBMI/MBMI/DABPA 共聚树脂体系[22]

4.2.1　PPBMI/MBMI/DABPA 树脂的固化行为

图 4.14 显示了 PPBMI/MBMI/DABPA 共聚体系的 DSC 曲线（升温速率为 10℃/min）。从 DSC 曲线的两个放热峰上得到一些特征固化参数，如初始固化

温度（T_{i1}、T_{i2}），固化峰顶温度（T_{p1}、T_{p2}），固化结束温度（T_{f2}）等列入表4.8。从图4.14和表4.8可以看出，PPBMI/MBMI/DABPA共聚体系的固化行为与PPBMI/DABPA体系相似，DSC曲线上出现两个反应放热峰，它们分别是由"ene"加成反应和Diels-Alder反应引起的。随着PPBMI含量的增加在160℃处放热峰向低温方向移动，这可能是因为PPBMI含量增加导致体系黏度的增加，高黏度限制了官能团的自由移动，使其只能与邻近的基团反应，随着反应的进行体系的黏度进一步增加，高的黏度最终使"ene"反应提前终止，所以160℃附近的放热峰向低温方向移动。姜海龙等[23]的研究佐证了该观点，他们在研究高性能热塑性树脂增韧改性MBMI/DABPA体系时，发现了160℃处放热峰随热塑性树脂含量的增加向低温方向移动。而250℃处放热峰则随着PPBMI含量的增加向高温方向移动的原因是PPBMI庞大的分子体积限制了双键的活动能力，从而降低了反应活性。另外，两个放热峰面积也随PPBMI含量的增加而减小，这是由于PPBMI比MBMI的分子量大，因而随PPBMI含量增加单位质量内的双键数目减少，反应热降低。

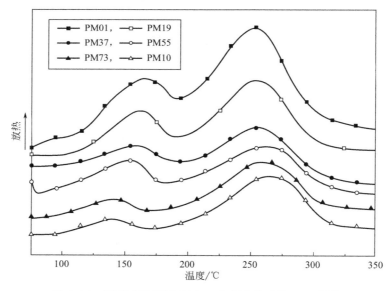

图4.14　PPBMI/MBMI/DABPA共聚体系的DSC曲线

表4.8　PPBMI/MBMI/DABPA体系DSC曲线的特征固化数据

固化参数/℃	PM01	PM19	PM37	PM55	PM73	PM10
T_{i1}	115.7	113.2	111.9	114.3	114.2	113.5
T_{p1}	166.2	161.4	159	154.7	144.2	140.9

固化参数/℃	PM01	PM19	PM37	PM55	PM73	PM10
T_{i2}	218	208.8	206.3	204.6	202.3	200.1
T_{p2}	252.1	254.1	256.3	262.2	262.7	265.4
T_{f2}	302.5	302.9	304.5	305.7	306.3	310.2

4.2.2 PPBMI/MBMI/DABPA 树脂固化物的动态力学性能

图 4.15 为不同配比 PPBMI/MBMI/DABPA 体系固化物的储能模量（G'）与温度的关系图。从图中可以看出，所有体系在升温过程中只经历一次玻璃化转变，且玻璃化转变区域随 PPBMI 含量的增加向低温移动；另外，固化物表现出较高的刚性，整个玻璃态区域的储能模量均在 2GPa 以上，而橡胶态的储能模量却随共聚体系中 PPBMI 含量的增加而发生明显的变化。

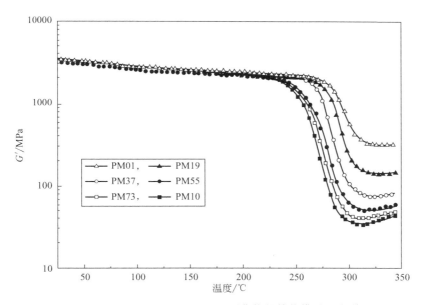

图 4.15　PPBMI/MBMI/DABPA 固化物的储能模量温度谱图

为了更清楚地了解储能模量随共聚体系组成的变化趋势，从储能模量曲线上提取出各体系在玻璃态（50℃）和橡胶态（325℃）时的 G' 值和 $\tan\delta$ 并列于表 4.9。从表中看出，玻璃态的储能模量大约都在 3GPa 左右，且随 PPBMI 含量的增加变化不大；而橡胶态储能模量随 PPBMI 含量的增加而逐渐减小。图 4.16 显示了橡胶态储能模量随 PPBMI/MBMI 摩尔比的变化关系。由橡胶的弹性理论可知，交联点间分子量与其橡胶平台区的储能模量具有下列近似关系：

$$Mc \approx \frac{\rho RT}{G'} \qquad (4.7)$$

式中，G' 为橡胶平台区的储能模量；ρ 为固化物的密度；R 为摩尔气体常数；T 是热力学温度；Mc 为交联点间的分子量。

如果假定不同配比体系的密度相等，那么可以知道橡胶平台区的 G' 与 Mc 是成反比的。因此，G' 的下降就意味着交联点间分子量的增加，即交联密度下降。从图 4.16 可知，随 PPBMI 所占比例的增加，橡胶态的储能模量初始阶段迅速下降之后逐渐趋缓。这表明了加入少量 PPBMI 即可大幅度降低共聚体系的交联密度。

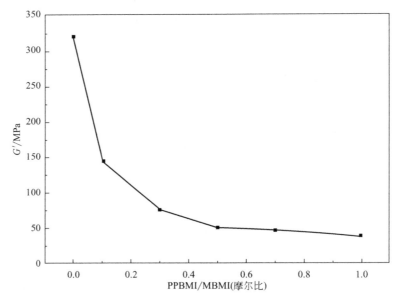

图 4.16　橡胶态储能模量随 PPBMI/MBMI 摩尔比的变化

表 4.9　PPBMI/MBMI/DABPA 固化物的 DMA 特征数据

样品	储能模量/MPa		tan δ	
	玻璃态（50℃）	橡胶态（325℃）	T_p/℃	峰值
PM01	3194	318.6	311	0.29
PM19	3167	142.6	299	0.36
PM37	3154	75.7	292	0.50
PM55	2995	50.8	286	0.50
PM73	3181	46.7	283	0.55
PM10	3109	37.3	277	0.68

图 4.17 为 PPBMI/MBMI/DABPA 固化物的损耗因子与温度的关系。从 $\tan\delta\text{-}T$ 曲线上得到的 $\tan\delta$ 峰值及其对应的温度（T_p）列入表 4.9。从谱图上可以看出，所有体系只出现一个损耗峰，且随体系中 PPBMI 含量的增加，损耗峰整体向低温方向移动，损耗峰的峰值不断增加，有效阻尼区（$\tan\delta$ 大于 0.3）温域逐渐变宽。单一的力学损耗峰说明共聚体系的微观结构是均相的，没有发生相分离。当共聚体系中 PPBMI 的含量由 0 份增加到 100 份时，损耗峰的峰值由 0.29 增加到 0.68，增幅达 134.5%；同时玻璃化转变温度也由 311℃逐步降至 277℃。这是因为 PPBMI 比 MBMI 分子链段长，它的加入降低了体系的交联密度，使链段运动变得容易，在相对低的温度下就能够被激发，因而玻璃化转变温度降低。另外，PPBMI 分子中大体积酞侧基的存在使得分子链在松弛的过程中内摩擦增大，强的分子内摩擦将导致 $\tan\delta$ 峰值增大。

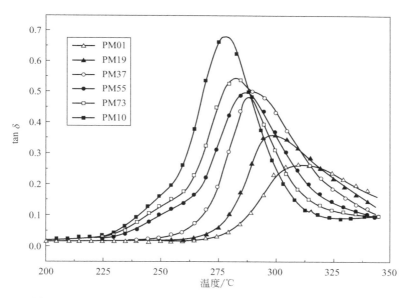

图 4.17　PPBMI/MBMI/DABPA 固化物的损耗因子与温度的关系

4.2.3　PPBMI/MBMI/DABPA 树脂固化物的热稳定性

PPBMI/MBMI/DABPA 体系固化物热分解的 TGA 曲线（升温速率 20℃/min）如图 4.18 所示。可以看出所有固化物的起始热分解温度大约在 400℃左右，比较各体系的 TGA 曲线可以发现，随着 PPBMI 含量的增加，热分解速率逐渐降低，高温残炭率增加。由图 4.19 可知，所有体系的 DTG 曲线不是一个简单的单峰，除 465℃处的主峰外在其高温侧还有一个肩峰，这表明热分解过程

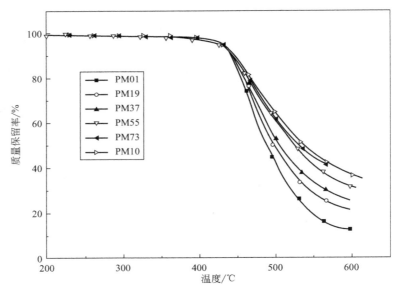

图 4.18　PPBMI/MBMI/DABPA 固化物的 TGA 曲线

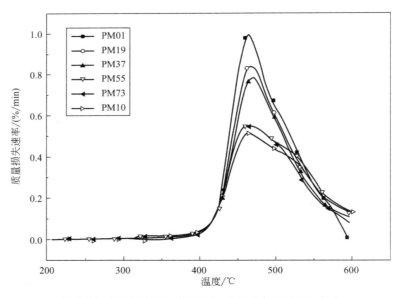

图 4.19　PPBMI/MBMI/DABPA 固化物的 DTG 曲线

是分步完成的。表 4.10 列出了一些由 TGA 和 DTG 曲线得到的热分解参数，如最大分解温度 T_{max}，质量损失 5%、10%、20%、50% 时的温度 $T_{5\%}$、$T_{10\%}$、$T_{20\%}$、$T_{50\%}$ 以及 600℃时的残炭率等。从表 4.10 可以看出，共聚体系的热分解温度（$T_{5\%}$、$T_{10\%}$、$T_{20\%}$、$T_{50\%}$、$T_{\max}$）随着初始混合物中 PPBMI 含量的增加而略有上升，表明热稳定性的提高。这可能是在质量损失前期主要是由 DABPA 与 MBMI 结构中的次甲基、异丙基、烯丙基等引入到固化网络中的脂肪链段的热分解，而随着 PPBMI 含量的增加，耐热性差的弱键含量相对减少，因而共聚体系热稳定性增加。

表 4.10　TGA 和 DTG 曲线得到的 PPBMI/MBMI/DABPA 固化物的热分解参数

样品	$T_{5\%}/℃$	$T_{10\%}/℃$	$T_{20\%}/℃$	$T_{50\%}/℃$	$T_{\max}/℃$	残炭率/%
PM01	426	442	454	488	466	12.7
PM19	427	444	459	498	467	21.6
PM37	429	445	461	505	470	26.1
PM55	424	444	462	525	463	30.9
PM73	431	445	465	532	459	37.3
PM10	431	453	475	546	464	36.9

为了更深入地了解树脂组成的改变对共聚物热稳定的影响，本小节选择 Coats-Redfern 模型对共聚物热分解过程进行了动力学分析。对于 n 级反应有

$$\mathrm{d}\alpha/\mathrm{d}t = k(1-\alpha)^n \tag{4.8}$$

式中，α 是分解反应转化率，计算时扣除残炭率，认为 $600℃$ 时的分解反应转化率为 100%；k 是速率常数；n 是反应级数。根据 Arrhenius 公式：

$$k = A\exp(-E_a/RT) \tag{4.9}$$

因此，在动态条件下，式（4.8）可记为

$$\frac{\mathrm{d}\alpha}{\mathrm{d}T} = \frac{A}{\beta}\exp(-E_a/RT)(1-\alpha)^n \tag{4.10}$$

式中，β 是升温速率；E_a 是分解活化能；A 是频率因子。将式（4.10）积分，按不同的近似处理可得到不同的动力学表达，其中 Coats-Redfern 模型［式（4.11）、式（4.12）］是较常用的一种：

$$\ln\left[\frac{g(\alpha)}{T^2}\right] = \ln\left[\left(\frac{AR}{\beta E_a}\right)(1-2RT/E_a)\right] - E_a/RT \tag{4.11}$$

$$g(\alpha) = [1-(1-\alpha)^{1-n}]/(1-n) \tag{4.12}$$

当 $n=1$ 时，

$$g(\alpha) = -\ln(1-\alpha) \tag{4.13}$$

此时式（3.11）变为

$$\ln[-\ln(1-\alpha)/T^2] = \ln\left[\left(\frac{AR}{\beta E_a}\right)(1-2RT/E_a)\right] - E_a/RT \tag{4.14}$$

忽略 $2RT/E_a$ 项，以 $\ln[-\ln(1-\alpha)/T^2]$ 对 $1/T$ 作图，若为直线，则由直

线的斜率可计算出活化能 E_a，进而计算出频率因子 A。因为交联网络的热分解属无规断链分解，所以热分解动力学处理时假定为一级反应不会出现明显错误[24]。

图 4.20 是按一级反应处理的不同配方 PPBMI/MBMI/DABPA 固化物的 Coats-Redfern 关系图。可以看出，所有体系的 Coats-Redfern 关系图并没有呈现出直线关系，而是在 465℃ 附近出现了转折，这一温度恰好是 DTG 曲线的峰值温度。该结果也表明热分解过程由两步完成。前期的热分解可能是 DABPA 与 BMI 共聚物中脂肪链的热分解，后期的热分解可能是酰亚胺杂环和 Diels-Alder 反应生成的脂肪环等的热分解以及第一步热分解产物的挥发。以 465℃ 为分界点，分别计算两步热分解反应的活化能，求得的热分解动力学参数结果列入表 4.11。由表 4.11 可知，第一步热分解反应的活化能约在 245～285kJ/mol，随着 PPBMI 含量的增加，活化能略有降低；第二步热分解反应的活化能为 80～90kJ/mol，且与体系的组成无关。由此可以推断第二步热失重过程主要是第一步热裂解产物的高温挥发。Gouri 等研究了烯丙基双酚 A 型酚醛树脂与不同种类 BMI 共聚物的热分解动力学，研究结论与本小节的相似。他们的研究表明所有体系的热分解过程都由两步完成，第二步的热分解活化能约等于第一步活化能的 40%，各体系的第一步热分解活化能随交联密度的增加而增大，第二步热分解活化能则与交联密度无关[24]。

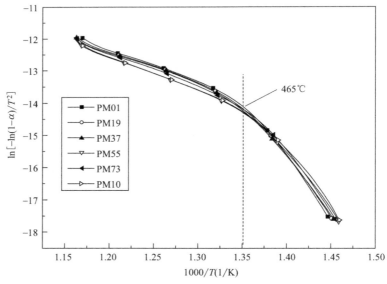

图 4.20　用一级反应处理的不同配方 PPBMI/MBMI/DABPA 固化物的
Coats-Redfern 关系图

表 4.11　Coats-Redfern 法求得的热分解动力学参数

样品	E_{a1}	R^2	E_{a2}	R^2
PM01	281.3	0.987	83.9	0.997
PM19	271	0.991	82.9	0.993
PM37	265.1	0.993	82.9	0.99
PM55	252.3	0.99	87.6	0.998
PM73	262.7	0.984	85.2	0.995
PM10	244.9	0.985	83.5	0.998

4.2.4　PPBMI/MBMI/DABPA 树脂固化物的力学性能

图 4.21 显示 PPBMI/MBMI/DABPA 固化物体系的弯曲强度和弯曲模量随 PPBMI/MBMI 摩尔比的变化关系。共聚体系的弯曲强度和弯曲模量随 PPBMI 摩尔含量的增加而出现不同的变化趋势，弯曲强度先小幅增加而后逐渐减小，弯曲模量则是逐渐增大。其原因可能由于 PPBMI 相对刚性的分子结构和大的分子量，其加入能够减少体系中 DABPA 的含量，这样固化网络中刚性结构含量相对增加而柔性链则相对减少，因而提高了固化网络的刚性导致弯曲模量的增加。当 PPBMI 摩尔含量超过 0.3 时，体系的黏度显著增加，成型过程中易产生缺陷；材料内部缺陷的存在可能是弯曲强度降低的主要原因。

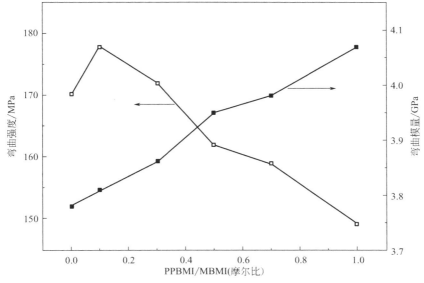

图 4.21　PPBMI/MBMI/DABPA 固化物的弯曲强度和弯曲模量随
PPBMI/MBMI 摩尔比的变化关系

图 4.22 为 PPBMI/MBMI/DABPA 固化物无缺口试样冲击强度随 PPBMI/MBMI 摩尔比的变化关系。由图 4.22 可知,PPBMI/MBMI/DABPA 体系的无缺口试样冲击强度随 PPBMI 摩尔含量的增加先增加后减小。其中 PM37 体系的冲击强度最高,达到了 17.25kJ/m² ; 与未加 PPBMI 体系相比,提高了 16%。由 4.2.2 节橡胶态储能模量的分析可知,共聚体系的交联密度随 PPBMI 摩尔含量的增加而降低,那么冲击韧性也应随之提高。但是高 PPBMI 摩尔含量体系的固化物断裂韧性反而出现逐步降低趋势,这可能是由于材料内部缺陷引起的应力集中所致。

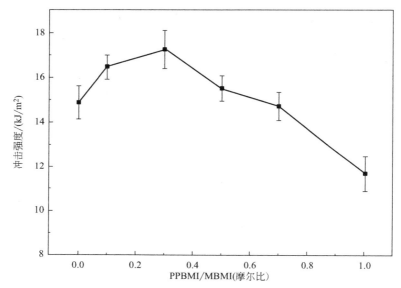

图 4.22　PPBMI/MBMI/DABPA 固化物无缺口试样冲击强度随
PPBMI/MBMI 摩尔比的变化

图 4.23 为三种 PPBMI/MBMI/DABPA 体系固化物冲击断裂面的 SEM 图。从图中可以看出,PM01 和 PM37 体系的 SEM 图相似,都有细小的应力肋纹存在,说明断裂方式为脆性断裂。与 PM01 和 PM37 相比,PM10 体系的冲击断面更为光滑,断裂后裂纹方向单一,裂纹之间相互约束较小;另外断面上留有气泡引起的空洞。从图 4.23d 可以看出空洞约为 2μm。这也验证了前面的观点,弯曲强度和冲击强度的降低是由于材料内部的缺陷所致。

4.2.5　PPBMI/MBMI/DABPA 树脂固化物的吸湿行为

图 4.24 为 PPBMI/MBMI/DABPA 体系固化物在沸水中 36h 内吸水率随时间的变化曲线。从图中可以看出,随 PPBMI 摩尔含量的增加共聚物的吸水速率

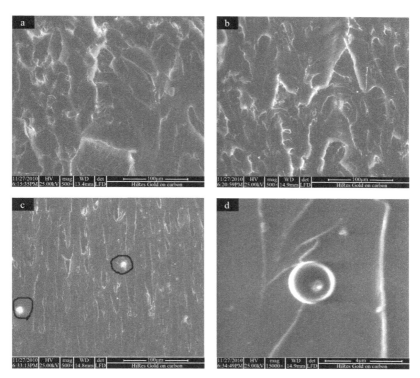

图 4.23　PPBMI/MBMI/DABPA 体系固化物冲击断裂面的 SEM 图

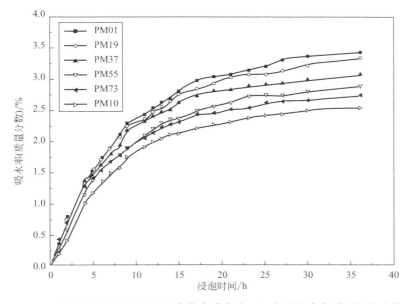

图 4.24　PPBMI/MBMI/DABPA 固化物在沸水中 36h 内的吸水率随时间的变化曲线

和平衡吸水量都有所降低。不含 PPBMI 共聚物沸水中 36h 后的吸水率约为 3.5%，而不含 MBMI 共聚物的吸水率低于 2.5%。吸水率的降低可能是因为 PPBMI 摩尔含量的增加使 DABPA 的含量相对减少，这样共聚物单位体积内亲水性基团数量降低从而导致了吸水速率和平衡吸水量下降。

4.3 E-51 改性 PPBMI/DDS 树脂体系[25]

4.3.1 E-51 改性 PPBMI/DDS 树脂固化机理

BMI 和 EP 都是高性能热固性树脂，广泛用作耐高温胶黏剂、无溶剂绝缘漆、绝缘层压板树脂等，但两者又各具特点。BMI 具有高耐热性能和热稳定性能，但是熔点高、溶解性差导致工艺性不佳，由其制备的纤维预浸料的黏性、铺覆性差；EP 虽然成型工艺性良好，却存在耐热等级低、耐湿热性能差的缺点[25-27]。因此，用 EP 改性 BMI 能够改善树脂的工艺性能，而用 BMI 改性 EP 则能提高树脂的耐热性能和热氧稳定性。但是 EP 开环自聚的温度很高，为了降低 EP 的固化温度一般需要加入固化剂。二元胺（DA）是 EP 的优良固化剂，伯胺基团和仲胺基团都可以与环氧基反应。另外，DA 也是 BMI 的增韧改性剂，能够与 BMI 发生 Michael 加成反应生成线型聚合物；体系中残余的双键继续进行自聚反应或者与聚合物主链中的仲胺进行加成反应形成交联网络结构。DA 的引入增大了双键间的距离，降低了交联密度，从而提高固化物的韧性。

BMI 过量的 BMI/DA 体系中加入环氧，环氧与耐热性薄弱的仲胺基团反应，能够提高树脂的热氧稳定性同时使工艺性能得到改善。DA 过量的 BMI/DA 体系则是环氧树脂的高性能固化剂。由于 BMI 与 DA 反应增加了氨基基团间的距离从而使固化物的交联密度降低、韧性增加，而 BMI 刚性分子结构及良好耐热性也使固化物的力学性能和耐热性得到提高，因而由 BMI/DA 固化的环氧树脂综合性能明显优于相应 DA 的固化体系。由此可知，DA 在 BMI/DA/EP 体系起桥梁作用，使三者相互反应形成互交网络。

BMI/DA/EP 体系包含多种可以相互反应的官能团，因此固化机理复杂。一般认为 BMI/DA/EP 体系在固化过程中可能发生的反应包括：BMI 的自聚反应、BMI 与 DA 的 Michael 加成反应、DA 与 EP 的开环反应、BMI 和 EP 与 BMI/DA 聚合物中仲胺基团的反应，EP 与羟基间醚化反应以及 EP 开环自聚反应等[28-30]。图 4.25 显示了 BMI/DA/EP 体系的固化机理。

固化物的结构决定其性能，不同的反应其产物不同进而导致固化物的内部

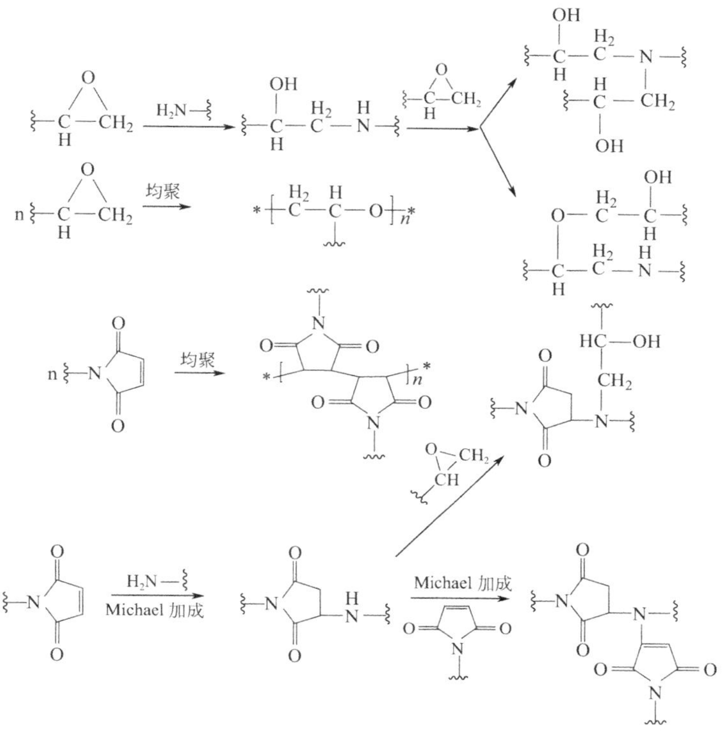

图 4.25　BMI/DA/EP 体系的固化机理

结构也不尽相同，那么其性能也会有差别。因此，研究固化过程中各种反应的活性，确定反应的种类及先后顺序至关重要。但是目前针对 BMI/DA/EP 体系的固化机理尚没有一个统一的观点。早期的研究认为 BMI/DA 体系中 BMI 双键和伯胺基团加成反应的活性优于 BMI 自聚反应，其一般在低于 BMI 自聚的温度下进行，而双键与仲胺基团的反应则比 BMI 自聚困难，只有在更高的温度才能发生[31-34]；BMI/DA/EP 体系中各种反应的反应活性依次为 BMI 与 DA 的加成反应和 EP 与 DA 的开环反应高于 BMI 自聚反应以及羟基和仲胺基团与 EP 的反应，双键与仲胺基团的反应和 EP 开环自聚反应的活性最低[34]。近期部分学者对上述观点提出了质疑，他们发现在某些 BMI/DA 体系中 Michael 加成的反应活性低于双键自聚反应，DA 的加入使固化放热峰向高温方向移动[35]；而在 BMI/DA/EP 中 BMI 主要是发生自聚反应而不是 Michael 加成反应[29,30,36]。观点的不一致主要是由于研究者基于不同种类的 BMI、EP 或 DA，也就是说不同的 BMI/DA/EP 体系其固化机理可能是不同的，因此本小节将对 PPBMI/DDS/E-51 的固化机理进行研究。

4.3.1.1　PPBMI/E-51体系的FT-IR研究

为了更好理清 PPBMI/DDS/E-51 体系的固化机理，首先对 PPBMI/E-51 体系中可能发生的反应进行研究。质量比为 1：1 的 PPBMI/E-51 体系在 180℃ 恒温固化 1h 后就变成红棕色固体且部分不溶于 DMF，固化 4h 后基本完全不溶。图 4.26 显示了 PPBMI/E-51 体系在 180℃ 恒温固化的红外跟踪图。由图可知，未固化体系在 1396cm^{-1} 处吸收峰比 1384cm^{-1} 处吸收峰的强度大，但是随着固化时间的延长，两峰强度发生了转变，1396cm^{-1} 吸收峰逐渐减弱最后变成了 1384cm^{-1} 吸收峰的肩峰。由 PPBMI 单体的红外谱图谱峰归属可知 1396cm^{-1}、1150cm^{-1} 处的吸收峰归因于马来酰亚胺环上 C—N—C 的不对称和对称伸缩振动，因此，1396cm^{-1} 吸收峰的减弱说明马来酰亚胺环上双键发生了反应。另外 1150cm^{-1} 处吸收峰的消失和 691cm^{-1} 处吸收峰的相对减弱也证实了该结论。914cm^{-1} 处的吸收峰是环氧基的特征吸收峰，比较三条曲线可以发现该吸收峰的强度不随固化时间的增加而发生改变，这表明 PPBMI/E-51 体系在 180℃ 等温固化过程中环氧基没有发生反应。

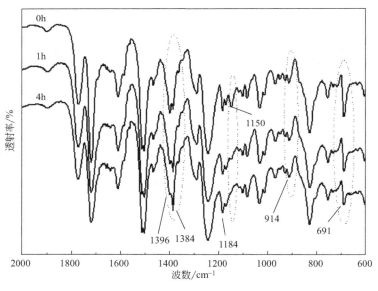

图 4.26　PPBMI/E-51 在 180℃ 恒温固化红外跟踪图

纯 PPBMI 在 180℃ 等温固化 4h 后仍能完全溶解于氯仿等溶剂中。图 4.27 显示了 PPBMI 固化前后的红外谱图。从图上可以看出，固化前后 PPBMI 的红外谱图基本一致，特征吸收峰的强度在固化过程中没有发生改变，这说明纯 PPBMI 在 180℃ 的温度下不发生反应。

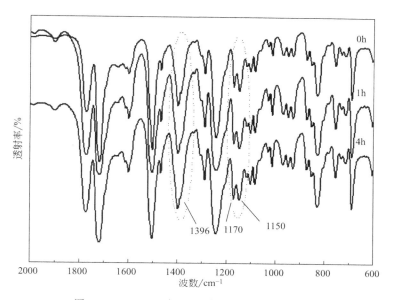

图 4.27　PPBMI 在 180℃恒温固化红外跟踪图

综合从图 4.26 和图 4.27 得到的结论可以推断，E-51 对 PPBMI 的均聚反应有促进作用。Kumar 等[30] 的研究也得出类似的结论并提出如图 4.28 所示的 EP 引发 BMI 阴离子聚合机理，他们认为环氧基能够与双键形成 zwitter 离子从而使 BMI 在较低的温度下进行阴离子引发的均聚反应。

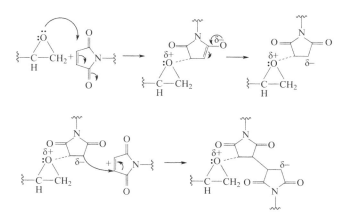

图 4.28　EP 引发 BMI 阴离子聚合机理

4.3.1.2　PPBMI/DDS 体系的 DSC 研究

图 4.29 为 PPBMI/DDS 体系的动态 DSC 曲线（升温速率为 10℃/min），其中曲线 a 为等摩尔比简单共混 PPBMI/DDS 体系的固化放热曲线，曲线 b 和 c 分

别为 PPBMI 与 DDS 摩尔比为 2 的简单共混体系和经过 160℃预聚 10min 体系的固化放热曲线。曲线 a、曲线 b、曲线 c 在 150℃附近的吸热峰是共混体系的熔融峰，体系的熔融温度与 PPBMI 的熔点接近但低于 DDS 的熔点（177℃）。从图上可以发现组分的改变对 PPBMI/DDS 体系熔点的影响很小，预聚过程却能使熔融峰显著变弱。比较曲线 a、曲线 b、曲线 c 可知，等摩尔比 PPBMI/DDS 体系只在 275℃出现一个固化放热峰，暗示固化过程主要发生一种反应；而 PPBMI 过量体系除了在 270℃附近的主放热峰外，其高温侧 310℃处存在一个明显的肩峰，经过 160℃预聚后主放热峰变弱成了肩峰，高温区域的肩峰增强变成了主放热峰。这表明 PPBMI 过量体系固化过程中主要存在两种反应，且其中之一能够在 160℃的条件下进行。而由图 3.10 和表 3.5 可知，PPBMI 的固化放热峰峰顶温度在 300℃附近，又由图 4.27 的研究可知 PPBMI 在 180℃以下不发生反应。由此可以推断，等摩尔比 PPBMI/DDS 体系主要发生的是 Michael 加成反应，进而推知 PPBMI 过量体系在 270℃附近的放热峰是 Michael 加成反应引起的，而 310℃处的放热峰主要归因于体系中残余双键的自聚反应。PPBMI 过量体系 Michael 加成反应的放热峰温度比等物质的量体系对应的放热峰温度低，是因为 DDS 含量少，反应提前结束；而 PPBMI 过量体系残余双键的自聚温度比纯 PPBMI 的固化温度高则是因为 Michael 加成反应产物增大了体系的黏度进而导致双键的活动能力降低。

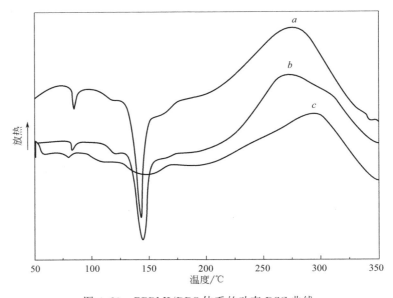

图 4.29　PPBMI/DDS 体系的动态 DSC 曲线

4.3.1.3 E-51改性PPBMI/DDS体系的DSC研究

本小节将在PPBMI/E-51和PPBMI/DDS体系固化机理研究的基础上，通过改变E-51的含量以及PPBMI与DDS的摩尔比系统地研究E-51改性PPBMI/DDS体系的反应机制。

图4.30显示了E-51改性摩尔比为1或2的PPBMI/DDS体系的DSC曲线（升温速率为10℃/min）。表4.12列出了E-51改性PPBMI/DDS体系的固化反应参数。由图4.30和表4.12可知，等摩尔比PPBMI/DDS体系在E-51含量较低时有三个放热峰，随着E-51含量的增加第一个放热峰逐渐增强且向高温方向移动，而第二个和第三个放热峰也向高温方向移动但强度变弱并相互叠合。与441体系明显的三放热峰相比，443体系只出现一个主放热峰和高温侧的放热肩峰。由变化趋势可以推断441体系在232℃附近的放热峰应归因于E-51、DDS的固化反应和环氧基引发少量PPBMI单体的自聚，275℃的放热峰归因于PPBMI和DDS的Michael加成反应，310℃的放热峰归因于残余双键的聚合。E-51/DDS固化放热峰随E-51含量增加移向高温是因为环氧固化放出的热量增加，Michael加成反应和残余双键聚合放热峰向高温移动则是由于环氧固化网络的增加限制了反应活性基团运动。另外，Michael加成反应和残余双键聚合放热峰随E-51含量增加逐渐减弱，这说明残余双键数量减少，进而说明环氧含量高的体系在低温区域环氧基引发双键自聚的数量增加。

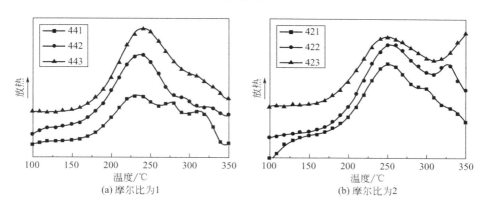

图4.30　E-51改性PPBMI/DDS体系的DSC曲线

表4.12　E-51改性PPBMI/DDS体系的固化反应参数

样品	T_i/℃	T_{p1}/℃	T_{p2}/℃	T_{p3}/℃	T_f/℃	ΔH/(J/g)
441	177	232	275	310	338	147.3
442	179	235	296	326	337	150.7
443	184	239	307	332	344	184.9

样品	$T_i/\text{℃}$	$T_{p1}/\text{℃}$	$T_{p2}/\text{℃}$	$T_{p3}/\text{℃}$	$T_f/\text{℃}$	$\Delta H/(\text{J/g})$
421	194	250	302	338	350	—
422	194	251	326	—	—	—
423	189	244	—	—	—	—

PPBMI/DDS 摩尔比为 2 的 E-51 改性体系与等摩尔比 PPBMI/DDS 的 E-51 改性体系相似，在低 E-51 含量时固化放热曲线显示出三种固化机制，但是三个放热峰的峰顶温度均高于等摩尔比 PPBMI/DDS 体系相对应的三个放热峰的峰顶温度。421 体系三个放热峰的峰顶温度分别在 250℃、302℃ 和 338℃，三个峰的归属与 441 体系相同。422 体系只在 251℃ 和 326℃ 附近出现两个放热峰，且第二个放热峰的强度明显增加；423 体系也是如此，其第二个放热峰超过了 350℃。根据 421 体系可知高温区域发生的是残余双键的聚合，但是把 422 体系、423 体系高温固化峰归咎于双键聚合不能解释放热峰强度剧增的现象。由等摩尔比 PPBMI/DDS 的 E-51 改性体系分析可知，随 E-51 含量增加，残余双键在高温区域的放热峰是减弱的。因此，可以推断 422 体系、423 体系第二个放热峰强度的增加不是残余双键聚合引起的。通常，环氧树脂开环均聚的反应热要比双马来酰亚胺自聚反应热高。因而，若把 422 体系、423 体系第二个放热峰强度的增加归因于残余环氧基的开环聚合反应能够合理解释上述现象。因为 PPBMI/DDS 摩尔比为 2 的 E-51 改性体系中 DDS 是不足量的，特别是 422 体系和 423 体系，DDS 的不足量导致体系中残存有未反应的环氧基团，其在高温能够发生均聚反应。与 422 体系相比，423 体系残余的环氧基团更多，其第二个放热峰更强也佐证了上述结论。

4.3.2 E-51 改性 PPBMI/DDS 树脂固化物的动态力学性能

图 4.31 为 E-51 改性不同摩尔比 PPBMI/DDS 固化物体系的 DMA 谱图。从图可知，六种改性体系固化物在玻璃态都具有较高的储能模量（G'），整个玻璃态区域储能模量都保持在 2GPa 以上，其中环氧含量低的体系 G' 相对较高。这是因为材料的模量与应变成反比关系，当高聚物处于玻璃态时分子链段被冻结，材料的应变主要是通过键长、键角的改变来完成；而 PPBMI 和 DDS 都是具有刚性结构的极性单体，由其形成的交联网络刚性比较大从而导致键长和键角的运动困难、应变减小，因此各树脂体系的固化物显现出高的储能模量。而 E-51 固化物中存在脂肪醚键、次甲基、异丙基等柔性基团，材料处于玻璃态受力时可发生形变的键长、键角较多，因而 E-51 含量高的改性体系其储能模量相对较低。另外，PPBMI 与 DDS 的不同摩尔比对玻璃态的储能模量影响较小，这说明

PPBMI 和 DDS 结构的刚性相似。但是 PPBMI 与 DDS 的不同摩尔比对橡胶态的储能模量影响显著，等摩尔比的 E-51 改性体系橡胶态的储能模量大约都在 20MPa 左右，而摩尔比等于 2 的 E-51 改性体系橡胶态的储能模量约为 40MPa。此外，421 体系和 422 体系的固化物在橡胶弹性区域出现高温硬化现象，储能模量随温度升高而增大。这可能是由体系中少量残余的活性基团在高温下继续反应，提高了固化物的交联密度所致。

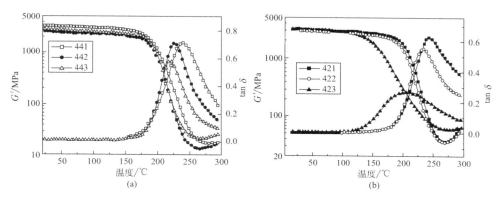

图 4.31　E-51 改性不同摩尔比 PPBMI/DDS 固化物的 DMA 谱图

E-51 改性不同摩尔比 PPBMI/DDS 体系的 $\tan\delta$ 谱均为单峰曲线，表明共固化物中的 BMI 自聚网络、EP 固化网络以及 BMI 和 DDS 加成反应形成的网络等具有很好的相容性。表 4.13 列出了从 $\tan\delta$ 曲线得到的一些参数。从表 4.13 可知，随着环氧含量的增加，共固化体系的 T_g 随之降低，这主要是固化物中刚性结构随着环氧含量增加而相对减少造成的。除 443 体系外，等摩尔比 PPBMI/DDS 体系的 T_g 均低于相应的 PPBMI 过量系，这再次佐证了固化过程中存在 Michael 加成反应。423 体系的 T_g 最小，损耗峰最宽，这可能由于体系中 DDS 含量太少导致体系中残存大量环氧基团，而这些基团塑化了网链，严重降低了固化物的耐热性。宽损耗峰则源于两方面的原因：其一是因为在热扫描过程中伴随着未反应基团的继续固化；其二是因为共固化网络中网链的相容性变差。由于扩链剂 DDS 的不足量使得该体系中存在大量的 E-51 与 DDS 的固化网链、PPBMI 自聚网链、E-51 自聚网络等而两者交互网链相对较少。

表 4.13　由 $\tan\delta$ 曲线得到的一些参数

样品	441	442	443	421	422	423
峰值	0.712	0.71	0.583	0.626	0.551	0.272
T_g/℃	238	227	220	243	232	205

4.3.3　E-51改性PPBMI/DDS树脂固化物的热稳定性

图4.32为E-51改性PPBMI/DDS固化物的TGA和DTG曲线。由图4.32可以看出，所有研究体系的TGA和DTG曲线（升温速率20℃/min）都是相似的，均为一步分解过程，表明树脂组成的改变对共固化体系的热降解机理影响不大。从图4.32可以直接得到一些参数，如最大分解温度T_{max}，质量损失5%、10%、20%、50%时的温度$T_{5\%}$、$T_{10\%}$、$T_{20\%}$、$T_{50\%}$以及在550℃的残炭率等，其热分解参数结果列于表4.14。从表4.14可以看出，E-51改性PPBMI/DDS共固化体系具有良好的热稳定性，所有研究体系的起始热分解温度都保持在390℃以上。另外，分解温度（$T_{5\%}$、$T_{10\%}$、$T_{20\%}$、$T_{50\%}$、T_{max}）和残炭率随着初始混合物中环氧含量的增加而下降，表明热稳定性的降低。这可能是由于在质量损失前期主要是环氧树脂固化网链的热分解，环氧含量越大，环氧固化网链在固化物中的比重越大，因而达到相同质量损失率的分解温度越低；而PPBMI与DDS的不同摩尔比对固化物的热稳定性影响不大。

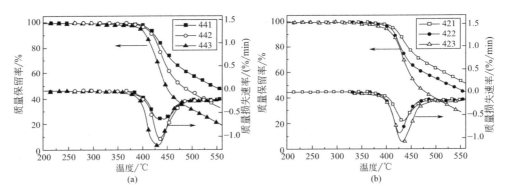

图4.32　E-51改性PPBMI/DDS固化物的TGA和DTG曲线

表4.14　由E-51改性PPBMI/DDS固化物的TGA和DTG曲线得到热分解参数

样品	不同失重程度的温度/℃					残炭率/%
	$T_{5\%}$	$T_{10\%}$	$T_{20\%}$	$T_{50\%}$	T_{max}	
441	410	423	440	541	443	47.9
442	407	420	433	478	434	33.8
443	393	407	419	447	430	20.5
421	412	425	441	—	397	52.7
422	405	416	428	525	400	45.4
423	392	412	425	460	400	28.6

4.3.4　E-51 改性 PPBMI/DDS 树脂固化物的力学性能

表 4.15 是 E-51 改性 PPBMI/DDS 固化物的力学性能。从表可知，环氧树脂加入对弯曲模量和弯曲强度的影响不大，但是 PPBMI 与 DDS 摩尔比为 2 的 E-51 改性体系的弯曲模量和弯曲强度总体略大于 PPBMI 与 DDS 摩尔比为 1 的 E-51 改性体系。另外，随 E-51 含量的增加，体系的冲击韧性显著提高。PPBMI 与 DDS 等摩尔 E-51 改性体系的无缺口试样简支梁冲击强度由 441 体系的 7.51kJ/m^2 提高到 443 体系的 13.8kJ/m^2，提高幅度达 83.8%；而 PPBMI 与 DDS 摩尔比为 2 的 E-51 改性体系的冲击强度则由 421 体系的 8.23kJ/m^2 提高到 423 体系的 12.72kJ/m^2，提高幅度也达 54.6%。

表 4.15　E-51 改性 PPBMI/DDS 固化物的力学性能

样品	弯曲模量/GPa	弯曲强度/MPa	冲击强度/(kJ/m^2)
441	3.91	68.9	7.51
442	3.76	75.1	8.94
443	3.67	70.6	13.8
421	4.06	86.7	8.23
422	3.87	83.4	9.65
423	4.03	85.5	12.72

图 4.33 显示了 E-51 改性 PPBMI/DDS 体系的冲击断口形貌。由图可知，PPBMI 与 DDS 的摩尔比为 1 或 2 的体系，展现出相同的趋势。随着 E-51 含量的增加断口形貌越来越粗糙，而环氧量相同时 PPBMI/DDS 摩尔比为 2 体系的断面形貌也比等摩尔体系的粗糙。环氧含量较低的体系（441、421、442、422），断面较为光滑，裂纹呈波状、锯齿状、花纹状等，脆性断裂的特征较为明显；而环氧含量较高的体系（443、423），断裂面变得粗糙不平，且呈无序状；破坏不再是在一个平面内进行，而是发生了明显的断层和沟壑，断裂方向更趋于分散，出现明显的韧性断裂特征。因此，材料在破坏时需要吸收更多的能量。这也揭示了 443 体系和 423 体系的冲击强度明显大于其他体系的原因。

4.3.5　E-51 改性 PPBMI/DDS 树脂固化物的吸湿行为

图 4.34 为 E-51 改性 PPBMI/DDS 体系在沸水中 36h 内吸水率随时间的变化曲线。从图中可以看出，随着水煮时间的延长，改性体系的吸水率先升高后趋

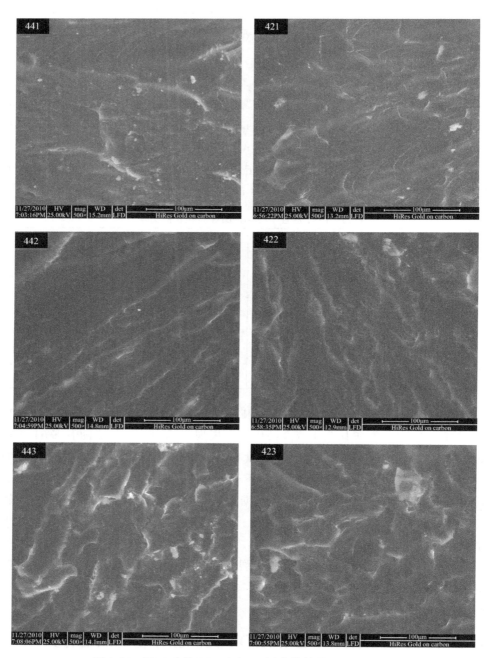

图 4.33　E-51 改性 PPBMI/DDS 固化物断裂面的 SEM 图

于水平，并且所有研究体系的吸水率都比较低，在沸水中 36h 后的吸水率不超过 2.5%。其中，423 体系水煮 36h 后的吸水率最高，而 443 体系却是最低的。这种差异可能与两体系中的自由体积和能够与水分子形成氢键的基团含量不同有关。423 体系中 DDS 的含量低造成 E-51 固化不完全，固化网络中残存的未反应官能团则使得固化网络中极性基团含量增加；另一方面，从力学损耗峰可以看出该体系固化网络的均一性是最差的，这可能导致自由体积含量的增加。443 体系可能固化的最完全，那么自由体积和极性基团的含量也相应是最少的。因此，该体系的吸水速率最慢、平衡吸水量最低。

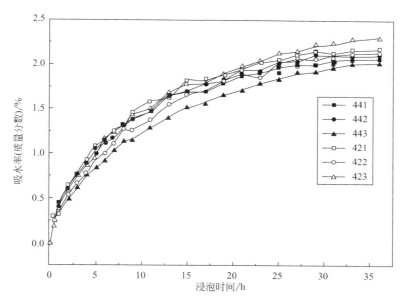

图 4.34 E-51 改性 PPBMI/DDS 固化物在沸水中 36h 的吸水率随时间的变化曲线

参考文献

[1] Xiong X H，Chen P，Zhang J X，et al. Cure kinetics and thermal properties of novel bismaleimide containing phthalide cardo structure [J]. Thermochimica Acta，2011，514：44-50.

[2] Morgan R J，Shin E E，Rosenberg B，et al. Characterization of the cure reactions of bismaleimide composite matrices [J]. Polymer，1997，38：639-646.

[3] Matsumoto A. Polymerization of mulyiallyl monomers [J]. Progress polymer science，2001，26：189-257.

[4] Yao Y，Zhao T，Yu Y Z. Novel thermosetting resin with a very high glass-transition temperature based on bismaleimide and allylated novolac [J]. Journal of Applied Polymer Sci-

ence，2005，97：443-448.

[5] Xiong Y，Boey F Y C，Rath S K. Kinetic study of the curing behavior of bismaleimide modified with diallylbisphenol A [J]. Journal of Applied Polymer Science，2003，90：2229-2240.

[6] Kissinger H E. Reaction kinetics in differential thermal analysis [J]. Analytic Chemistry，1957，29：1702-1706.

[7] 苏震宇，邱启艳. 改性双马来酰亚胺树脂的固化特性 [J]. 纤维复合材，2005（3）：24-27.

[8] Carruthers W. Some modern methods of organic synthesis（third edition）[M]. Cambridge：Cambridge University Press，1986.

[9] Wang L H，Xu Q Y，Chen D H，et al. Thermal and physical properties of allyl PPO and its composite [J]. Journal of applied polymer science，2006，102：4111-4115.

[10] Li J Y，Chen P，Ma Z M，et al. Reaction kinetics and thermal properties of cyanate ester-cured epoxy resin with phenolphthalein poly（ether ketone）[J]. Journal of Applied Polymer Science，2009，111：2590-2596.

[11] Zvetkov V L. Comparative DSC kinetics of the reaction of DGEBA with aromatic diamines [J]. Polymer，2001，42：6687-6697.

[12] Sbirrazzuoli N，Mija A M，Vincent L，et al. Isoconversional kinetic analysis of stoichiometric and off-stoichiometric epoxy-amine cures [J]. Thermochimica Acta，2006，447：167-177.

[13] Dimier F，Sbirrazzuoli N，Vergnes B，et al. Curing kinetics and chemorheological analysis of polyurethane formation [J]. Polymer Engineering Science，2004，44：518-527.

[14] Mondragon I，Solar L，Recalde I B，et al. Cure kinetics of a cobalt catalysed dicyanate ester monomer in air and argon atmospheres from DSC data [J]. Thermochimica Acta，2004，417：19-26.

[15] Kessler M R，White S R. Cure kinetics of the ring-opening metathesis polymerization of dicyclopentadiene [J]. Journal of Polymer Science：Part A：Polymer Chemistry，2002，40：2373-2383.

[16] Callau L，Mantecon A，Reina J A. Crosslinking of vinyl-terminated biphenyl and naphthalene side-chain liquid-crystalline poly（epichlorohydrin）derivatives [J]. Journal of Polymer Science：Part A：Polymer Chemistry，2002，40：2237-2244.

[17] 李俊燕. 可溶性聚芳醚改性环氧/氰酸酯共混树脂体系的研究 [D]. 辽宁：大连理工大学化工学院，2009.

[18] 梁国正，顾嫒娟. 双马来酰亚胺 [M]. 北京：化学工业出版社，1997.

[19] Mijovic J，Andjelic S. Study of the mechanism and rate of bismaleimide cure by remote in-situ real time fiber optic near-infrared spectroscopy [J]. Macromolecules，1996，29（1）：239-246.

[20] Phelan, J C, Sung C S P. Cure characterization in bis (maleimide) /diallylbisphenol A resin by fluorescence, FT-IR, and UV-reflection spectroscopy [J]. Macromolecules, 1997, 30 (22): 6845-6851.

[21] Morgan R J, Shin E E, Rosenberg B, et al. Characterization of the cure reactions of bismaleimide composite matrices [J]. Polymer, 1997, 38: 639-646.

[22] Xiong X H, Ren R, Chen P, et al. Preparation and properties of modified bismaleimide resins based on phthalide-containing monomer [J]. Journal of Applied Polymer Science, 2013, 130 (2): 1084-1091

[23] 姜海龙, 廖功雄, 韩永进, 等. PPES-DA 改性 BDM /DABPA 共混体的研究 [J]. 热固性树脂, 2010, 25 (1): 30-34.

[24] Gouri C, Nair C P R, Ramaswamy R, et al. Thermal decomposition characteristics of Alder-ene adduct of diallyl bisphenol A novolac with bismaleimide: effect of stoichiometry, novolac molar mass and bismaleimide structure [J]. European Polymer Journal, 2002, 38: 503-510.

[25] Xiong X H, Chen P, Ren R, et al. Cure mechanism and thermal properties of the phthalide-containing bismaleimide/epoxy system [J]. Thermochimica Acta . 2013, 559: 52-58.

[26] Musto P, Martuscelli E, Ragosta G, et al. FTIR spectroscopy and physical properties of an epoxy/bismaleimide IPN system [J]. Joural of Materials Science, 1998, 33: 4595-4601.

[27] Musto P, Martuscelli E, Ragosta G, et al. An interpenetrated system based on a tetrafunctional epoxy resin and a thermosetting bismaleimide: structure-properties correlation [J]. Journal of Applied Polymer Science. 1998, 69: 1029-1042.

[28] Chandra R, Rajabi L, Son R K. The effect of bismaleimide resin on curing kinetics of epoxy-amine thermosets [J]. Journal of Applied Polymer Science, 1996, 62: 661-671.

[29] Vanaja A, Rao R M V G K. Synthesis and characterization of epoxy -novolac/bismaleimide networks [J]. European Polymer Journal, 2002, 38: 187-193.

[30] Kumar A A, Alagar M, Rao R M V G K. Synthesis and characterization of siliconized epoxy-1, 3-bis (maleimido) benzene intercrosslinked matrix materials [J]. Polymer, 2002, 43: 693-702.

[31] Hopewell J L, Georgeb G A, Hill D J T. Quantitative analysis of bismaleimide-diamine thermosets using near infrared spectroscopy [J]. Polymer, 2000, 41: 8221-8229.

[32] Hopewell J L, Georgeb G A, Hill D J T. Analysis of the kinetics and mechanism of the cure of a bismaleimide-diamine thermoset [J]. Polymer, 2000, 41: 8231-8239.

[33] Florence M, Loustalot G, Cunha L D. Influence of steric hindrance on the reactivity and kinetics of molten state radical polymerization of binary bismaleimide-diamine systems [J]. Polymer, 1998, 39 (10): 1799-1814.

[34] Regnier N, Fayos M, Lafontaine E. Solid-state ^{13}C-NMR study on bismaleimide/diamine polymerization: structure, control of particle size, and mechanical properties [J]. Journal of Applied Polymer Science, 2000, 78: 2379-2388.

[35] Lin K F, Chen J C. Curing, compatibility, and fracture toughness for blends of bismaleimide and a tetrafunctional epoxy resin [J]. Polymer Engineering and Science, 1996, 36 (2): 211-217.

[36] Musto P, Martuscelli E, Ragosta G, et al. An interpenetrated system based on a tetrafunctional epoxy resin and a thermosetting bismaleimide: structure-properties correlation [J]. Journal of Applied Polymer Science, 1998, 69: 1029-1042.

芴Cardo环结构链延长型双马来酰亚胺的合成表征及其性能

以双酚芴和双邻甲酚芴为基本原料，分别与对硝基苯酰氯和对氯硝基苯反应合成两类二硝基化合物，进而通过硝基还原、马来酸酐酰胺化、酰亚胺环化等步骤设计合成两类含芴 Cardo 环结构链延长型 BMI（芳酯型 FBMI 和芳醚型 FBMI）。采用红外光谱、核磁共振、元素分析等技术表征了中间体及目标产物的分子结构，利用溶解性实验以及 DSC、TGA、DMA 等热分析技术研究了两类 FBMI 的溶解性、固化行为、热稳定性及动态力学性能，详细讨论了芳酯、芳醚以及甲基取代等分子结构因素对 FBMI 性能的影响。

5.1 芳酯型 FBMI 单体的合成与性能 [1]

5.1.1 芳酯型 FBMI 单体的合成与表征

含芴基 Cardo 环和酯键结构 BMI 单体合成路线如图 5.1 所示[1]。芳酯型 FBMI 单体的经四步合成：①以氯仿作为溶剂，三乙胺作为缚酸剂，双酚芴及其衍生物和对硝基苯甲酰氯进行醇解反应制备含芴基 Cardo 环和酯键结构的二硝基化合物；②以 Pd/C 为催化剂，甲酸铵提供氢源，二硝基化合物被还原成二氨基化合物；③二氨基化合物和顺丁烯二酸酐反应生成双马来酰亚胺酸；④以乙酸钠和三乙胺为催化剂，乙酸酐为脱水剂将双马来酰亚胺酸环化脱水生成目标产物。

5.1.1.1 二硝基化合物的合成与表征

（1）二硝基化合物的合成（PEFDN、MEFDN）

如图 5.1 所示，PEFDN 和 MEFDN 两种二硝基化合物是由对硝基苯甲酰氯与 9,9-双(4-羟基苯基)芴(双酚芴)及其衍生物 9,9-双(4-羟基-3-甲基苯基)芴在氯仿当中经过醇解反应制得。二羟基化合物与对硝基苯甲酰氯的理论摩尔比为 1:2,

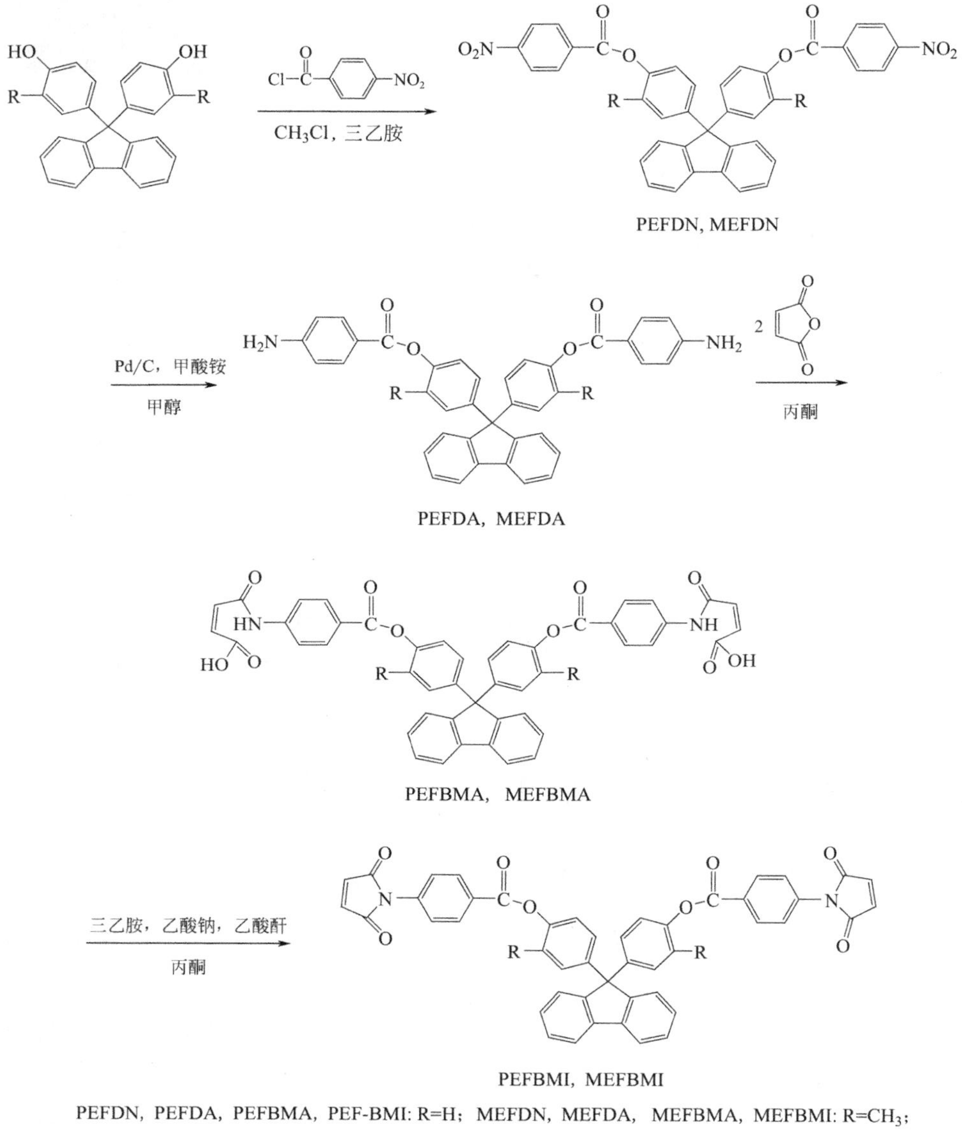
CH3Cl，三乙胺
PEFDN, MEFDN
Pd/C，甲酸铵
甲醇
丙酮
PEFDA，MEFDA
PEFBMA，MEFBMA
三乙胺，乙酸钠，乙酸酐
丙酮
PEFBMI，MEFBMI
PEFDN，PEFDA，PEFBMA，PEF-BMI: R=H；MEFDN，MEFDA，MEFBMA，MEFBMI: R=CH3；

图 5.1 含芴基 Cardo 环和酯键结构 BMI 单体合成路线图

但由于对硝基苯甲酰氯极易吸潮，因此为了提高产率，在实际合成过程中二者的摩尔比为 1∶2.1。酰氯的醇解反应本质上属于亲核取代反应[2]。酰氯的羰基碳高度缺电子，可与双酚芴中羟基的活泼氢发生反应形成酯键，反应过程中一般加入叔胺作为缚酸剂吸收生成的氯化氢。本实验选用三乙胺作为缚酸剂。

由于酰氯极易与水反应，因此实验中所用溶剂需做无水处理。将酰氯溶液滴加到二羟基化合物中时，反应体系大量放热，因此滴加反应需在冰浴中完成。为了提高产率，体系需回流反应16h。按照上述方法制备的两种二硝基化合物PEFDN和MEFDN的产率均超过了90％。

（2）二硝基化合物的表征

表5.1中列出了两种二硝基化合物PEFDN和MEFDN的元素分析数据。元素分析结果与理论值表现出良好的一致性。此外，对两种二硝基化合物进行了FT-IR和^{1}H NMR分析。

表 5.1   二硝基化合物元素分析数据表

化合物	分子式	分子量	元素分析	
			理论值	实验值
PEFDN	$C_{39}H_{24}N_2O_8$	648	C：72.22％，H：3.70％，N：4.32％	C：72.29％，H：3.66％，N：4.37％
MEFDN	$C_{41}H_{28}N_2O_8$	676	C：73.10％，H：4.15％，N：4.15％	C：72.96％，H：4.17％，N：4.12％

图5.2是PEFDN和MEFDN两种二硝基化合物的FT-IR谱图。从FT-IR谱图中可见，1348cm^{-1}和1521cm^{-1}附近出现了归属于—NO$_2$的对称和不对称伸缩振动吸收峰，且强度较大，说明这两种化合物中均存在着与苯环相连的硝基基团。1737cm^{-1}附近出现的较强吸收峰归属于酯键中羰基的伸缩振动峰，表明形成了酯键。MEFDN在2800～3000cm^{-1}处的吸收峰表明了甲基的存在。这些特征吸收峰的存在说明成功合成了两种二硝基化合物。

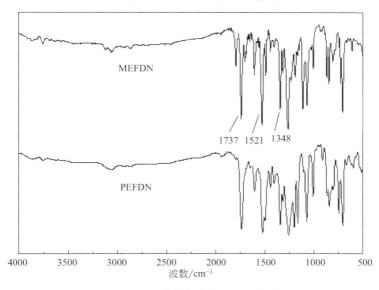

图 5.2   二硝基化合物 FI-IR 谱图

图 5.3 是二硝基化合物 PEFDN 和 MEFDN 的氢核磁谱图和相应的归属。通过对 PEFDN 分子结构的分析可知,其分子中存在着八种不同类型的质子氢。硝基和酯键中羰基所连接的苯环中,氢 g 和氢 h 受到的诱导效应近似,因此这两个氢的共振吸收峰发生重叠;氢 c 和氢 f 以及氢 b 和氢 d 的共振吸收峰也都发生了重叠,因此在 PEFDN 的氢核磁谱图中出现了五个较为明显的质子谱带区域 (δ):8.35 (s, 8H, ArH), 7.80 (d, 2H, $J=7.2$Hz, ArH), 7.42 (m, 4H, ArH), 7.31 (m, 6H, ArH), 7.11 (d, 4H, $J=7.60$Hz, ArH)。在 PEFDN 分子中,硝基和酯键均具有较强的吸电子能力,因此它们的去屏蔽效应也最为显著,与其相连的两个质子氢的共振吸收峰都出现在了最低场,二者发生重叠。芴基中的氢 a 处在芴环的 4 位上,受到了较强的去屏蔽作用,因此出现在低场。

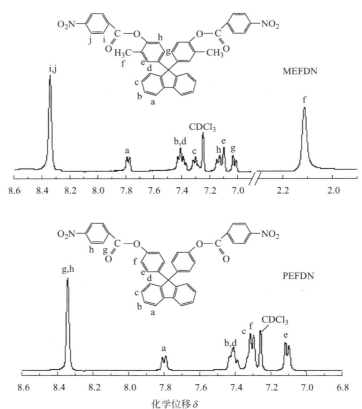

图 5.3 二硝基化合物氢核磁谱图和相应的归属

MEFDN 分子中存在的甲基破坏了其分子结构的对称性,因此它的氢核磁谱图较 PEFDN 复杂。MEFDN 分子中包含了十种不同类型的质子氢。与

PEFDN 相同，在与硝基和酯键中羰基连接的苯环中，氢 i 和氢 j 的共振吸收峰也发生了重叠，并且出现在最低场；芴环中的氢 b 和氢 d 的共振吸收峰发生了重叠；甲基中质子氢的共振吸收峰出现在最高场。因而 MEFDN 的 ^1H NMR 谱图中出现了八个明显的质子共振谱带（δ）：8.39（d，4H，$J=8Hz$，ArH），7.78（d，2H，$J=7.2Hz$，ArH），7.41（m，4H，ArH），7.30（t，2H，$J=7.0Hz$，ArH），7.13（d，2H，$J=8Hz$，ArH），7.08（s，2H，ArH），7.02（d，2H，$J=8Hz$，ArH），2.11（s，6H，Ar—CH_3）。两种二硝基化合物的氢核磁谱图上，谱峰的数量、强度和峰型与理论预测吻合，谱图上没有出现明显的杂峰，说明成功合成了两种二硝基化合物，且目标产物的纯度较高。

5.1.1.2　二氨基化合物的合成与表征

（1）二氨基化合物的合成（PEFDA、MEFDA）

二硝基化合物还原成二氨基化合物的方法有多种。在合成 BMI 单体的过程中，最为常用的是以 $FeCl_3$ 或 Pd/C 为催化剂，水合肼提供氢源，乙二醇甲醚或乙醇为溶剂，在 90～105℃或回流温度条件下将硝基还原成氨基。本实验中，选用水合肼作为还原剂时，未能得到预期的二氨基化合物。水合肼的碱性过强，破坏了第一步醇解反应生成的酯键而生成酰胺分子，因此不能采用这种方法来还原 PEFDN 和 MEFDN。我们采用 Ram[3] 的合成方法，以 Pd/C 作为催化剂，甲酸铵提供氢源，乙醇作为溶剂还原二硝基化合物。这种还原方法反应时间短，还原效果好，反应结束后，将催化剂过滤，剩余溶液旋干，滤饼经甲醇洗涤后分散在水中，氯仿萃取后旋蒸即可得到含芴基 Cardo 环和酯键结构的二氨基化合物。两种二氨基化合物 PEFDA 和 MEFDA 的产率均在 85% 以上。

（2）二氨基化合物的表征

两种二氨基化合物 PEFDA 和 MEFDA 的元素分析数据见表 5.2。元素分析结果与理论值表现出良好的一致性。此外，对两种二氨基化合物进行了 FT-IR 和 ^1H NMR 分析。

表 5.2　二氨基化合物元素分析数据表

化合物	分子式	分子量	元素分析	
			理论值	实验值
PEFDA	$C_{39}H_{28}N_2O_4$	588	C：79.59%，H：4.76%，N：4.76%	C：79.52%，H：4.75%，N：4.78%
MEFDA	$C_{41}H_{32}N_2O_4$	616	C：80.13%，H：5.21%，N：4.56%	C：80.18%，H：5.27%，N：4.49%

图 5.4 为 PEFDA 和 MEFDA 两种二氨基化合物的红外光谱图。1348cm^{-1} 和 1521cm^{-1} 附近—NO_2 的对称和不对称伸缩振动吸收峰已完全消失；1720cm^{-1} 处的吸收峰归属于酯键中羰基的伸缩振动；3461cm^{-1}、3370cm^{-1} 和

1629cm^{-1} 处出现了—NH$_2$ 的特征吸收峰；MEFDA 中同样在 2800～3000cm^{-1} 处出现了吸收峰，表明了甲基的存在。以上这些数据说明二硝基化合物已被完全还原成了二氨基化合物。

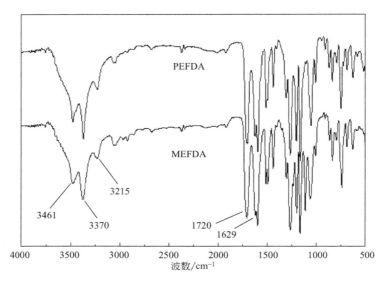

图 5.4　二氨基化合物红外光谱图

图 5.5 为两种二氨基化合物 PEFDA 和 MEFDA 的 ^{1}H NMR 谱图以及相应的归属。与二硝基化合物相同，PEFDA 因结构对称，其氢核磁谱图较为简单。PEFDA 的氢核磁谱图中存在着较为明显的九个氢质子共振吸收峰（δ）：7.96（d，4H，$J = 7.6$Hz，ArH），7.77（d，2H，$J = 7.2$Hz，ArH），7.41（t，2H，$J = 7.0$Hz，ArH），7.36（d，2H，$J = 7.2$Hz，ArH），7.29（t，2H，$J = 7.6$Hz，ArH），7.25（d，4H，$J = 7.6$Hz，ArH），7.04（d，4H，$J = 7.6$Hz，ArH），6.67（d，4H，$J = 8$Hz，ArH），4.19（brs，4H，Ar—NH$_2$）。与 PEFDN 的氢核磁谱图相比，最大的区别是在 4.19 附近出现了归属于氨基中活泼质子 N—H 的弥散峰，说明分子中存在着氨基。由于硝基被还原成氨基，苯环中质子氢所处的化学环境由吸电子效应转变为供电子效应，因此 PEFDA 中的氢 h 和 MEFDA 中的氢 j 的共振吸收峰均明显地从最低场移到了高场，这同样也说明硝基已完全转化成了氨基。

MEFDA 分子中氢 e 和氢 g 所处的化学环境类似，两个氢的共振吸收峰出现一定程度的重叠。因此，MEFDA 氢核磁谱图中出现了十个明显的氢质子共振吸收峰（δ）：7.98（d，4H，$J = 7.6$Hz，ArH），7.77（d，2H，$J = 6$Hz，ArH），7.42（d，2H，$J = 4.4$Hz，ArH），7.36（t，2H，$J = 7.0$Hz，

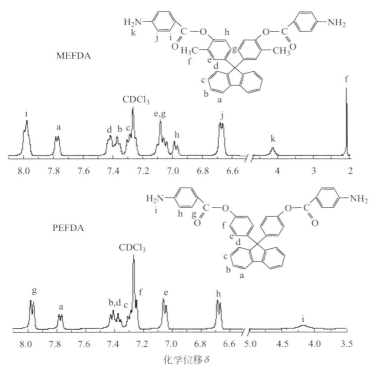

图 5.5　二氨基化合物的 ^1H NMR 谱图以及相应的归属

ArH），7.29（t，2H，$J=7.2Hz$，ArH），7.06（m，4H，ArH），6.97（d，2H，$J=8.0Hz$，ArH），6.67（d，4H，$J=6.8Hz$，ArH），4.15（br，4H，Ar—NH$_2$），2.10（s，6H，Ar—CH$_3$）。在两种二氨基化合物的氢核磁谱图中，谱峰的强度、数量和峰型与理论预测吻合，谱图中没有出现明显的杂峰，说明成功合成了两种二氨基化合物且目标产物的纯度较高。

5.1.1.3　芳酯型 FBMI 单体的合成与表征

（1）芳酯型 FBMI 单体的合成（PEFBMI、MEFBMI）

以丙酮为溶剂，二氨基化合物与顺丁烯二酸酐以 1∶2.1 的比例反应生成双马来酰亚胺酸（PEFBMA、MEFBMA），此反应活性较高且反应放热，因此需在室温下进行。由于生成的 PEFBMA 和 MEFBMA 能够溶解在丙酮中，因此这一步反应并未将马来酰亚胺酸分离出来，下一步的脱水环化反应直接在这个体系中进行。

在反应体系中加入三乙胺和乙酸钠作为共催化剂，乙酸酐作为脱水剂，将 PEFBMA 和 MEFBMA 脱水环化得到含芴基 Cardo 环和酯键结构的 BMI 单体。

为了达到更好的脱水环化效果，乙酸酐的用量比理论值多 20%，三乙胺和双马来酰亚胺酸等摩尔比，乙酸钠的用量为 0.3g/mol 双马来酰亚胺酸。两种 BMI 单体的产率都在 85% 以上。

（2）FBMI 单体的表征

两种 FBMI 单体 PEFBMI 和 MEFBMI 的元素分析数据见表 5.3。元素分析结果与理论值显示出良好的一致性。此外，对两种 FBMI 单体进行了 FT-IR，^{1}H NMR 和 ^{13}C NMR 的分析。

表 5.3　FBMI 单体元素分析数据表

化合物	分子式	分子量	元素分析	
			理论值	实验值
PEFBMI	$C_{47}H_{28}N_2O_8$	748	C:75.40%,H:3.74%,N:3.74%	C:75.46%,H:3.72%,N:3.76%
MEFBMI	$C_{49}H_{32}N_2O_8$	776	C:75.77%,H:4.12%,N:3.61%	C:75.71%,H:4.14%,N:3.65%

图 5.6 为 PEFBMI 和 MEFBMI 单体的红外光谱图。从图中可见，1734cm^{-1} 和 1718cm^{-1} 两处出现了归属于酯键中羰基和酰亚胺环中羰基的特征振动峰；3100cm^{-1}、1396cm^{-1} 和 1168cm^{-1} 处出现了归属于 C—H、C—N 和 C—N—C 的伸缩振动吸收峰；此外，在 MEFBMI 单体的红外光谱图中，2923cm^{-1} 和 2852cm^{-1} 两处出现了归属于甲基的对称和不对称伸缩振动峰。以上这些特征吸收峰的出现说明成功合成了 PEFBMI 和 MEFBMI 单体。

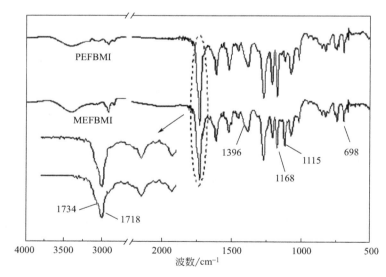

图 5.6　PEFBMI 和 MEFBMI 单体红外光谱图

图 5.7 和图 5.8 分别为 PEFBMI 和 MEFBMI 两种单体的¹H NMR 和¹³C NMR 谱图及相应归属。两种单体的¹H NMR 谱图与二硝基化合物和二氨基化合物的¹H NMR 谱图类似，区别仅在于两种单体各自的谱图中在 6.88 处出现了归属于酰亚胺环中碳碳双键中质子氢的吸收峰；同时由于端基电子的诱导效应发生改变，导致相邻质子氢的化学位移有规律地发生了变化。

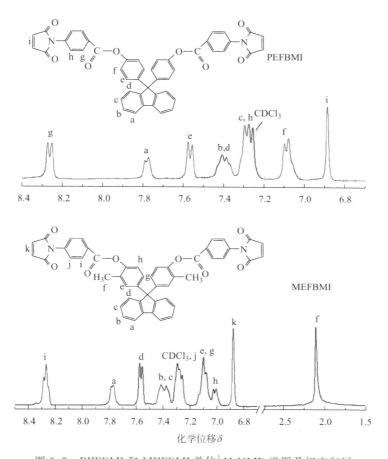

图 5.7　PEFBMI 和 MEFBMI 单体¹H NMR 谱图及相应归属

PEFBMI 单体的氢核磁谱图共出现七条谱带（δ）：8.26（d，4H，$J = 7.6\text{Hz}$，ArH），7.78（d，2H，$J = 6.8\text{Hz}$，ArH），7.63（d，4H，$J = 7.6\text{Hz}$，ArH），7.39（m，4H，ArH），7.28（m，6H，ArH），7.09（d，4H，$J = 7.8\text{Hz}$，ArH），6.88（s，4H，H—C =C—H）。碳核磁谱图共出现十八条共振谱带（δ）：61.1、116.7、117.8、121.7、122.6、124.2、124.3、125.7、127.1、127.9、130.8、132.5、136.5、139.9、146.1、147.2、160.7

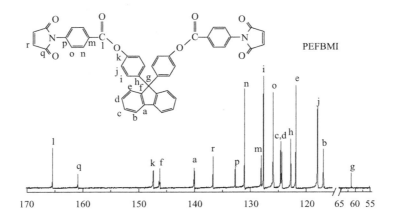

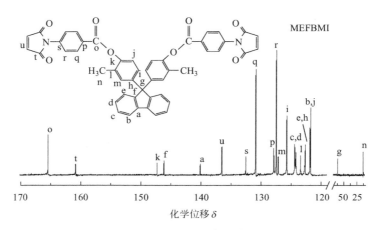

图 5.8　PEFBMI 和 MEFBMI 单体[13]C NMR 谱图及相应归属

（*C*＝O，酰亚胺）、165.2（*C*＝O，酯键）。共振谱带的数目与理论分析一致。

　　MEFBMI 单体的氢核磁谱图共出现九条谱带（δ）：8.28（d，4H，*J*＝7.2Hz，Ar*H*），7.78（d，2H，*J*＝6.0Hz，Ar*H*），7.63（d，2H，*J*＝7.6Hz，Ar*H*），7.39（m，4H，Ar*H*），7.29（d，4H，*J*＝6.0Hz，Ar*H*），7.10（m，4H，Ar*H*），7.01（d，2H，*J*＝8.0Hz，Ar*H*），6.88（s，4H，*H*—C＝C—*H*），2.11（s，6H，Ar—C*H₃*）。碳核磁谱图共出现二十条共振谱带（δ）：12.9、61.1、121.7、121.8、122.6、122.7、123.4、124.2、124.4、125.7、127.1、127.9、130.8、132.5、136.5、140.1、147.2、147.5、160.7（*C*＝O，酰亚胺）、165.3（*C*＝O，酯）。共振谱带的数目与理论分析一致。

　　根据两种 BMI 单体的[1]H NMR 和[13]C NMR 谱图的分析可以确定成功合成了含芴基 Cardo 环和酯键结构的 BMI 单体，且具有较高的纯度。

5.1.2 芳酯型 FBMI 单体的固化行为

图 5.9 为 PEFBMI 和 MEFBMI 单体的动态 DSC 曲线图（15℃/min）。从 DSC 曲线得到的两种单体的固化特征温度 T_m、T_i、T_p、T_f 以及 ΔH 分别列于表 5.4。从 DSC 曲线及表 5.4 可见，两种单体的熔点分别为 157.1℃ 和 193.6℃，PEFBMI 单体的熔点明显低于 MEFBMI。两种单体的固化反应放热峰出现在 180～300℃ 之间，熔融加工窗口（T_i-T_m）均超过 30℃。熔融加工窗口越宽，将单体熔融后越有足够长的时间进行加工，因此两种单体的加工性能较好。甲基的存在，使加工窗口进一步被拓宽，但取代基体积较小，因此增加幅度不大。

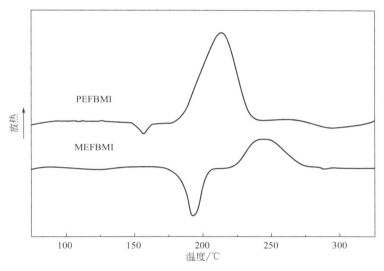

图 5.9　PEFBMI 及 MEFBMI 单体动态 DSC 曲线（15℃/min）

表 5.4　PEFBMI 和 MEFBMI 单体固化特征温度数据

单体	T_m/℃	T_i/℃	T_p/℃	（T_i-T_m）/℃	ΔH/(J/g)
PEFBMI	157.1	188.5	215.3	31.3	45.5
MEFBMI	193.6	226.8	246.4	33.2	36.1

两种单体的固化行为非常相似，但 MEFBMI 单体的固化反应热小于 PEFBMI 单体。固化反应放热越大，说明单体的固化能力越强[4]，因此 PEFBMI 单体的固化反应活性高于 MEFBMI 单体。甲基的存在，导致 MEFBMI 体系的黏度增大，同时因其熔点较高，相同温度下，MEFBMI 单体分子的扩散速率要小于 PEFBMI 单体，因此其固化反应活性小于后者。

5.1.3　芳酯型 FBMI 单体的溶解行为

表5.5列出了两种 BMI 单体的溶解性能。从表中结果可知，两种单体在普通有机溶剂如丙酮、氯仿、二氯甲烷、甲苯、四氢呋喃、二甲基亚砜（DMSO）、N，N-二甲基甲酰胺（DMF）和 N-甲基吡咯烷酮中均表现出良好的溶解能力。大体积芴基 Cardo 环的引入破坏了 BMI 单体分子的对称性，降低了单体分子的结晶性；同时酯键的存在增加了分子的极性，两方面原因共同作用使得含芴基 Cardo 环和酯键结构的 BMI 单体 PEFBMI 和 MEFBMI 具有良好的溶解性能。

表 5.5　PEFBMI 和 MEFBMI 单体溶解性能

单体	乙醇	丙酮	甲苯	二氯甲烷	氯仿	四氢呋喃	N，N-二甲基甲酰胺	二甲基亚砜	N-甲基吡咯烷酮
PEFBMI	—	++	++	++	++	++	++	++	++
MEFBMI	—	++	++	++	++	++	++	++	++

注：—，不溶；＋，加热溶解；＋＋，溶解（≥100mg/mL）。

5.1.4　芳酯型 FBMI 固化物的化学结构

图 5.10 为 PEFBMI 和 MEFBMI 单体固化物的 FT-IR 谱图。与 FBMI 单体的 FT-IR 谱图（图5.6）相比，$3100cm^{-1}$ 和 $698cm^{-1}$ 附近的吸收峰明显消失，

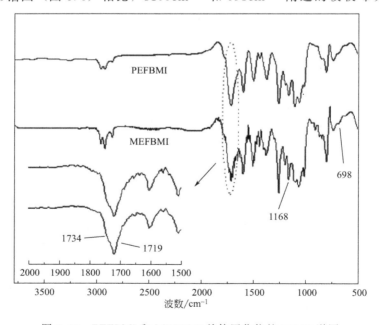

图 5.10　PEFBMI 和 MEFBMI 单体固化物的 FT-IR 谱图

说明固化物中酰亚胺环中的双键已基本反应完全；此外，1734cm^{-1} 和 1719cm^{-1} 附近表征酯键羰基和酰亚胺环中羰基的两个伸缩振动峰依然存在，说明热固化过程中酯键和酰亚胺环结构没有被破坏。

5.1.5 芳酯型 FBMI 玻璃布复合物的动态力学性能

本小节采用 DMA 法评估了 PEFBMI 和 MEFBMI 两种单体玻璃布复合物的动态黏弹特性。图 5.11 和图 5.12 分别为 PEFBMI 和 MEFBMI 玻璃布复合物固化后的储能模量（G'）及损耗因子（tan δ）随温度变化趋势图。从图 5.11 中可见，玻璃态时，MEFBMI 单体玻璃布复合物的储能模量一直处于较低水平，300℃开始下降；而 PEFBMI 单体玻璃布复合物的储能模量在 200℃ 以下快速下降，后趋于平缓，在整个测试区间内（50～390℃），没有出现完整的玻璃化转变。玻璃态时，聚合物网链的储能模量主要受到分子链段次级松弛的影响。MEFBMI 单体中的甲基取代基使聚合物网络的堆砌密度和交联密度降低，大分子链间距离的加大又削弱了分子链间的范德华力，几方面原因共同作用使分子链段的次级运动能力增强，因此在玻璃态时，MEFBMI 单体玻璃布复合物的储能模量始终处于较低水平；进入橡胶态后，体系温度升高，固化物网链的松弛部分被激活，甲基的运动能力增强，在体系当中起到了类似于小分子增塑剂的作用，因此固化物的网络进一步松弛，储能模量快速降低。

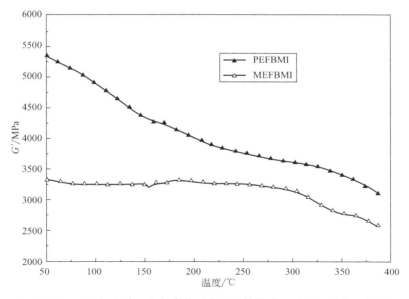

图 5.11　BMI 树脂玻璃布复合物固化后的储能模量随温度变化趋势图

PEFBMI 单体固化物内部分子链的堆砌相对紧密，链段需要在更高的温度下才能发生运动，因此在测试温度范围内（50～390℃）其储能模量温度谱中没有出现完整的玻璃化转变。200℃以下，PEFBMI 单体玻璃布复合物的储能模量快速下降的原因可能是固化物网链中存在较多的极性羰基，低温时体系内部由于链段堆砌较为紧密，大分子链间存在着一定强度的排斥力。随着温度的升高，分子链段发生次级松弛以减小这种作用力，聚合网络的堆砌密度下降，因此储能模量快速下降。

从图 5.12 中可见，在整个测试温度范围内（50～390℃），PEFBMI 单体玻璃布复合物的损耗峰峰值没有达到最高点，说明其 T_g 高于 390℃；而 MEFBMI 单体玻璃布复合物的 T_g 为 349.2℃，同时在 100～200℃ 之间存在着一个由聚合物网链的次级转变引起的小峰。MFBMI 单体中存在的两个甲基，降低了其固化物网络的堆砌密度和交联密度，导致体系中的链段运动能力增强，在较低温度下即可被激发，因此其玻璃布复合物的 T_g 低于 PEFBMI 单体玻璃布复合物。

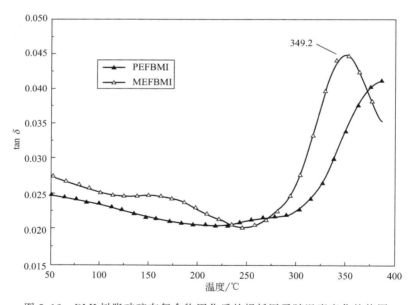

图 5.12　BMI 树脂玻璃布复合物固化后的损耗因子随温度变化趋势图

5.1.6　芳酯型 FBMI 固化物的热稳定性

图 5.13 为两种 BMI 单体固化物的动态 TGA 和 DTG 图（10℃/min）。表 5.6 列出了热失重各阶段的特征温度 $T_{5\%}$、$T_{10\%}$、$T_{20\%}$、T_{max} 及固化物在

600℃时的 RW。由图 5.13 和表 5.6 可知，两种 BMI 单体固化物均具有良好的热稳定性和较高的 RW，$T_{5\%}$ 都超过 410℃，并且 RW 均超过 55%。两种单体的分子结构主要是由具有优异耐热性的芴基 Cardo 环和芳杂环结构组成，因此单体固化物表现出良好的热稳定性。此外，MEFBMI 单体固化物的各项热性能指标均低于 PEFBMI 单体，这主要是由于 MEFBMI 单体中存在着热稳定性较差的甲基取代基。

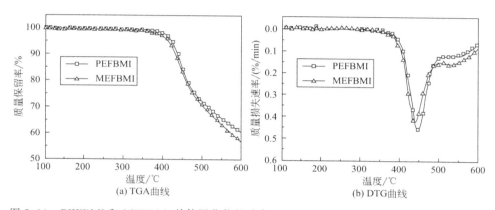

图 5.13　PEFBMI 和 MEFBMI 单体固化物的动态 TGA（a）和 DTG（b）曲线（10℃/min）

表 5.6　PEFBMI 和 MEFBMI 单体固化物的热失重各阶段的特征温度及固化物在 600℃时的 RW

样品	$T_{5\%}/℃$	$T_{10\%}/℃$	$T_{20\%}/℃$	$T_{max}/℃$	RW/%
PEFBMI	423.1	438.7	462.2	447.5	60.8
MEFBMI	415.6	431.9	457.3	426.3	57.2

5.1.7　芳酯型 FBMI 固化物的吸湿行为

图 5.14 为两种单体固化物在沸水中水煮 24h 内的吸水率随时间变化曲线。随着水煮时间的延长，两种 BMI 单体固化物的吸水率均先快速增加然后趋于平稳，二者表现出相似的变化趋势。MEFBMI 单体固化物的吸水率要高于 PEFB-MI 单体，水煮 15h 后，MFBMI 固化物的吸水率约为 3.3%，而 PFBMI 单体为 2.8% 左右。甲基的存在，破坏了固化物中分子链的紧密堆砌，使 MEFBMI 单体固化物内部的自由体积增加，更有利于水分子的扩散，因此其吸水率高于 PEFBMI 单体固化物。

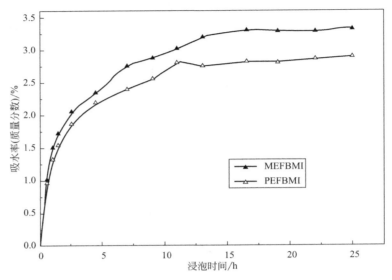

图 5.14　PEFBMI 和 MEFBMI 固化物在沸水中水煮 24h 内的吸水率随时间变化曲线

5.2　芳醚型 FBMI 单体的合成与性能 [5]

由上节对芳酯型 FBMI 的性能研究可知，将芴基 Cardo 环引入到 BMI 分子中能够显著改善单体溶解性，同时单体固化物依然保持着优异的耐热性和热稳定性。但是由于酯键的内旋转性较差导致芳酯型 FBMI 分子骨架僵硬、熔点较高（大于 150℃）、熔融加工窗口窄（仅为 30℃ 左右）。醚键具有良好的自旋性，如将其替代酯键引入到 BMI 分子中，有望降低单体的熔点，进而拓宽 FBMI 的熔融加工窗口。因此本小节主要研究内容是合成表征含芴基 Cardo 环和醚键结构 BMI 单体（PFBMI 和 MFBMI）及其性能。

5.2.1　芳醚型 FBMI 单体的合成与表征

含芴基 Cardo 环和醚键结构新型 BMI 单体的合成由四步反应组成 [5,6]：①9,9-双（4-羟基苯基）芴［或 9,9-双（4-羟基-3-甲基苯基）芴］首先在碱性催化剂的作用下，与对氯硝基苯发生亲核取代反应制备二硝基化合物；②以 Pd/C 为催化剂，水合肼提供氢源，乙醇作为反应溶剂，将二硝基化合物还原成二氨基化合物；③以丙酮作为溶剂，二氨基化合物与顺丁烯二酸酐在室温下反应生成马来酰亚胺酸；④以三乙胺和乙酸钠作为共催化剂，乙酸酐作为脱水剂，双马来酰亚胺酸脱水环化生成 BMI 单体。具体的反应路线如图 5.15 所示。

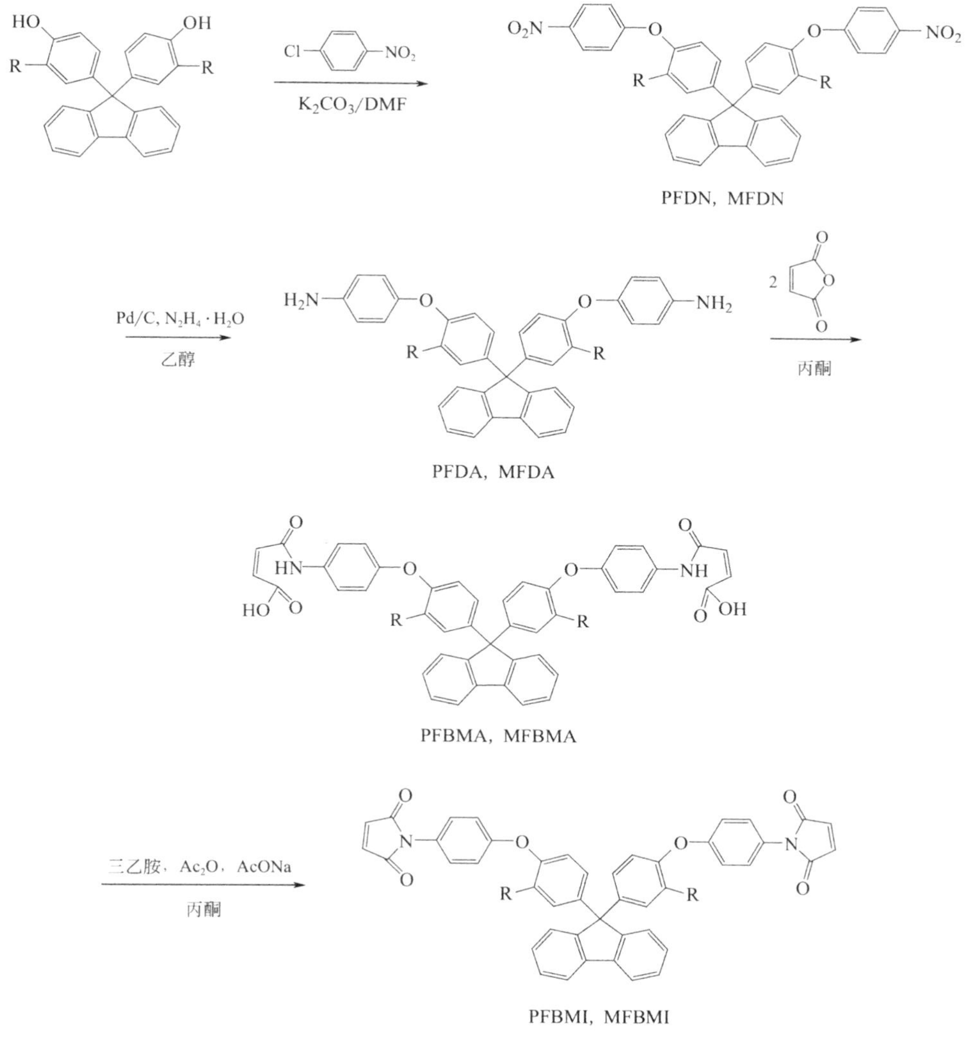

图 5.15 芳醚型 FBMI 单体合成路线

PFDN，PFDA，PFBMA，PFBMI：R＝H；PFDN，PFDA，PFBMA，PFBMI：R＝CH₃

5.2.1.1　二硝基化合物的合成与表征

（1）二硝基化合物的合成（PFDN、MFDN）

如图 5.15 所示，PFBMI 和 MFBMI 单体是由 9,9-双(4-羟基苯基)芴及其衍生物 9,9-双(4-羟基-3-甲基苯基)芴与对氯硝基苯通过 Williamson 醚化反应制得。此反应属于双分子亲核取代反应（SN₂），反应中所用碱的种类取决于羟基的酸性。若是烷基醇类，羟基酸性弱，一般使用较强的碱，如 NaH、KH、二异丙基氨基锂（LDA）、六甲基二硅基氨基锂（LHMDS）等；而针对酚羟基这类强酸性羟基，可使用 Na_2CO_3、K_2CO_3 等较弱的路易斯碱；双酚芴中的酚羟基属于强酸性羟基，因此本实验选择 K_2CO_3 作为催化剂。

此反应的溶剂一般使用 DMF、DMSO 等非质子极性溶剂，若使用乙醇一类的质子极性溶剂，则易于发生卤代烃消除反应，导致醚化反应无法进行。本实验选择 DMF 作为溶剂在回流温度下反应 10h。反应的另外一种试剂对氯硝基苯易挥发，因此在反应过程中，两种二羟基化合物与对氯硝基苯的实际摩尔比选择为 1∶2.1。采用上述方法合成出的两种二硝基化合物 PFDN 和 MFDN 的产率均在 90% 以上。

（2）二硝基化合物的表征

两种二硝基化合物 PFDN 和 MFDN 的元素分析数据列于表 5.7。元素分析结果与理论值表现出良好的一致性。

表 5.7　二硝基化合物元素分析数据表

化合物	分子式	分子量	元素分析	
			理论值	实验值
PFDN	$C_{37}H_{24}N_2O_6$	592	C:74.94%,H:4.05%,N:4.73%	C:74.28%,H:4.07%,N:4.57%
MFDN	$C_{39}H_{28}N_2O_6$	620	C:75.42%,H:4.51%,N:4.51%	C:74.29%,H:4.57%,N:4.48%

图 5.16 是二硝基化合物 PFDN 和 MFDN 的红外光谱图。从图中可见，—NO_2 的对称和不对称伸缩振动吸收峰分别出现在 $1348cm^{-1}$ 和 $1518cm^{-1}$ 附

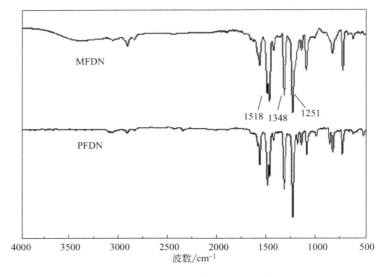

图 5.16　二硝基化合物红外光谱图

近，且具有较高的强度，说明两种化合物中都存在着与苯环相连的硝基基团；1251cm^{-1}附近出现的吸收峰归属于芳醚键的伸缩振动，说明成功将醚键引入到分子中；MFDN 在 2800~3000cm^{-1} 处的吸收峰表明了甲基的存在。这些特征吸收峰的出现说明成功合成了两种二硝基化合物 PFDN 和 MFDN。

图 5.17 是二硝基化合物 PFDN 和 MFDN 的 ^{1}H NMR 谱图和相应的归属。PFDN 结构对称，易于分析。通过对 PFDN 分子结构的分析可知，其分子中存在着八种不同类型的质子氢。由于硝基的强拉电子效应，与其直接相连的苯环中氢 h 受到的去屏蔽效应最大，因此它的共振吸收峰出现在最低场；氢 b 和氢 d 的化学位移近似，共振吸收峰发生重叠，因此在 PFDN 氢核磁谱图中出现了七个较为明显的质子谱带区域（δ）：8.18（d，4H，$J = 8.8$Hz，ArH），7.81（d，2H，$J = 7.6$Hz，ArH），7.42（m，4H，ArH），7.43（d，4H，$J = 7.6$Hz，ArH），7.27（d，4H，$J = 8.0$Hz，ArH），7.00（d，4H，$J = 9.2$Hz，ArH），6.95（d，4H，$J = 8.4$Hz，ArH）。与醚键相连的苯环中，氢

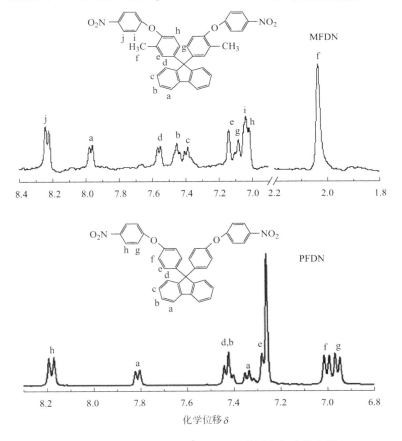

图 5.17　二硝基化合物 ^{1}H NMR 谱图和相应的归属

g 和氢 f 两个质子处于相似的化学环境，核外电子云密度近似，所以这两个氢的化学位移非常接近。芴环中的氢 a 处在大芳香共轭环的 4 位上，受到了较强的去屏蔽作用，因此该氢的共振吸收峰也出现在低场。

MFDN 单体分子中的甲基破坏了单体分子结构的对称性，所以它的氢核磁谱图较 PFDN 单体的更为复杂。MFDN 分子中包含十种不同类型的质子氢。与醚键直接相连苯环的两个质子氢 h 和氢 i 所处的化学环境类似，所以这两个氢的共振吸收峰发生了重叠。由于甲基的影响，芴基 Cardo 环中苯环上的氢 b 和氢 d 两个质子的共振吸收峰得以分开，甲基质子的共振吸收峰出现在最高场，因此 MFDN 的氢核磁谱图中出现了较为明显的九个质子共振谱带（δ）：8.22（d，4H，$J=9.2$Hz，ArH），7.96（d，2H，$J=7.6$Hz，ArH），7.55（d，2H，$J=7.2$Hz，ArH），7.45（t，2H，$J=7.2$Hz，ArH），7.38（d，2H，$J=6.0$Hz，ArH），7.14（s，2H，ArH），7.09（d，2H，$J=7.2$Hz，ArH），7.04（m，6H，ArH），2.03（s，6H，Ar—CH_3）。

两种二硝基化合物 PFDN 和 MFDN 的 ^{1}H NMR 谱图上谱峰的强度、数目以及峰型与理论预测值吻合，且谱图中没有出现明显杂峰，说明成功合成了两种二硝基化合物，且产物纯度较高。

5.2.1.2　二氨基化合物的合成与表征

（1）二氨基化合物的合成（PFDA、MFDA）

二氨基化合物是以 Pd/C 作为催化剂，水合肼提供氢源，乙醇为溶剂，在回流条件下还原二硝基化合物制得。通过这种方法，二硝基化合物可被高效率的还原成二氨基化合物；选择乙醇作为溶剂，后处理非常简便。反应结束后趁热过滤除去催化剂，滤液浓缩后自然冷却，即有白色的二氨基化合物晶体析出。按照此方法制备的两种二氨基化合物 PFDA 和 MFDA 的产率均超过 90%。

（2）二氨基化合物的表征

两种二氨基化合物 PFDA 和 MFDA 的元素分析数据见表 5.8。元素分析结果与理论值表现出良好的一致性。

表 5.8　二氨基化合物元素分析数据表

化合物	分子式	分子量	元素分析	
			理论值	实验值
PFDA	$C_{37}H_{28}N_2O_2$	532	C:74.49%,H:4.69%,N:4.69%	C:74.18%,H:4.75%,N:4.61%
MFDA	$C_{39}H_{32}N_2O_2$	560	C:83.50%,H:5.71%,N:4.99%	C:83.43%,H:5.52%,N:4.97%

图 5.18 为两种二氨基化合物 PFDA 和 MFDA 的红外光谱图。在 $1348cm^{-1}$ 和 $1518cm^{-1}$ 附近归属于—NO_2 的对称和不对称伸缩振动吸收峰已完全消失，在 $1500cm^{-1}$ 附近只出现了归属于苯环的振动吸收峰；同时，$3429cm^{-1}$、$3371cm^{-1}$ 和 $1620cm^{-1}$ 处出现了—NH_2 的特征吸收峰；MFDA 中同样在 $2800\sim3000cm^{-1}$ 处出现了吸收峰，表明甲基的存在；两种二氨基化合物在 $1250cm^{-1}$ 附近芳醚键的伸缩振动吸收峰依然存在。以上这些数据表明，二硝基化合物被完全还原成了二氨基化合物。

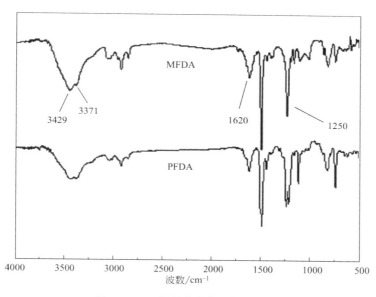

图 5.18　二氨基化合物红外光谱图

图 5.19 为 PFDA 和 MFDA 两种二氨基化合物的氢核磁谱图及相应的归属。与 MFDA 相比，PFDA 结构对称，因此其核磁谱图相对简单。PFDA 的 ^1H NMR 谱图中存在着明显的八个氢质子共振吸收峰（δ）：7.74（d，2H，$J=7.2Hz$，ArH），7.40（m，4H，ArH），7.25（t，2H，$J=7.0Hz$，ArH），7.09（d，4H，$J=8.4Hz$，ArH），6.83（d，4H，$J=8.0Hz$，ArH），6.75（d，4H，$J=8.4Hz$，ArH），6.63（d，4H，$J=8.4Hz$，ArH），3.55（brs，4H，Ar—NH_2）。与 PFDN 的氢核磁谱图相比，二者最大的区别是在 3.55 附近出现了氨基中活泼质子 N—H 产生的弥散峰，说明分子中存在着氨基。由于分子中与苯环连接的硝基被还原成氨基，所以苯环中质子氢的化学环境由拉电子效应转变为供电子效应，PFDA 中的氢质子 h 和 MFDA 中的氢质子 j 均从最低场明显地移到了高场。这也同时说明硝基已完全转化成氨基。

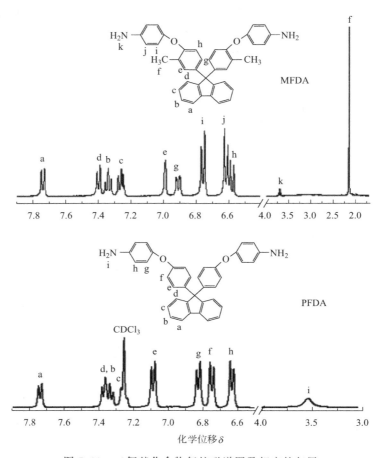

图 5.19　二氨基化合物氢核磁谱图及相应的归属

由于甲基的影响，在 MFDA 单体分子中，芴基 Cardo 环上氢 b 和氢 d 两个质子的共振吸收峰变得较为明显，MFDA 的 ^{1}H NMR 谱图中共出现十一个氢质子的共振吸收峰（δ）：7.54（d，2H，$J=7.6$Hz，ArH），7.40（d，2H，$J=7.6$Hz，ArH），7.34（t，2H，$J=7.2$Hz，ArH），7.25（t，2H，$J=7.2$Hz，ArH），6.98（s，2H，ArH），6.88（s，2H，$J=8.8$Hz，ArH），6.75（d，4H，$J=8.8$Hz，ArH），6.61（d，4H，$J=8.8$Hz，ArH），6.57（d，2H，$J=8.4$Hz，ArH），3.71（br，4H，Ar—NH$_2$），2.15（s，6H，Ar—CH$_3$）。

两种二氨基化合物氢核磁谱图中的谱峰强度、数量以及峰型和理论预测完全吻合，且没有出现明显的杂峰，说明成功地合成了两种二氨基化合物 PFDA 和 MFDA，且目标产物的纯度较高。

5.2.1.3 双马来酰亚胺酸的合成与表征

（1）双马来酰亚胺酸的合成（PFBMA、MFBMA）

如图 5.15 所示，双马来酰胺酸是由二氨基化合物和顺丁烯二酸酐反应制得。此反应活性很高，且反应大量放热，因此需在室温下进行。为保持反应体系温度的稳定，需要调整二氨基化合物的加料速度。为使反应充分进行，顺丁烯二酸酐的用量一般过量 10％ 左右。反应过程中，以丙酮作为溶剂，生成的双马来酰胺酸随着反应的进行不断从反应体系中析出。反应结束后，将沉淀过滤，滤饼经丙酮清洗后，即可得到高纯度的产品。两种双马来酰胺酸 PFBMA 和 MFBMA 的产率均超过 95％。

（2）双马来酰亚胺酸的表征

PFBMA 和 MFBMA 的元素分析数据见表 5.9。元素分析结果与理论值表现出良好的一致性。此外，还对两种双马来酰亚胺酸进行了 FT-IR 分析。

表 5.9　双马来酰亚胺酸元素分析数据表

化合物	分子式	分子量	元素分析	
			理论值	实验值
PFBMA	$C_{45}H_{32}N_2O_8$	728	C:74.18％,H:4.40％,N:3.85％	C:74.14％,H:4.42％,N:3.87％
MFBMA	$C_{47}H_{34}N_2O_8$	756	C:74.60％,H:4.50％,N:3.70％	C:74.62％,H:4.47％,N:3.73％

图 5.20 是 PFBMA 和 MFBMA 的红外光谱图。从 FT-IR 谱图上可见，

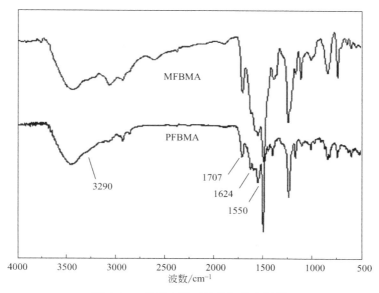

图 5.20　双马来酰亚胺酸红外光谱图

$3429cm^{-1}$ 和 $3371cm^{-1}$ 附近的两个伯胺特征振动吸收峰已完全消失，$3290cm^{-1}$ 附近出现了仲胺的特征振动吸收峰。羧酸羰基和酰胺羰基的振动吸收峰分别出现在 $1707cm^{-1}$ 和 $1624cm^{-1}$ 左右，强度中等。仲酰胺 N—H 的弯曲振动吸收峰出现在 $1550cm^{-1}$ 处。以上这些特征峰的出现说明二氨基化合物和顺丁烯二酸酐已完全反应生成了双马来酰亚胺酸。

5.2.1.4 芳醚型 FBMI 单体的合成与表征

（1）芳醚型 FBMI 单体的合成（PFBMI，MFBMI）

合成方法参见 4.1.1.4。两种 BMI 单体的产率均在 85％以上。

（2）芳醚型 FBMI 单体的表征

PFBMI 和 MFBMI 单体的元素分析数据见表 5.10。元素分析结果与理论值表现出良好的一致性。此外，还对两种单体进行了 FT-IR、^{1}H NMR 和 ^{13}C NMR 的分析。

表 5.10　PFBMI 和 MFBMI 单体元素分析数据表

化合物	分子式	分子量	元素分析	
			理论值	实验值
PFBMI	$C_{45}H_{28}N_2O_6$	692	C:77.96％,H:4.04％,N:4.04％	C:77.90％,H:4.00％,N:4.01％
MFBMI	$C_{47}H_{32}N_2O_6$	720	C:78.26％,H:4.44％,N:3.89％	C:78.31％,H:4.34％,N:3.95％

图 5.21 为 PFBMI 和 MFBMI 单体的红外光谱图。从图中可见，$1715cm^{-1}$ 处出现了马来酰亚胺环中羰基的特征伸缩振动峰；同时 $3100cm^{-1}$、$1396cm^{-1}$

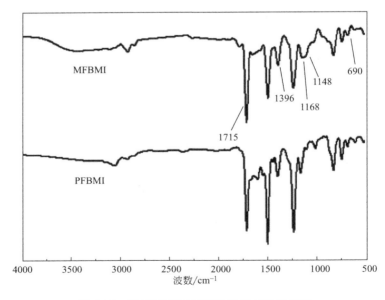

图 5.21　PFBMI 和 MFBMI 单体红外光谱图

和 1168cm^{-1} 处出现了归属于 C—H、C—N 和 C—N—C 的伸缩振动吸收峰，说明形成了酰亚胺环；3060cm^{-1} 和 1500cm^{-1} 附近的峰归属于 C—C 和 C—H 伸缩振动；690cm^{-1} 出现了酰亚胺环中不饱和双键的伸缩振动峰。此外，MFBMI 单体的红外光谱图中在 2924cm^{-1} 和 2858cm^{-1} 两处存在着甲基的对称和非对称伸缩振动峰；羰基的泛频峰出现在 3450cm^{-1} 处。以上这些特征峰的出现都说明成功合成了 PFBMI 和 MFBMI 单体。

图 5.22 和图 5.23 分别为 PFBMI 和 MFBMI 单体的^{1}H NMR 谱图和^{13}C NMR 谱图及各共振吸收峰的归属。PFBMI 和 MFBMI 单体的^{1}H NMR 谱图与二硝基化合物及二氨基化合物的^{1}H NMR 谱图近似，区别仅在于两种单体各自的谱图在 6.8~6.9 之间出现了归属于酰亚胺环中不饱和双键质子氢的吸收峰。由于末端基团的电子诱导效应发生改变，导致相邻质子氢的化学位移发生了有规律的变化。

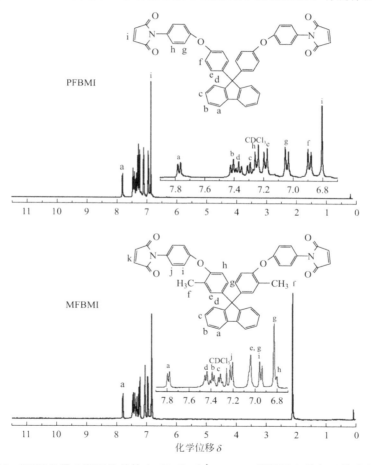

图 5.22　PFBMI 及 MFBMI 单体在 CDCl$_3$ 中^{1}H NMR 谱图及各共振吸收峰的归属

PFBMI 单体的氢核磁谱图中出现了九条谱带（δ）：7.77（d，2H，J = 7.6Hz，ArH），7.40（t，2H，J = 6.2Hz，ArH），7.36（d，2H，J = 6.8Hz，ArH），7.30（t，2H，J = 6.6Hz，ArH），7.26（d，4H，J = 4.0Hz，ArH），7.18（d，4H，J = 8.8Hz，ArH），7.04（d，4H，J = 9.2Hz，ArH），6.90（d，4H，J = 8.8Hz，ArH），6.82（s，4H，H—C = C—H）。PFBMI 单体的碳核磁谱图共出现十七条共振谱带（δ）：64.66、119.08、119.19、120.42、126.08、126.21、127.71、127.77、127.97、129.68、134.31、140.13、141.39、151.26、155.48、156.95、169.73（C = O，酰亚胺）。共振谱带的数目与理论分析一致。

由于甲基的影响，MFBMI 单体中与芴基 Cardo 环直接相连的苯环中氢 e 和氢 g 的化学位移非常接近，共振吸收峰发生了重叠；氢 h 和氢 k 两个质子的共

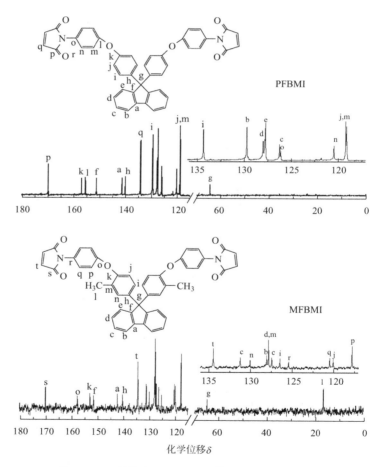

图 5.23   PFBMI 及 MFBMI 单体在 CDCl$_3$ 中的 ^{13}C NMR 谱图及各共振吸收峰的归属

振吸收峰也发生了重叠，因此 MFBMI 单体的氢核磁谱图出现了较为明显九条谱带（δ）：8.28（d，4H，$J = 7.2$Hz，ArH），7.78（d，2H，$J = 6.0$Hz，ArH），7.63（d，2H，$J = 7.6$Hz，ArH），7.39（m，4H，ArH），7.29（d，4H，$J = 6.0$Hz，ArH），7.10（m，4H，ArH），7.01（d，2H，$J = 8.0$Hz，ArH），6.88（s，4H，$H-C=C-H$），2.11（s，6H，Ar$-CH_3$）。MFBMI 分子的 ^{13}C 核磁谱图中，碳 d 和碳 m 两条共振谱带的化学位移非常接近，只有放大才能分开，因此 MFBMI 的碳核磁谱图共出现十九条较为明显的共振谱带（δ）：16.67、64.84、117.74、120.11、120.51、125.44、126.48、127.47、127.85、128.08、130.05、131.24、134.46、140.32、142.32、151.50、152.93、157.75、169.95（$C=O$，酰亚胺）。共振谱带的数目与理论分析一致。

根据两种 BMI 单体 ^1H NMR 和 ^{13}C NMR 谱图的分析可以确定成功合成了含芴基 Cardo 环和醚键结构的 BMI 单体 PFBMI 和 MFBMI，且具有较高的纯度。

5.2.2　芳醚型 FBMI 单体的溶解行为

表 5.11 列出了两种含芴基 Cardo 环和醚键结构 BMI 单体的溶解性能。从表中结果可见，两种单体在普通的有机溶剂如丙酮、氯仿、二氯甲烷、四氢呋喃、二甲基亚砜、N,N-二甲基亚酰胺和 N-甲基吡咯烷酮中都表现出了优异的溶解性能。单体溶解性的提高主要受到两方面因素的影响。一方面，芴基 Cardo 环引入到 BMI 单体分子中破坏了分子结构的对称性，降低了分子溶解的自由能；另一方面，醚键是柔性连接链，将其引入到单体分子中能显著降低分子链段内旋转的阻力，因此单体的结晶性降低，溶解能力增大。单体能够溶解在丙酮和氯仿等低沸点有机溶剂中，预示着单体具有优异的加工性能。

表 5.11　**PFBMI 和 MFBMI 单体溶解性能**

单体	乙醇	丙酮	甲苯	二氯甲烷	氯仿	四氢呋喃	N,N-二甲基甲酰胺	二甲基亚砜	N-甲基吡咯烷酮
PFBMI	－	＋＋	＋＋	＋＋	＋＋	＋＋	＋＋	＋＋	＋＋
MFBMI	－	＋＋	＋＋	＋＋	＋＋	＋＋	＋＋	＋＋	＋＋

注：－，不溶；＋，加热溶解；＋＋，溶解（$\geqslant 100$mg/mL）。

5.2.3　芳醚型 FBMI 单体的固化行为

图 5.24 为两种单体 PFBMI 和 MFBMI 的动态 DSC 曲线图（10℃/min）。从 DSC 曲线得到的两种单体的固化特征温度 T_m、T_i、T_p 和固化反应焓 ΔH 分别

列于表 5.12。从 DSC 曲线及表 5.12 可知，PFBMI 单体和 MFBMI 单体的熔点分别为 129.9℃和 125.3℃，均比 MBMI 的熔点下降了 20℃以上。醚键的自旋转性好，将其引入到单体分子中增强了分子的内旋转能力；同时，大体积的芴基 Cardo 环破坏了 BMI 分子的对称性，降低了分子间的作用力，两方面共同作用致使两种单体的熔点明显降低。MFBMI 单体的熔点稍低于 PFBMI 单体，这是由于 MFBMI 单体分子中的甲基影响。甲基的存在降低了 BMI 单体结晶的完善程度，因此 MFBMI 单体熔点稍低。两种单体的固化反应放热峰出现在 $180\sim350$℃之间，这是由酰亚胺环中的双键聚合反应放热产生；单体的熔融加工窗口（$T_i - T_m$）均超过 65℃，熔融加工窗口越宽，说明单体的加工性能越好，取代基的存在，使单体的熔融加工窗口被进一步拓宽。但因取代基体积较小，窗口温度范围变化较小。

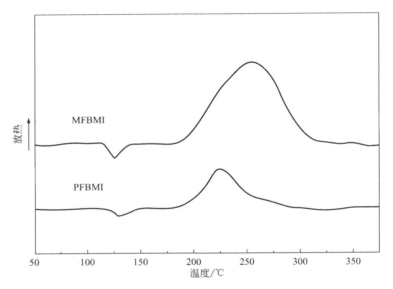

图 5.24　PFBMI 和 MFBMI 单体动态 DSC 曲线（10℃/min）

表 5.12　PFBMI 和 MFBMI 单体动态 DSC 特征数据

样品	T_m/℃	T_i/℃	T_p/℃	($T_i - T_m$)/℃	ΔH/(J/g)
PFBMI	129.9	196.4	225.3	66.5	62.2
MFBMI	125.3	194.2	255.8	68.9	79.8

　　两种单体的固化行为类似，但 MFBMI 单体的固化反应热要明显高于 PFB-MI 单体。这可能是因为甲基取代基的存在，降低了 MFBMI 分子链间的相互作

用力；MFBMI 单体的熔点低于 PFBMI 单体，相同温度下，MFBMI 体系具有更低的黏度，活性反应基团受到的扩散阻力减小，运动能力增强，因此双键反应活性增大。MFBMI 单体的聚合反应放热大于 PFBMI 单体，因此其具有更高的反应活性。

BMI 单体的固化过程存在着一系列的基元反应，因而只有采用动态的方法才能更好地反映固化反应过程的机理。Kissinger 法和 Ozawa 法计算简便，可计算固化反应的活化能、指前因子等动力学参数，因此适用于大多数的树脂固化过程[7-10]。反应级数则通过 Crane 方程[11]进行了计算。

三种计算方法的相关方程如式（5.1）、式（5.2）和式（5.3）所示。

Kissinger 方程：
$$d\left(\frac{\beta}{T_p^2}\right) = -\frac{E_a}{RT_p} + \ln\frac{AR}{E_a} \tag{5.1}$$

Ozawa 方程：
$$\frac{d\ln\beta}{d\left(\frac{1}{T_p}\right)} = -1.052\frac{E_a}{R} \tag{5.2}$$

Crane 方程：
$$\frac{d\ln\beta}{dT_p} = -\left(\frac{E_a}{nR} + 2T_p\right) \tag{5.3}$$

式中，β 为升温反应速率；T_p 为固化反应放热峰峰值温度；R 为摩尔气体常数；A 为指前因子；E_a 为固化反应活化能。

本实验采用非等温 DSC 法考察了 PFBMI 和 MFBMI 两种单体的固化反应过程，升温速率分别为 5℃/min、10℃/min、15℃/min 和 20℃/min，相应的 DSC 曲线如图 5.25 所示。非等温固化反应测试得到的相应的固化特征温度数据列于表 5.13。

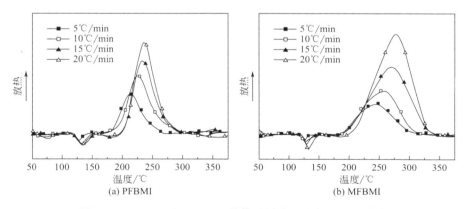

图 5.25　PFBMI 和 MFBMI 单体不同升温速率下 DSC 曲线

表 5.13　PFBMI 和 MFBMI 单体非等温 DSC 固化特征温度

$\beta/(℃/min)$	PFBMI			MFBMI		
	$T_i/(℃/min)$	$T_p/(℃/min)$	$T_f/(℃/min)$	$T_i/(℃/min)$	$T_p/(℃/min)$	$T_f/(℃/min)$
5	188.3	214.2	244.8	189.5	242.5	295.6
10	196.4	225.3	254.4	194.2	255.8	312.3
15	201.6	232.6	262.8	198.4	268.8	322.9
20	206.8	236.1	269.9	208.5	277.1	327.4

采用 Kissinger 方程和 Ozawa 方程，分别以 $\ln(\beta/T_p^2)$ 和 $\ln\beta$ 对 $1/T_p$ 作动力学关系图，结果如图 5.26 所示。根据拟合出直线的斜率分别计算出两种单体的固化反应活化能及指前因子，所得数据列于表 5.14。

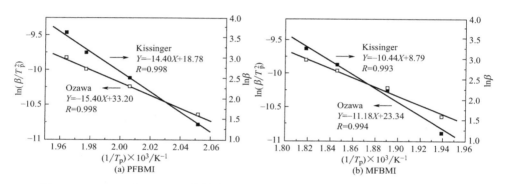

图 5.26　PFBMI 和 MFBMI 单体基于 Kissinger 方程及 Ozawa 方程的动力学关系

表 5.14　PFBMI 和 MFBMI 单体非等温固化动力学特征数据

动力学参数	PFBMI		MFBMI	
	Kissinger	Ozawa	Kissinger	Ozawa
活化能 $E_a/(kJ/mol)$	119.7	121.7	84.05	88.36
指前因子 A/s^{-1}	$2.06×10^{12}$		$6.64×10^{7}$	
反应级数 n	0.94	0.95	0.91	0.95

两种方法计算出 PFBMI 单体的固化反应活化能分别为 119.7kJ/mol 和 121.7kJ/mol；而 MFBMI 单体的固化反应活化能分别为 84.05kJ/mol 和 88.36kJ/mol，低于 PFBMI 单体，同时其指前因子 A 也较 PFBMI 单体小 5 个数量级。固化反应的难易直接取决于固化反应活化能的大小，单体只有吸收了高于固化反应活化能的能量后，才能发生固化反应[12]，因此可见 MFBMI 单体的固化反应活性要大于 PFBMI 单体，这与 DSC 研究所得结论一直。两种单体固化反应活化能的区别主要因为 MFBMI 单体熔点低，同时甲基的存在降低了分

子间作用力，相同温度下体系黏度更低，更有利于活性基团运动。通过 Crane 方程计算出两种单体的固化反应级数接近为一级。

5.2.4　芳醚型 FBMI 固化物的化学结构

对两种 BMI 单体的固化物进行了元素分析，其结果列于表 5.15。由表 5.15 中单体固化物的元素分析结果可知，单体固化后，固化物中 C、H、N 三种元素的含量与单体中这三种元素的含量相差较小，这说明单体在固化过程中无分解反应发生，没有释放原子，固化反应仅仅是发生在马来酰亚胺环中的双键部分，属于双键加成反应[13]，因此单体固化物的元素分析结果与单体分子的元素分析结果非常接近，各元素含量基本保持稳定。

表 5.15　PFBMI 和 MFBMI 单体固化物的元素分析

元素	PFBMI		MFBMI	
	单体	固化物	单体	固化物
C	77.90	77.81	78.31	78.23
H	4.00	3.94	4.34	4.28
N	4.01	4.06	3.95	4.01

图 5.27 为 PFBMI 和 MFBMI 单体固化物的红外光谱图，与未固化单体的 FT-IR 谱图（图 4.21）相比，$3100cm^{-1}$ 和 $690cm^{-1}$ 附近的吸收峰明显消失，说明固化物酰亚胺环中的双键已基本反应完全；此外，$1715cm^{-1}$ 附近酰亚胺环

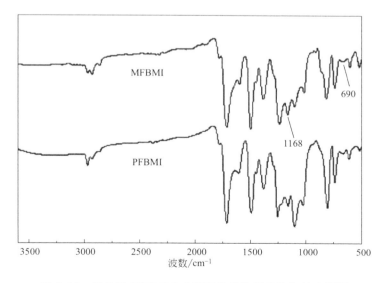

图 5.27　固化后 PFBMI 和 MFBMI 单体固化物红外光谱图

中羰基的伸缩振动峰依然存在，说明固化过程中酰亚胺环结构未被破坏。

5.2.5 芳醚型 FBMI 玻璃布复合物的动态力学性能

图 5.28 和图 5.29 分别为 PFBMI 和 MFBMI 两种单体玻璃布复合物的储能模量（G'）及损耗因子（$\tan \delta$）随温度变化趋势图。从图 5.28 中可见，玻璃态时，MFBMI 单体玻璃布复合物的储能模量低于 PFBMI 玻璃布复合物。这主要是因为，聚合物网链的堆砌密度和交联密度受甲基取代基的影响而降低，网链间距离的加大又削弱了分子之间的相互作用力。进入橡胶态时，网链的松弛部分被激活，甲基运动变得活跃，在树脂内部起到了小分子增塑剂的作用，因此体系储能模量快速下降。PFBMI 单体玻璃布复合物则由于聚合物网链堆砌较为紧密，交联密度大，分子链段运动困难，在整个测试温度范围内（50～390℃）其储能模量随温度变化曲线中未出现明显的玻璃化转变。

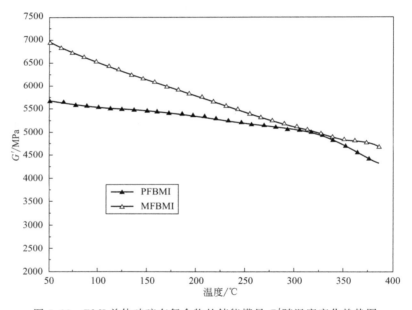

图 5.28　BMI 单体玻璃布复合物的储能模量 G' 随温度变化趋势图

从图 5.29 中可见，PFBMI 的损耗峰峰值也未出现最高点，说明其玻璃布复合物的 T_g 高于 390℃。MFBMI 单体在 200～250℃之间出现一个小的损耗峰，这是由聚合物网络中较小尺寸运动单元的运动所引起的次级转变产生的损耗峰；代表着 T_g 的损耗峰极大值出现在 362.5℃。MFBMI 单体玻璃布复合物的 T_g 小于 PFBMI 单体，这主要是因为 MFBMI 单体中的甲基降低了树脂固化物网络的堆砌密度和交联密度，因此其链段在相对低的温度下即可被激发。

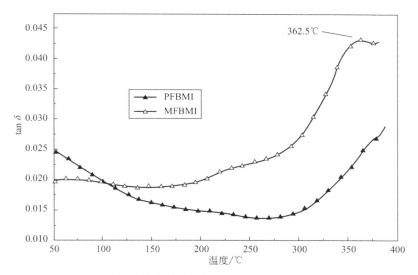

图 5.29　BMI 单体玻璃布复合物的损耗因子 tan δ 随温度变化趋势图

5.2.6　芳醚型 FBMI 固化物的热稳定性

图 5.30 为 PFBMI 和 MFBMI 单体固化物的动态 TGA 和 DTG 图（10℃/min）。表 5.16 列出了热失重的特征温度 T_d、$T_{5\%}$、$T_{10\%}$、T_{max} 及固化物在 600℃时的残炭量（RW）。由图 5.30 和表 5.16 可知，将芴基 Cardo 环引入到 BMI 分子中，弥补了耐热性稍差的醚键对单体热性能的影响，因此 PFBMI 和 MFBMI 两种单体固化物都表现出优异的热稳定性，T_d 均超过了 408℃。PFBMI 单体固化物的 T_d 达到 424.3℃，RW 为 60.7%；MFBMI 单体固化物的 T_d

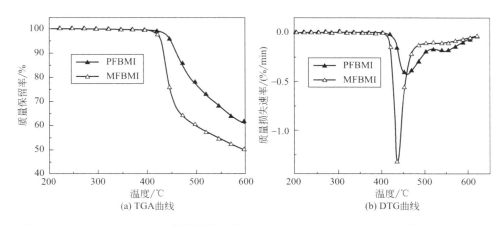

图 5.30　PFBMI 和 MFBMI 单体固化物的动态 TGA（a）和 DTG（b）曲线（10℃/min）

为 408.5℃，RW 为 49.1%。MFBMI 单体固化物的耐热性稍差于 PFBMI 单体，是由于体系中耐热性较差的甲基取代基影响。

表 5.16　PFBMI 和 MFBMI 单体固化物热失重的特征温度及固化物在 600℃时的残炭量数据

样品	$T_d/℃$	$T_{5\%}/℃$	$T_{10\%}/℃$	$T_{max}/℃$	RW/%
PFBMI	424.3	447.2	459.5	457.8	60.7
MFBMI	408.5	428.8	434.7	438.6	49.6

5.2.7　芳醚型 FBMI 固化物的吸湿行为

图 5.31 为两种 FBMI 固化物在沸水中水煮 26h 内吸水率随时间变化曲线。随着水煮时间的延长，PFBMI 和 MFBMI 单体固化物的吸水率均先快速增加然后趋于平缓，表现出相似的变化趋势。MFBMI 单体固化物的吸水率要高于 PFBMI 单体。水煮 15h 后，PFBMI 单体固化物的吸水率在 1.5%左右，而 MFBMI 单体固化物的吸水率在 1.8%左右。MFBMI 单体中的甲基破坏了其固化物中分子链的紧密堆砌，使固化物内部的自由体积增加，更有利于水分子的扩散，因此其吸水率明显高于不带甲基取代基的 PFBMI 单体固化物。

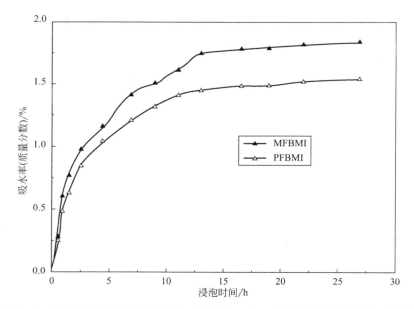

图 5.31　PFBMI 和 MFBMI 固化物在沸水中水煮 26h 的吸水率随时间变化曲线

参考文献

[1] Zhang L Y, Chen P, Na L Y. et al. Synthesis of new bismaleimide monomers based on flu-orene cardo moiety and ester bond: characterization and thermal properties [J]. Journal of Macromolecular Science, Part A: Pure and Applied Chemistry. 2015, 52 (2): 88-95.

[2] 邢其毅. 基础有机化学 [M]. 3 版. 北京: 高等教育出版社, 2005.

[3] Siya R, Richard E E. A general procedure for mild and rapid reduction of aliphatic and aro-matic nitro compounds using ammonium formate as a catalytic hydrogen transfer agent [J]. Tetrahedron Letter, 1964, 25: 3415-3418.

[4] George O. principles of polymerization [M]. 4th ed. John Wiley & Sons, Inc., Hoboken, New Jersey, 2004.

[5] Zhang L Y, Chen P, Gao M B, et al. Synthesis, characterization and curing kinetics of no-vel bismaleimide monomers containing fluorene cardo group and aryl ether linkage [J]. De-signed Monomers and Polymers, 2014, 17 (7): 637-646.

[6] 张丽影, 陈平, 赵小菁, 等. 含芴基及芳醚键结构双马来酰亚胺及其制备方法: CN201310437116. 7 [P]. 2013-12-25.

[7] Kissinger H E. Reaction kinetics in differential thermal analysis [J]. Analytical Chemistry, 1957, 30: 1702-1706.

[8] Kissinger H E. Reaction kinetics in polymer composites [J]. Polymer Science, 1973, 11 (8): 533-540.

[9] Zvetkov V L. Comparative DSC kinetics of the reaction of DGEBA with aromatic diam-ines.: I. non-isothermal kinetic study of the reaction of DGEBA with m-phenylene diamine [J]. Polymer, 2001, 42: 6687-6697.

[10] Ozawa T. A new method of analyzing thermo gravimetric data [J]. Bullten Chemistry, 1965, 38: 1881-1886.

[11] Crane L W, Dynes P J, Kaelble D H. Analysis of curing kinetics in polymer Composites [J]. Journal of Applied Polymer Science: Polymer Letter, 1973, 11 (8): 533-540.

[12] Sastri S B, Keller T M, Kenneth M. Studies on cure chemistry of new acetylenic resins [J]. Macromolecules, 1993, 26 (23): 6171-6174.

[13] Brown I M, Sandreczki T C. Cross-linking reactions in maleimide and bis (maleimide) polymers: an ESR study [J]. Macromolecules, 1990, 23 (1): 94-100.

第6章

芴Cardo环结构改性双马来酰亚胺树脂的制备及其性能

由第5章内容可知，与芳酯型FBMI相比芳醚型FBMI具有更低的熔点、更宽的熔融加工窗口、更高的反应活性，且其固化物耐热性更高、吸湿率更低等优点。基于此，本章将采用芳醚型FBMI（PFBMI和MFBMI）与DABPA、MBMI进行共聚制备含芴Cardo环结构改性BMI。采用DSC、等温IR、TGA、DMA及万能材料试验机等技术手段研究了改性树脂体系的固化行为、固化机理、热稳定性、动态热力学性能及静态力学性能。

6.1 芳醚型FBMI/DABPA共聚树脂体系

6.1.1 芳醚型FBMI/DABPA树脂的固化行为

图6.1为FBMI/DABPA共聚树脂体系的动态DSC曲线（10℃/min），相应特征温度列于表6.1。其中，三种共聚树脂体系中PFBMI单体与DABPA单体的化学计量比为1:0.87、1:1和1:1.2，分别以PD87、PD100和PD120代表；MD100体系中MFBMI单体与DABPA单体等摩尔比，以MD100代表。图6.1（a）中显示，三种PD共聚树脂表现出相似的固化行为[1-5]：在50～300℃温度范围内，均出现了两个固化放热峰。100～180℃之间出现的小峰是由BMI单体中马来酰亚胺环的双键与DABPA中的烯丙基发生"ene"加反应产生；270℃附近出现的固化反应放热主峰，主要是由"ene"反应、BMI与中间体之间的"Diels-Alder"反应以及BMI单体的自聚反应产生；在300～350℃之间，随着共聚树脂体系中DABPA含量的增加，三种体系DSC曲线中逐渐出现一个肩峰，尤其是PD120体系，这个小峰更为明显，其所处温度为338℃，此峰应由烯丙基发生自聚反应产生。DABPA中的烯丙基是一种非常

稳定的基团，只有在特定的高温下才能发生自聚反应[6,7]。Xiong 等在研究含酰侧基 BMI 单体与 DABPA 共聚时发现，在 340℃ 附近出现了一个小的放热峰[2]；而 Yao 等研究烯丙基化酚醛树脂固化时发现，除 239℃ 的放热峰外在 334℃ 也出现一个放热峰[3]。他们均将这个高温放热峰归因于烯丙基的均聚合反应。对比图 6.1（b）PD100 和 MD100 两种树脂体系的 DSC 曲线发现，PD100 体系在 137℃ 出现了"ene"反应产生的放热峰，而 MD100 体系在此区域出峰不明显；两个体系在高温区域的固化反应放热峰出峰位置相近。为了阐明 MD100 体系低温区域放热峰较小的原因，采用多升温速率 DSC 对 MD100 体系进行测试（图 6.2）。从图 6.2 可见，随着升温速率的增加，低温区域的放热峰越来越明显。当升温速率达 30℃/min 时，在 149.8℃ 出现了一明显的放热峰。由 5.2.3 节单体的固化行为研究可知，MFBMI 比 PFBMI 的反应活性高，导致在 MFBMI/DABPA 预聚的过程中"ene"反应已基本完成。因此在 DSC 测试过程中显现出很弱的热响应。另一方面，MD100 预聚程度大于 PD100 体系，相应地其预聚物黏度也要高于 PD100 体系，这也不利于"ene"反应的进行[2]。

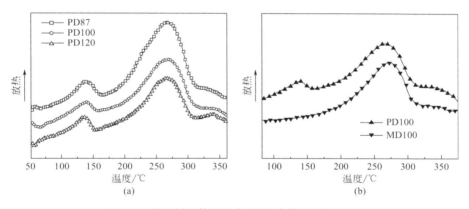

图 6.1　共聚树脂体系动态 DSC 曲线（10℃/min）

表 6.1　共聚树脂体系 DSC 特征温度

样品	T_{p1}/℃	T_{p2}/℃	T_f/℃
PD87	136	266	—
PD100	137	268	—
PD120	135	265	338
MD100	136	269	—

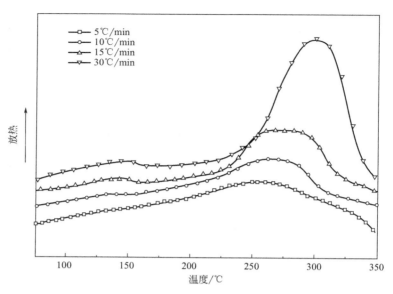

图 6.2　MD100 体系在不同升温速率下的 DSC 曲线

表 6.1 列出了三种 PD 树脂及 MD100 树脂的 DSC 特征温度。从表 6.1 中可见，PFBMI 与 DABPA 配比对"ene"反应的放热峰峰值温度（T_{p1}）及"Diels-Alder"反应放热峰峰值温度（T_{p2}）没有产生明显的影响。

6.1.2　芳醚型 FBMI/DABPA 树脂的固化动力学

热固性树脂的固化反应制约着树脂固化物的强度、模量、玻璃化转变温度等诸多性质，同时固化反应又遵循着反应速率论。研究 BMI 树脂体系的固化反应动力学参数对于深入了解固化反应机理，获得综合性能优异的材料具有十分重要的意义。表观活化能的大小决定着固化反应能否易于进行，只有当参与反应的分子获得大于活化能的能量时，固化反应才能顺利进行；此外，通过反应级数的确定，可粗略估计固化反应的机理。由图 6.1 可知，三种不同摩尔比的 PFBMI/DABPA 共聚树脂表现出类似的固化行为，因此，选择 PD100 体系作为代表来研究共聚树脂体系的固化反应动力学，计算固化反应的表观活化能和反应级数。

图 6.3 为不同升温速率下 PD100 共聚树脂体系的动态 DSC 曲线。随着升温速率的升高，PD100 体系中的两个放热峰都向高温方向移动。不同升温速率下共聚树脂体系的固化反应特征温度列于表 6.2。

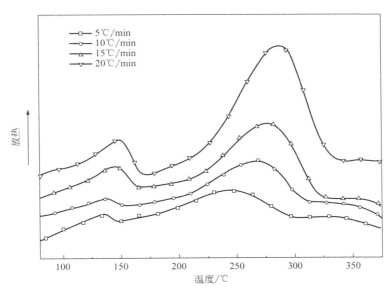

图 6.3 PD100 体系在不同升温速率下的动态 DSC 曲线

表 6.2 PD100 体系不同升温速率下固化反应特征温度

$\beta/(\text{℃}/\text{min})$	$T_{p1}/\text{℃}$	$T_{p2}/\text{℃}$
5	133.2	239.6
10	138.4	268.0
15	143.7	276.9
20	148.7	287.4

　　采用 Kissinger 法和 Ozawa 法对两种共聚树脂体系的表观活化能及指前因子进行计算[8-10]，采用 Crane 法对固化反应级数进行推算[11]。由 Kissinger 方程及 Ozawa 方程可知，$\ln(\beta/T_p^2)$ 对 $1/T_p$ 作图以及 $\ln\beta$ 对 $1/T_p$ 作图都可以得到一条直线，PB100 体系动力学关系如图 6.4 所示，由直线斜率即可求出活化能 E_a。由 $\ln(\beta/T_p^2)$ 对 $1/T_p$ 作图的直线截距求出固化反应的指前因子 A；在已知 E_a 的前提下，根据 Crane 法，$\ln\beta$ 对 $1/T_p$ 直线的斜率可计算出反应级数 n。

Kissinger 方程：
$$\mathrm{d}\left(\frac{\beta}{T_p^2}\right) = -\frac{E_a}{RT_p} + \ln\frac{AR}{E_a} \tag{6.1}$$

Ozawa 方程：
$$\frac{\mathrm{dln}\beta}{\mathrm{d}\left(\dfrac{1}{T_p}\right)} = -1.052\frac{E_a}{R} \tag{6.2}$$

Crane 方程：
$$\frac{\mathrm{d}\ln\beta}{\mathrm{d}T_\mathrm{p}} = -\left(\frac{E_\mathrm{a}}{nR} + 2T_\mathrm{p}\right) \tag{6.3}$$

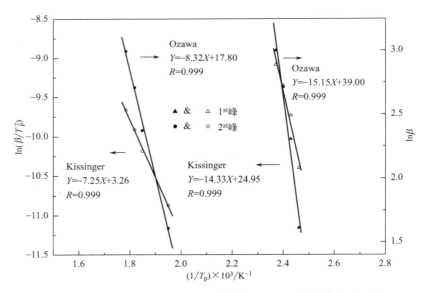

图 6.4 Kissinger 法和 Ozawa 法计算的 PD100 体系动力学关系

利用上述三种方法，计算出 PD100 体系不同固化阶段时的固化反应动力学参数，相应计算结果列于表 6.3。由表 6.3 中的数据可知，采用 Kissinger 法和 Ozawa 法分别计算出的 PD100 体系两个阶段的固化反应活化能非常接近，说明采用这两种动力学方法研究 PD100 共聚树脂体系是合理的。第一阶段固化反应活化能的平均值为 119.4kJ/mol，而其第二阶段固化反应活化能的平均值为 63.01kJ/mol。表观活化能的差异说明两个阶段的反应机理存在着差异。第二阶段的固化反应活化能明显低于第一阶段，说明第二阶段发生的 "Diels-Alder" 反应的反应活性高于第一阶段的 "ene" 反应。"ene" 和 "Diels-Alder" 反应同属 "周环反应"，反应途径非常类似。"Diels-Alder" 反应是双烯中 C═C 双键的加成反应，涉及 C═C 双键中 π 键的断裂，而 "ene" 反应是烯丙基与酰亚胺环中 C═C 双键的反应，涉及 C—Hσ 键的断裂。σ 键是由原子轨道以 "头碰头" 的方式重叠而成，π 键则是通过 "肩并肩" 的方式重叠而成，σ 键因轨道重叠区域更大而更加稳定，使其断裂需克服更高的能垒[3]，因此第一阶段的固化反应活化能大于第二阶段。PD100 体系第一阶段的固化反应活化能接近于 120kJ/mol，大于常见的其他类型 BMI 树脂的固化反应活化能（100kJ/mol）[2]，这可能是由于 PFBMI 单体中存在的大体积芴基 Cardo 环，使单位体积内活性反应性基团的数目减少；同时，单体分子量大，导致共聚树脂体系的黏度增大，活性反应基团的扩散速率下降。两方面原因共同作用使得第一阶段的固化反应活化能增加。

表 6.3　PD100 体系不同固化阶段时的固化反应动力学数据

动力学参数	低温区反应峰		高温区的反应峰	
	Kissinger	Ozawa	Kissinger	Ozawa
活化能 E_a/(kJ/mol)	119.14	119.73	60.27	65.75
指前因子 A/s^{-1}	9.81×10^{11}	—	1.89×10^5	—
反应基数/n	0.95	0.95	0.88	0.95

6.1.3　芳醚型 FBMI/DABPA 树脂的固化机理

通过跟踪等温固化过程中红外光谱特征吸收峰强度的变化，监测固化反应的进程，从而揭示反应机理。本小节以 PD100 体系为例，采用红外光谱法跟踪树脂体系在 140℃、180℃和 200℃等温固化条件下，特征官能团的改变，以确定在相对较低温度下（小于 200℃）共聚树脂体系中可能发生的反应。高于 200℃时，由于固化反应速度过快导致难以捕捉到红外光谱特征峰的变化规律。

图 6.5 为 PD100 体系在固化过程中可能发生的多种化学反应。其中 a 为 PFBMI 单体与 DABPA 发生的"ene"反应；b 为单体与中间体之间发生的"Diels-Alder"反应；c 为单体与 DABPA 发生的交替共聚反应；d 为单体发生的自聚反应；e 为 DABPA 中烯丙基发生的自聚反应；除此之外，还可能存在着烯丙基到丙烯基的异构化反应，以及烯丙基与马来酰亚胺基的"ene"反应等[2]。PD100 体系在不同温度下的等温固化红外光谱跟踪如图 6.6 所示。图 6.6（a）显示的是在 140℃等温固化时，共聚树脂体系的红外光谱随时间变化图。从图中可见，1149.6cm^{-1} 附近代表着马来酰亚胺环中 C—N—C 伸缩振动的吸收峰随聚合时间的增加逐渐变小，3100cm^{-1} 处代表着酰亚胺环不饱和双键中 C—H 键的吸收峰也逐渐消失，说明 PFBMI 单体中马来酰亚胺环发生了反应；997.2cm^{-1} 处代表 DABPA 分子中烯丙基 C—H 伸缩振动的吸收峰也同样随着固化时间的增加而逐渐减小，说明 DABPA 同样随着固化反应时间的延长而逐渐消耗。140℃固化 540min 后，1149.6cm^{-1} 和 997.2cm^{-1} 两处的吸收峰基本消失。而在图 6.6（b）和图 6.6（c）中，这两处吸收峰的变化趋势发生了改变。180℃和 200℃分别固化 240min 和 120min 后，1149.6cm^{-1} 处的吸收峰基本消失，而 997.2cm^{-1} 处的吸收峰依然存在，说明马来酰亚胺基团和烯丙基的消耗并没有同步进行，不符合 1:1 的比例关系。在 180℃和 200℃进行等温固化时，马来酰亚胺基团的消耗速率要高于烯丙基的消耗速率。

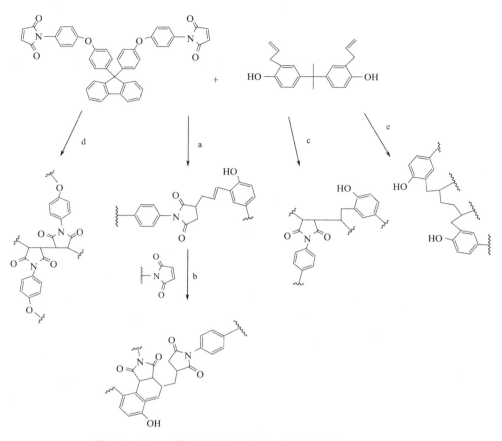

图 6.5　PD100 体系在固化过程中可能发生的多种化学反应

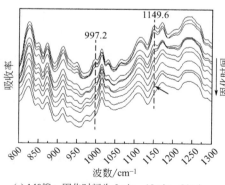

(a) 140℃：固化时间为 0min、10min、30min、60min、120min、180min、240min、300min、360min、420min、480min和540min

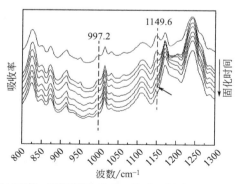

(b) 180℃：固化时间为 0min、10min、30min、60min、120min、180min、240min和300min

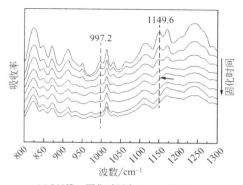

(c) 200℃：固化时间为 0min、10min、
30min、60min、120min、180min、240min和2300min

图 6.6　PD100 树脂等温固化红外光谱跟踪

为了进一步说明这一现象，采用定量的方法考察了这两个特征峰的消耗情况。选用甲基在 $2968cm^{-1}$ 处的吸收峰作为参比，该峰强度适中且不受固化时间的影响，在任意时间 t 时固化反应程度 α 按照式（6.4）计算。

$$\alpha = 1 - (A_r/A_{ref})_t / (A_r/A_{ref})_0 \tag{6.4}$$

式中，$(A_r/A_{ref})_t$ 为固化 t 时间后，追踪峰峰面积与参比峰峰面积的比值；$(A_r/A_{ref})_0$ 为固化起始时刻追踪峰和参比峰峰面积的比值。

图 6.7 为不同温度下共聚树脂体系中马来酰亚胺基团和烯丙基基团的转化率随固化时间变化图。从图中可见，随着固化反应时间的增加，这两种基团的转化率均出现先快速增加，后逐渐趋于平稳的变化趋势。在 180℃ 和 240℃ 固化 240min 和 120min 后，马来酰亚胺基团和烯丙基基团的转化率均可达到 90％ 以上；但在 140℃ 固化 540 min 后，两种基团的转化率仅达到 70％ 左右。

将不同温度下烯丙基基团的转化率对马来酰亚胺基团的转化率作图得到图 6.7（c）。从中可见，在 140℃，二者转化率呈现 1∶1 的线性关系；而在 180℃ 和 200℃，马来酰亚胺基团的转化率明显高于烯丙基基团，温度越高，转化率比值越大于 1。这说明，在 140℃ 时，马来酰亚胺基团与烯丙基基团完全按照 1∶1 的比例发生了共聚反应。而在高于 180℃ 时，PFBMI 单体也发生了一定程度的均聚。

以往研究发现，200℃ 以下双马单体与烯丙基基团主要发生"ene"反应和交替共聚，而 BMI 单体的均聚反应不能发生[2]。但在本节的 PD100 体系中，在 180℃ 和 200℃，马来酰亚胺基团的消耗速率要大于烯丙基基团的消耗速率，说明体系中存在着一定比例的 BMI 单体自聚反应。对 PD100 树脂的 DSC 研究发现，在 340℃ 附近体系存在着一个烯丙基基团自聚产生的小放热峰，这也证明在

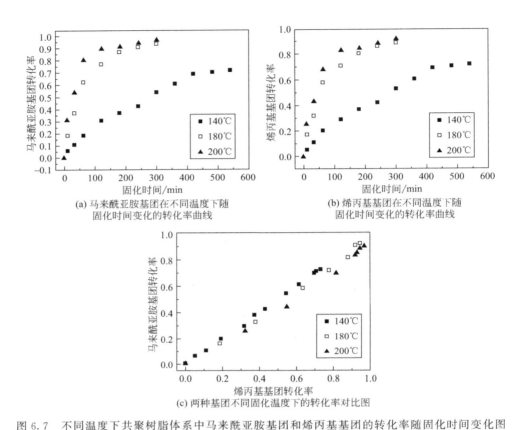

图 6.7　不同温度下共聚树脂体系中马来酰亚胺基团和烯丙基基团的转化率随固化时间变化图

等摩尔比的 PD100 体系中，由于 PFBMI 单体发生了一定程度的自聚反应，因此 DABPA 存在剩余，在高温阶段剩余的烯丙基基团发生了自聚反应。对 PFBMI 单体的固化性质研究时发现，PFBMI 单体具有较高的固化反应活性和较低的固化反应温度，其在不同升温速率下的起始固化反应温度在 188.3℃ 到 206.8℃ 之间，因此低于 200℃ 时，PD100 体系中 PFBMI 单体也发生了自聚反应。

6.1.4　芳醚型 FBMI/DABPA 树脂固化物的动态力学性能[12]

图 6.8 显示了三种 PD 共聚树脂玻璃布复合物的动态黏弹谱。从储能模量曲线得到的各树脂体系在玻璃态（50℃）和橡胶态（330℃）时的 G' 值以及从损耗因子曲线中得到的 $\tan\delta$ 峰值和 T_g 值列于表 6.4。从表 6.4 可见，在三种 PD 共聚树脂体系中，单体过量的 PD87 体系在玻璃态时的 G' 明显高于单体少量的 PD120 体系，说明 PD87 体系的刚性要高于 PD120 体系。PD87 体系中单体

PFBMI 过量，因此 PFBMI 单体除了与 DABPA 发生反应外，还存在着大量的自聚反应，因此其交联密度较大；而在 PD120 体系中，PFBMI 少量，DAPBA 过量，体系中存在着较多由烯丙基自聚产生的较为薄弱的链段；同时由于烯丙基的反应活性较弱，在体系当中依然可能存在着未反应的烯丙基官能团，这两方面原因共同导致 PD120 体系的 G' 小于 PD87 体系。

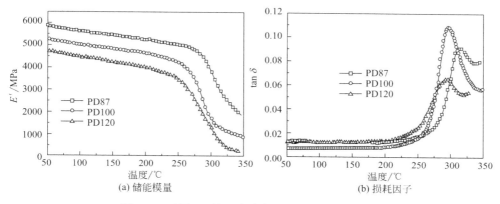

图 6.8　不同 PD 体系玻璃布复合物的动态黏弹谱

表 6.4　不同 PD 树脂体系复合物的 DMA 特征数据

样品	储能模量/MPa		T_g/℃	$\tan\delta$ 峰值
	玻璃态（50℃）	橡胶态（330℃）		
PD87	5857	2364	314	0.09
PD100	5245	1086	296	0.11
PD120	4744	352	293	0.07

　　三种 PD 共聚树脂体系的 T_g 随着 PFBMI 单体含量的增加逐渐增大。其主要原因是，当体系从玻璃态进入高弹态时，聚合物的应力松弛以及链段的运动被激发，在这个过程中，PFBMI 单体中大体积的芴基 Cardo 环对分子链段的运动起到阻碍作用。链段运动受阻，应力松弛延后，单体含量最多的 PD87 体系表现出最高的玻璃化转变温度，T_g 达到 314℃。

　　图 6.9 显示了 PD100 和 MD100 体系的动态黏弹谱。从储能模量曲线得到的各树脂体系在玻璃态（50℃）和橡胶态（320℃）时的 G' 值以及从损耗因子曲线中得到的 $\tan\delta$ 峰值和 T_g 值列于表 6.5。由表 6.5 可知，玻璃态时 MD100 体系的 G' 明显高于 PD100 体系；120℃以上，两种体系的 G' 值大小顺序发生改变，MD100 体系下降的趋势快于 PD100 体系，PD100 体系的 T_g 比 MD100 体系高 7℃。

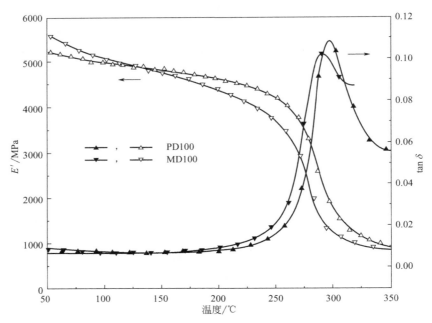

图 6.9　PD100 和 MD100 体系的动态黏弹谱

表 6.5　PD100 和 MD100 玻璃布复合物的 DMA 特征数据

样品	储能模量/MPa		T_g/℃	$\tan\delta$ 峰值
	玻璃态（50℃）	橡胶态（330℃）		
PD100	5245	1189	296	0.11
MD100	5664	970	289	0.10

　　这两种体系最主要的区别在于 MFBMI 单体中存在的两个甲基。当 MD100
体系处于玻璃态时，甲基填充了大体积芴环产生的空隙，因此固化物的堆积密
度增大，网链运动受到阻碍，导致 MD100 共聚树脂固化网络的储能模量大于
PD100 体系；随着温度的升高，共聚树脂网络的松弛部分被激活，甲基的运动
能力增强，起到了类似于小分子增塑剂的作用，使 MD100 体系在较低温度下即
可实现链段的运动，因此 MD100 体系的储能模量快速下降，玻璃化转变温度低
于 PD100 体系。

6.1.5　芳醚型 FBMI/DABPA 树脂固化物的热稳定性[12]

　　图 6.10 为三种 PD 共聚树脂固化物的动态 TGA 和 DTG 曲线（10℃/min）。
表 6.6 列出了热失重的特征温度 $T_{5\%}$、$T_{10\%}$、$T_{20\%}$、T_{max} 及固化物在 600℃时
的 RW。由图 6.10 和表 6.6 可知，随着温度的升高，三种体系的热稳定性差异

越来越明显，PD87 体系表现出最为优异的热稳定性。PFBMI 单体中不含脂肪链，同时还存在着热稳定性极佳的芴基 Cardo 环，因此其热稳定性明显高于DABPA。PD120 体系中由于存在着过量的 DABPA，该分子中存在着热稳定性差的异丙基、亚甲基等基团，因此 PD120 体系可在较低的反应温度下达到与其他两种体系相同的质量损失，热分解温度较低。

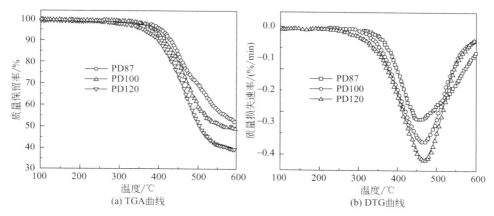

图 6.10 不同 PD 共聚树脂固化物的动态 TGA 和 DTG 曲线

表 6.6 不同 PD 树脂和 MD100 树脂固化物的热失重特征温度及固化物在 600℃ 时的 RW

样品	$T_{5\%}$/℃	$T_{10\%}$/℃	$T_{20\%}$/℃	T_{max}/℃	RW/%
PD87	412	433	461	468	52.4
PD100	396	417	450	472	48.9
PD120	393	411	437	468	39.4
MD100	394	408	424	436	41.3

图 6.11 为 PD100 和 MD100 体系固化物的动态 TGA 和 DTG 曲线（10℃/min）。表 6.6 列出了热失重的特征温度及 600℃ 时的 RW。由表 6.6 可知，PD100 体系的质量损失速率要小于 MD100 体系，虽然 T_{max} 相似，但 $T_{5\%}$ 和 $T_{10\%}$ 均相差了 5℃。MFBMI 单体中存在的甲基取代基使 MD100 体系的热稳定性稍弱于 PD100 体系。

6.1.6 芳醚型 FBMI/DABPA 树脂固化物的吸湿性能

图 6.12 为不同 PD 树脂体系和 MD100 树脂体系固化物在沸水中水煮 36h 内吸水率随时间变化曲线。随着水煮时间的延长，四种共聚树脂固化物的吸水率均先快速增加后趋于水平，表现出相似的变化趋势。PD120 固化物的吸水率高

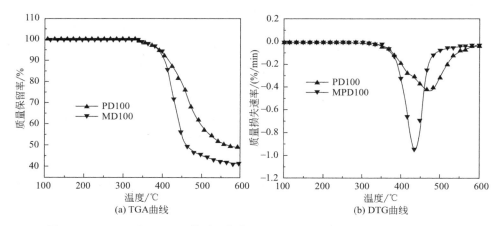

图 6.11　PD100 和 MD100 体系固化物的动态 TGA 和 DTG 曲线 （10℃ /min）

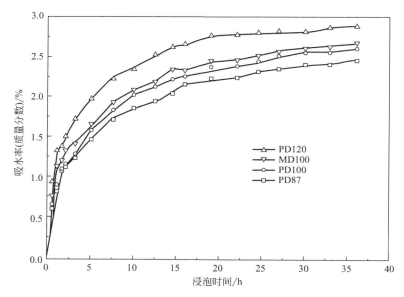

图 6.12　不同 PD 树脂和 MD100 树脂固化物在沸水中水煮 36 h 的吸水率随时间变化曲线

于其余的 PD 树脂体系，这主要是由于在 PD120 体系中，DABPA 过量，亲水基团含量多，因此其吸水率最高。MD100 体系的吸水率稍高于 PD100 体系，是因为在沸水中长时间的浸泡使树脂固化物内部的温度升高，体系中的甲基体积小，其运动能力稍有增强，一定程度上破坏了固化物中分子链的紧密堆砌，使 MD100 固化物内部的自由体积增加，更有利于水分子的扩散，因此其吸水率稍有提高。

6.2 PFBMI/MBMI/DABPA 共聚树脂体系 [12]

本节采用 PFBMI 单体部分替代 MBMI，在设定共聚树脂体系中马来酰亚胺基团与 DABPA 的烯丙基基团摩尔比为 1∶0.87 的条件下，改变 PFBMI 与 MB-MI 两种单体的摩尔比，制备了 PFBMI/MBMI/DABPA 共聚树脂体系。通过 DSC、DMA、TGA、弯曲性能、冲击性能及吸湿性能等的测试，考察 PFBMI 单体含量的改变对共聚树脂体系固化行为、热性能、力学性能以及吸湿性能等的影响。

6.2.1 PFBMI/MBMI/DABPA 树脂的固化行为

图 6.13 显示了 PFBMI/MBMI/DABPA 共聚树脂体系的 DSC 曲线（10℃/min）。从 DSC 曲线中读出的固化特征温度如初始固化温度（T_{i1}、T_{i2}），固化反应放热峰峰值温度（T_{p1}、T_{p2}）以及固化反应终止温度（T_f）等 DSC 特征数据分别列于表 6.7。PFBMI/MBMI/DABPA 体系的固化行为和 PFBMI/DABPA 体系类似，都出现了两个固化放热峰。低温区域放热峰是由马来酰亚胺基团与烯丙基发生的"ene"反应引起，高温区域放热峰由马来酰亚胺基团与中间产物发生"Diels-Alder"反应引起。随着共聚树脂体系中 PFBMI 单体含量的增加，低温区域的固化反应放热峰逐渐向低温方向移动，而高温区域的固化反应放热峰

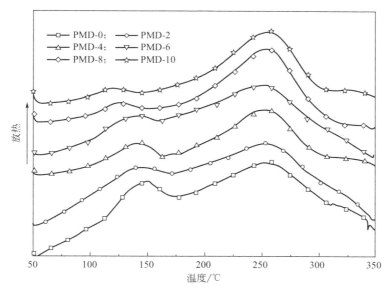

图 6.13　PFBMI/MBMI/DABPA 共聚树脂 DSC 曲线（10℃/min）

则向着相反的方向移动，同时放热峰加宽。这种现象可能是由 PFBMI 单体含量的增加导致体系黏度的增大引起。一方面，高黏度限制了活性反应基团的扩散，使 "ene" 反应提前终止，甚至消失[4]；另一方面，温度升高体系黏度下降，但 PFBMI 分子中大体积的芴基 Cardo 环造成的空间位阻效应也会阻碍活性反应基团的运动，其扩散速率随着 PFBMI 单体含量的增大而逐渐下降，因此固化反应出现滞后现象，高温区域固化反应放热峰逐渐向高温方向移动，并且放热峰变宽。

表 6.7 PFBMI/MBMI/DABPA 树脂 DSC 特征数据

样品	$T_{i1}/℃$	$T_{p1}/℃$	$T_{i2}/℃$	$T_{p2}/℃$	$T_f/℃$
PMD-0	114	150	176	254	320
PMD-2	114	145	171	254	322
PMD-4	113	144	165	255	320
PMD-6	110	141	159	255	321
PMD-8	106	128	148	256	324
PMD-10	104	120	143	255	319

6.2.2 PFBMI/MBMI/DABPA 树脂固化物的动态力学性能

图 6.14 和图 6.15 分别为 PFBMI/MBMI/DABPA 共聚树脂体系固化物的储能模量（G'）及损耗因子（$\tan\delta$）随温度变化关系图。从储能模量曲线得到的各树脂体系在玻璃态（50℃）和橡胶态（330℃）时的 G' 值以及从损耗因子曲线

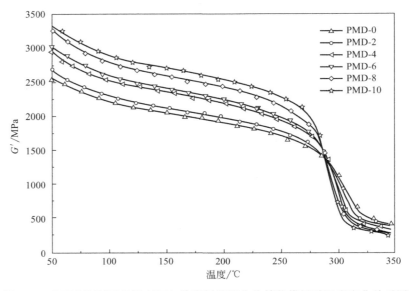

图 6.14 PFBMI/MBMI/DABPA 共聚树脂固化物储能模量随温度变化关系图

中得到的 $\tan \delta$ 峰值和 T_g 值分别列于表 6.8。从图 6.14 及表 6.8 中可见，玻璃态时，共聚树脂固化物的储能模量随 PFBMI 含量的增加而逐渐增大；而在橡胶态时，则出现了相反的变化趋势，随着 PFBMI 含量的增加，储能模量逐渐减小。其主要原因可能是，随着 PFBMI 单体含量的增加，共聚树脂体系中刚性的芴基 Cardo 环链段逐渐增多，体系刚性增强导致储能模量增大；而在橡胶态时，大体积的芴基 Cardo 环会使共聚树脂固化物的形变增大，因此，储能模量随着 PFBMI 含量的增加而减小。

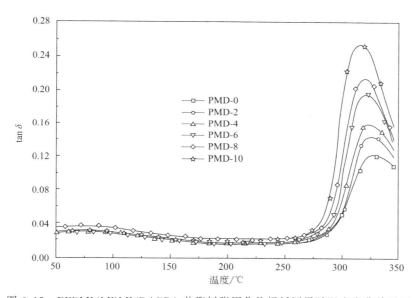

图 6.15　PFBMI/MBMI/DABPA 共聚树脂固化物损耗因子随温度变化关系图

表 6.8　PFBMI/MBMI/DABPA 共聚树脂固化物 DMA 特征数据

样品	储能模量/MPa		T_g/℃	$\tan \delta$ 峰值
	玻璃态（50℃）	橡胶态（330℃）		
PMD-0	2549	482	328	0.12
PMD-2	2688	436	327	0.15
PMD-4	2972	398	327	0.16
PMD-6	3036	365	323	0.19
PMD-8	3284	340	321	0.21
PMD-10	3354	300	317	0.25

由图 6.15 及表 6.8 中可知，所有的共聚树脂体系在升温过程中都只经历了一次玻璃化转变，出现一个损耗峰，它所代表的共聚树脂固化物的 T_g 随 PFB-

MI 单体含量的增加而逐渐减小，同时损耗峰峰值逐渐增大。所有的共聚树脂体系均出现单一的力学损耗峰，表明体系内部形成了均相结构，未发生相分离。当 PFBMI 单体与 MBMI 单体的摩尔比从 0.02∶1 增加到 0.1∶1 时，共聚树脂固化物的 T_g 从 328℃下降到 317℃，损耗峰峰值由 0.12 增加到 0.25，提高了108.3%。PFBMI 单体分子体积较 MBMI 单体大，同时分子链比 MBMI 长，将其引入共聚树脂体系能显著降低树脂固化物的交联密度，分子链段运动时所受阻力减小，运动能力增强，在较低的温度下既可被激发，因此共聚树脂固化物的 T_g 随着 PFBMI 单体含量的增大而降低。损耗峰峰值增大则是因为 PFBMI 含量的增多增大了网链松弛过程的内摩擦力。

6.2.3　PFBMI/MBMI/DABPA 树脂固化物的热稳定性

PFBMI/MBMI/DABPA 共聚树脂固化物的 TGA 和 DTG 曲线（10℃/min）如图 6.16 所示，一些特征分解参数如质量损失 5%、10%、30%时的温度 $T_{5\%}$、$T_{10\%}$、$T_{30\%}$，最大分解温度 T_{max} 以及 600℃时的 RW 等列于表 6.9。从图 6.16 及表 6.9 可见，所有共聚树脂固化物的 $T_{5\%}$ 均超过 415℃。随着 PFBMI 单体含量的增加，热分解速率逐渐下降。所有体系的 DTG 曲线都是一个单峰，表明整个热分解过程是一步完成的。共聚树脂体系的热分解温度（$T_{5\%}$、$T_{10\%}$、$T_{30\%}$）随着 PFBMI 含量的增加略有上升，但最大热分解温度 T_{max} 基本保持稳定，共聚树脂固化物在 600℃时的 RW 随 PFBMI 单体的增加，由 31.6% 逐渐上升到 39.1%，表明共聚树脂固化物的耐热性有所提高。PFBMI 单体分子中存在着柔性醚键，其热稳定性稍差；但分子中同时存在的刚性芴基 Cardo 环具有优异的热稳定性，弥补了由醚键产生的热损失，因此共聚树脂固化物依然维持了优异的热稳定性，并随着 PFBMI 单体含量的增加有所提高。

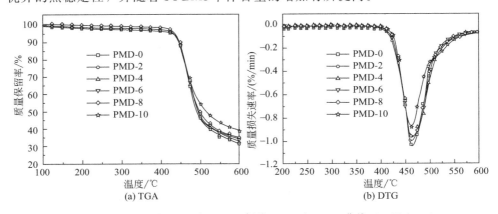

图 6.16　PFBMI/MBMI/DABPA 树脂 TGA 和 DTG 曲线（10℃/min）

表 6.9　PFBMI/MBMI/DABPA 树脂热性能特征数据

样品	$T_{5\%}/℃$	$T_{10\%}/℃$	$T_{30\%}/℃$	$T_{max}/℃$	RW/%
PMD-0	418	443	467	463	31.6
PMD-2	428	443	468	463	32.7
PMD-4	433	447	472	468	33.6
PMD-6	429	444	470	463	34.3
PMD-8	434	448	472	463	35.7
PMD-10	442	444	470	462	39.1

6.2.4　PFBMI/MBMI/DABPA 树脂固化物的力学性能

图 6.17 显示了 PFBMI/MBMI/DABPA 共聚树脂固化物的弯曲性能随 PFB-MI 单体含量变化关系图。PFBMI/MBMI/DABP 共聚树脂体系的弯曲强度和弯曲模量随着 PFBMI 单体含量的增加表现出相同的变化趋势。当 PFBMI 单体与 MBMI 单体的摩尔比为 0.04∶1 时，体系表现出最大的弯曲强度和弯曲模量。其原因主要是 PFBMI 单体分子量大，分子中存在着大体积刚性的芴基 Cardo 环结构，其含量的增多降低了 DABPA 在共聚树脂体系中的相对含量；在固化体系中，柔性链相对减少，刚性结构相对增多，因此提高了固化物网络的刚性，

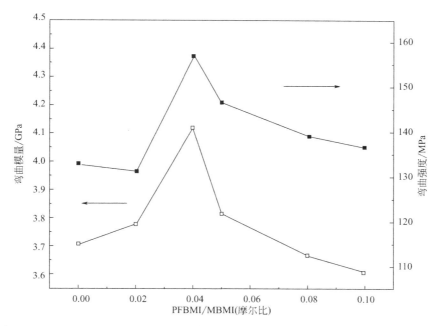

图 6.17　PFBMI/MBMI/DABPA 共聚树脂固化物弯曲性能随 PFBMI 单体含量的变化

导致弯曲模量增加。但当 PFBMI 单体含量过多时，体系黏度迅速增大，高黏度导致在成型加工过程中出现内部缺陷，因此弯曲强度显著下降。

由图 6.18 PFBMI/MBMI/DABPA 共聚树脂固化物冲击强度随 PFBMI 单体含量变化关系图可知，共聚树脂体系固化物无缺口试样的冲击强度随 PFBMI 单体含量的增加呈现出先增大后减小的趋势。当 PFBMI 单体与 MBMI 单体的摩尔比为 0.08∶1 时，体系的冲击强度达到 17.86kJ/m²，与未填加 PFBMI 单体的 PMD-0 体系相比，PMD-8 体系的冲击强度增加了 35%。由 6.2.2 小节可知，共聚树脂体系在橡胶态的储能模量因 PFBMI 含量的增加导致体系固化交联密度降低而降低，因此冲击韧性也会随之升高。但当 PFBMI 单体含量过高时，体系黏度显著增大，导致加工成型过程中体系内部出现缺陷，产生应力集中现象，因此冲击强度急剧下降。

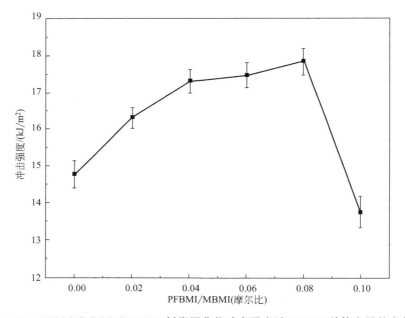

图 6.18　PFBMI/MBMI/DABPA 树脂固化物冲击强度随 PFBMI 单体含量的变化

图 6.19 为 PMD-0、PMD-8 及 PMD-10 三种共聚树脂体系固化物冲击断裂面的 SEM 图。与 PMD-8 和 PMD-10 两个体系的断裂面相比，PMD-0 体系的断裂面更为光滑，且断裂后裂纹方向较为单一。而在 PMD-8 体系的断裂面中，出现了小的应力肋纹，说明断裂方式为韧性断裂；在 PMD-10 体系中，出现了较为明显的银纹，SEM 照片放大后更为明显，这些银纹的出现主要也是由于 PFB-MI 单体含量的增加导致体系黏度增大造成的。随着 PFBMI 含量的增加，体系

黏度增大，固化物内部可能会产生交联密度不均匀的现象，某些薄弱部位由于应力集中而产生银纹。这一现象也证实了我们的观点，冲击强度及弯曲强度的急剧下降是由于共聚树脂体系的内部缺陷。

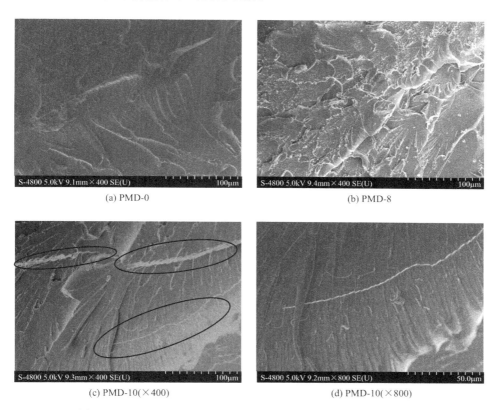

(a) PMD-0　　　　　　　　　　　　　　(b) PMD-8

(c) PMD-10(×400)　　　　　　　　　　　(d) PMD-10(×800)

图 6.19　PFBMI/MBMI/DABPA 树脂固化物冲击断裂面 SEM 图

6.2.5　PFBMI/MBMI/DABPA 树脂固化物的吸湿性能

图 6.20 为 PFBMI/MBMI/DABPA 共聚树脂固化物在 25℃浸泡 42h 及水煮42h 吸水率随时间变化曲线。由图中可见，所有共聚树脂固化物的吸水率均随时间快速增加并在 20h 后趋于稳定。随着 PFBMI 单体含量的增加，共聚树脂固化物的吸水率逐渐上升。PMD-0 固化物在 25℃浸泡 42h 及水煮 42h 后，吸水率约为 1.1% 和 1.8%；而 PMD-10 固化物的吸水率分别低于 1.3% 和 2.1%，稍有提高。PFBMI 单体的体积大于 MBMI 单体，当 PFBMI 含量增多时，共聚树脂体系内部分子的堆砌密度下降，自由体积增加，水分子更易于扩散进入共聚树脂的内部。因此在 25℃及沸水环境中浸泡相同时间，PFBMI 单体含越多的共聚

树脂体系，其固化物吸水率越高，PMD-10体系表现出最高的吸水率。

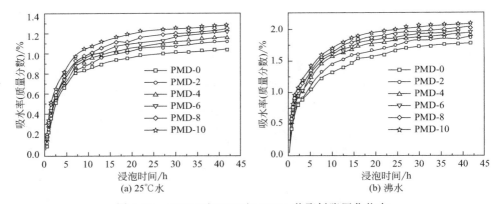

图 6.20　PFBMI/MBMI/DABPA 共聚树脂固化物在
25℃水浸泡 42h 和水煮 42h 吸水率随时间变化曲线

参考文献

［1］ Morgan R J，Shin E E，Rosenberg B，et al. Characterization of the cure reactions of bis-maleimide composite matrices ［J］. Polymer，1997，38：639-646.

［2］ Xiong X H，Chen P，Zhang X Y，et al. Cure kinetics and thermal properties of novel bis-maleimide containing phthalide cardo structure ［J］. Thermochimica Acta，2011，514：44-50.

［3］ Yao Y，Zhao T，Yu Y Z. Novel thermosetting resin with a very high glass-transition temperature based on bismaleimide and allylated novolac ［J］. Journal of Applied Polymer Science，2005，97：443-448.

［4］ Xiong X H，Ren R，Chen P，et al. Preparation and properties of modified bismaleimide resins based on phthalide-containing monomer ［J］. Journal of Applied Polymer Science，2013，130：1084-1091.

［5］ Xiong Y，Boey F Y C，Rath S K. Kinetic study of the curing behavior of bismaleimide modified with diallylbisphenol A ［J］. Journal of Applied Polymer Science，2003，90：2229-2240.

［6］ Matsumoto A. Polymerization of mulyiallyl monomers ［J］. Progress polymer science，2001，26：189-257.

［7］ Wang L H，Xu Q Y，Chen D H，et al. Thermal and physical properties of allyl PPO and its composite ［J］. Journal of applied polymer science，2006，102：4111-4115.

［8］ Kissinger H E. Reaction kinetics in differential thermal analysis ［J］，Analytical Chemistry，1957，30：1702-1706.

［9］ Kissinger H E. Reaction kinetics in polymer composites ［J］. Polymer Science，1973，11

（8）：533-540.

［10］ Ozawa T. A new method of analyzing thermo gravimetric data ［J］. Bullten Chemistry，
1965，38：1881-1886.

［11］ Crane L W，Dynes P J，Kaelble D H. Analysis of curing kinetics in polymer Composites
［J］. Journal of Applied Polymer Science：Polymer Letter，1973，11（8）：533-540.

［12］ Zhang L Y，Na L Y，Xia L L，et al. Preparation and properties of bismaleimide resins
based on novel bismaleimide monomer containing fluorene cardo structure Synthesis of new
bismaleimide monomers based on fluorene cardo moiety and ester bond：characterization
and thermal properties ［J］. High Performance Polymers，2016，8：215-224.

［13］ Zhang L Y，Na L Y，Chen P，et al. Cure mechanism of novel bismaleimide resins based
on fluorene cardo moiety and their thermal properties ［J］. Journal of Macromolecular
Science，Part A，2018，55：213-221.

第7章

含1,3,4-噁二唑芳杂环不对称结构双马来酰亚胺的合成表征及其性能

1,3,4-噁二唑环是一种刚性杂环结构,其与苯环相连能够形成强共轭刚性分子结构,将其引入聚合物分子骨架中能够提高材料的耐热性和热氧稳定性;另外含1,3,4-噁二唑环的聚合物可用作电致发光材料,因而得到了广泛关注。本章主要从分子设计原理出发,基于1,3,4-噁二唑环强拉电子效应以及合成过程的可设计性,通过多步反应合成了两种含1,3,4-噁二唑芳杂环不对称结构 BMI (ZBMI)[1]。采用 IR、NMR 和元素分析表征了中间单体及两种 ZBMI (p-Mioxd、m-Mioxd)分子结构,利用 DSC、偏光显微镜、XRD、DMA、TGA 研究了 p-Mioxd 及 m-Mioxd 的固化行为、固化动力学、热稳定性和动态热力学性能。

7.1 ZBMI 的设计合成与表征

两种 ZBMI 单体的合成主要包含以下几个步骤(图 7.1)[1-4]:①对硝基苯甲酸酯类化合物与水合肼在一定条件下发生亲核取代反应生成对硝基苯甲酰肼;②间甲酚或对甲酚和 4-氯硝基苯在无水碳酸钾作为碱性催化剂,聚乙二醇(PEG600)为相转移催化剂的条件下,发生 Williamson 醚化反应生成二苯醚类化合物,然后以碱性高锰酸钾为氧化剂,将甲基氧化为羧基,生成相应的取代苯甲酸类化合物;③对硝基苯甲酰肼和取代苯甲酸类化合物在多聚磷酸(PPA)作用下,可以发生脱水环化反应,生成相应含 1,3,4-噁二唑结构二硝基化合物;④二硝基化合物在 $FeCl_3$/C 为催化剂的条件下,以水合肼为还原剂还原为二氨基化合物;⑤二元胺和马来酸酐常温下反应生成双马来酰胺酸,然后在三乙胺/乙酸钠作用下,以乙酸酐为脱水剂发生环化反应生成相应的 BMI 单体。

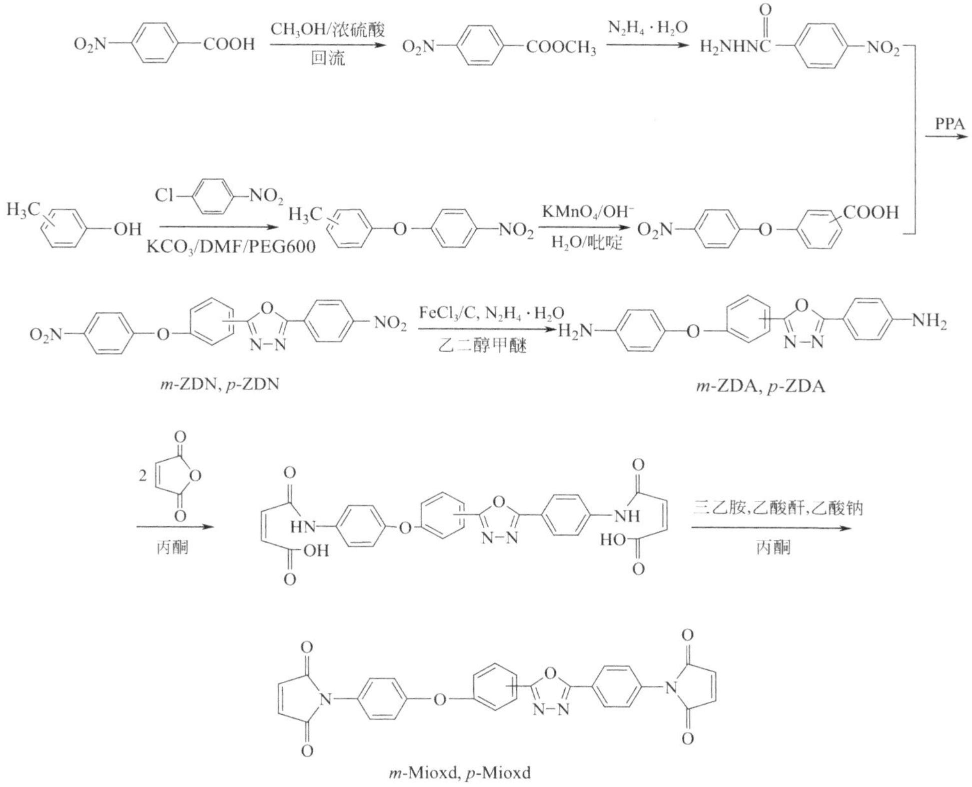

图 7.1　ZBMI 单体的合成路线图

7.1.1　4-硝基苯甲酰肼的合成与表征

7.1.1.1　4-硝基苯甲酰肼的合成

如图 7.1 所示，酯类化合物和水合肼（85%）在质子型溶剂，如乙醇、甲醇中很容易发生亲核取代反应，生成酰肼类化合物[5]。本文选用对硝基苯甲酸与甲醇在浓硫酸催化作用下反应生成对硝基苯甲酸甲酯，酯化产率较高，产物纯度较好。生成的酯进而和 85% 水合肼反应，生成 4-硝基苯甲酰肼。由于 4-硝基苯甲酰肼能溶于水以及大部分有机溶剂，但是在醇类溶剂中溶解度较低。本文选用乙醇作为溶剂，75℃恒温反应 4～5h，反应过程中有大量浅黄色固体析出。反应结束后冷却、抽滤，并用适量冷乙醇洗涤 2～3 次，真空干燥，即可得到目标产物。所合成的 4-硝基苯甲酰肼熔点 218℃，产率 95% 以上。

7.1.1.2　4-硝基苯甲酰肼的表征

图 7.2 为 4-硝基苯甲酰肼的红外吸收光谱图。$3200\sim3400cm^{-1}$ 的双峰应该归属为—NH_2 中 N—H 键的伸缩振动吸收峰。由于—$NHNH_2$ 的共轭效应比氮原子的诱导效应强，酰胺键中羰基的伸缩振动吸收峰向低波数方向移动，在 $1647cm^{-1}$ 出现中等强度吸收峰。$1507cm^{-1}$ 和 $1345cm^{-1}$ 附近出现的中等强度吸收峰，分别对应于—NO_2 不对称和对称伸缩振动吸收峰，且不对称伸缩振动吸收峰强度较大。

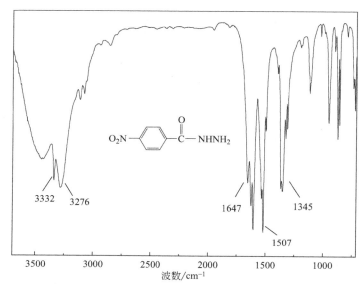

图 7.2　4-硝基苯甲酰肼的红外吸收光谱图

图 7.3 为 4-硝基苯甲酰肼的 ^1H NMR 谱图及其相应归属。4-硝基苯甲酰肼的结构比较简单，谱图容易分析，图中一共出现了四组不同氢质子共振吸收峰（δ）：10.14（s，1H，NH），8.30（d，$J=8.89Hz$，2H，ArH），8.05（d，$J=8.89Hz$，2H，ArH），4.70（s，2H，NH_2）。NO_2 的强吸电子效应导致相邻苯环核外电子云密度降低，产生强烈的去屏蔽作用而发生低场位移，因此，a 处的双重峰即为与硝基相邻苯环氢质子吸收峰，而 b 处与其相互耦合的双重峰为苯环上另一对氢质子特征峰。酰胺基团中氨基的活泼氢受周围环境影响较大，根据氢原子积分面积可知 c 处单重峰归属为酰胺中—NH—氢质子吸收峰，而高场 d 处的单重峰则应为—NH_2 上两个活泼氢质子吸收峰。

红外谱图中吸收峰分别对应于目标化合物中的特征官能团，^1H NMR 谱图中谱峰数目、峰型、积分面积与目标化合物一致，且无明显杂峰，表明合成化合物即为设计的目标产物。

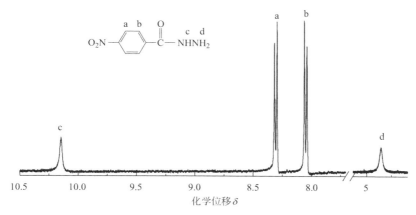

图 7.3　4-硝基苯甲酰肼的 ^{1}H NMR 谱图及其相应归属

7.1.2　3-甲基-4′-硝基二苯醚和 4-甲基-4′-硝基二苯醚的合成与表征

7.1.2.1　3-甲基-4′-硝基二苯醚和 4-甲基-4′-硝基二苯醚的合成

取代二芳基醚类化合物的合成属于经典 Williamson 醚化反应，其实质为亲核取代反应，主要合成方法包括：Ullmann 偶联法、非 Ullmann 偶联法、相转移催化法、微波辅助法等[6-8]。一般选用酚盐为亲核试剂，强碱作催化剂在强极性溶剂中反应，产物的产率和纯度较高。酚盐与 4-氯硝基苯的反应为 S_N2 机理，苯环上取代基会对反应产生一定影响，当酚盐上取代基为供电子基团时，其反应活性更高。本文中选用间甲酚或对甲酚为原料，无水碳酸钾为催化剂，聚乙二醇（600）为相转移催化剂，强极性 DMF 为反应介质，采用相转移催化法，通过 Williamson 醚化反应合成了两种二苯醚类化合物。苯酚和 4-氯硝基苯的理论摩尔比为 1∶1，为了提高反应程度，减少后处理难度，尽量使 4-氯硝基苯完全反应，本文中实际选择摩尔比为 1∶1.05。由于聚乙二醇具有可以折叠成螺旋状并自由滑动的链节，能够使得金属离子被络合，形成类似冠醚的结构，亲核试剂裸露在外面，更有利反应的进行[7]。合成的二苯醚类化合物经过柱层析进一步纯化后产率均高于 85%。

7.1.2.2　3-甲基-4′-硝基二苯醚和 4-甲基-4′-硝基二苯醚的表征

图 7.4 为两种二苯醚类化合物（3-甲基-4′-硝基二苯醚和 4-甲基-4′-硝基二苯醚）的红外谱图。图中可以看出，3000～3100cm^{-1} 的弱峰为芳环不饱和碳氢伸

缩振动吸收峰；2960cm^{-1} 和 2875cm^{-1} 出现甲基的不对称和对称伸缩振动吸收峰；1509cm^{-1} 和 1340cm^{-1} 附近出现的中等强度吸收峰分别对应于—NO$_2$ 的不对称和对称伸缩振动；1248cm^{-1} 和 1110cm^{-1} 处的吸收峰应该归属为芳醚 C—O—C 的不对称和对称伸缩振动，且不对称伸缩振动吸收峰强度较大。

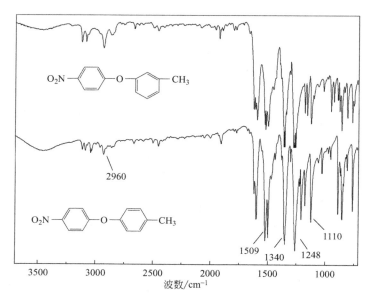

图 7.4　3-甲基-4'-硝基二苯醚和 4-甲基-4'-硝基二苯醚的红外谱图

图 7.5 为两种二苯醚类化合物的 ^{1}H NMR 谱图及其相应归属。3-甲基-4'-硝基二苯醚分子分子结构中有 7 种不同类型氢质子，因此其 ^{1}H NMR 谱图中呈现明显的七个质子谱带区域 (δ)：8.20 (d, $J = 9.10$Hz, 2H, ArH), 7.30 (t, 1H, ArH), 7.26 (s, 1H, ArH), 7.07 (d, 1H, ArH), 7.01 (d, $J = 9.10$Hz, 2H, ArH), 6.89 (d, 1H, ArH), 2.38 (s, 3H, —CH$_3$)。—NO$_2$ 具有强吸电子诱导效应，与其相邻苯环氢质子 (a) 的共振吸收峰出现在最低场，化学位移值最高；而醚键为供电子基团，其屏蔽作用使相邻苯环氢质子的化学位移向高场移动。8.20 处和 7.01 处的两组双重峰具有相同耦合常数，可以判断其为苯环上两组氢质子 (a、b)，根据谱峰裂分峰数和积分面积可以判定另一个苯环上氢质子的化学位移值。甲基中氢质子 (h) 化学位移出现在最高场。

4-甲基-4'-硝基二苯醚结构比较对称，其 ^{1}H NMR 谱图中出现明显的四个质子共振谱带 (δ)：8.19 (d, $J = 9.2$Hz, 2H, ArH), 7.23 (d, $J = 8.3$Hz, 2H, ArH), 7.02~6.97 (m, 4H, ArH), 2.38 (s, 3H, —CH$_3$), 7.26 处

出现的单峰为溶剂氘代氯仿的吸收峰。与 3-甲基-4′-硝基二苯醚的 ^{1}H NMR 谱图相同，与强吸电性—NO$_2$ 相邻的苯环氢质子（a）化学位移值最高，与醚键相连苯环上的两组氢质子（b、c）受醚键供电子诱导的效应影响，化学位移值重叠在一起。甲基中氢质子（e）化学位移出现在最高场。

两种二苯醚化合物红外谱图中的吸收峰分别对应于目标化合物的特征官能团，^{1}H NMR 谱图中谱峰数目、裂分峰数、积分面积与设定分子的结构式一致，且无明显杂峰，表明合成化合物即为设计的目标产物。

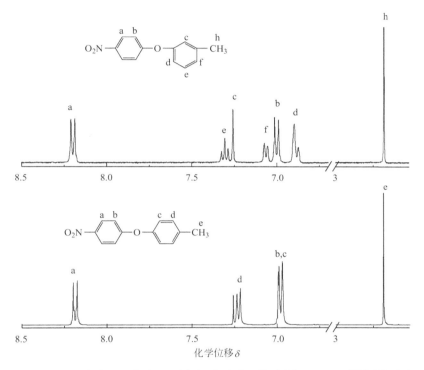

图 7.5　3-甲基-4′-硝基二苯醚和 4-甲基-4′-硝基二苯醚的 ^{1}H NMR 谱图及相应归属

7.1.3　3-（4-硝基苯氧基）-苯甲酸和 4-（4-硝基苯氧基）-苯甲酸的合成与表征

7.1.3.1　3-（4-硝基苯氧基）-苯甲酸和 4-（4-硝基苯氧基）-苯甲酸的合成

苯环烷基取代基氧化反应的传统方法主要包括：催化氧化法、化学氧化法、电解氧化法、光氧化法等。其中催化氧化法主要是以氧气作为氧化剂，依靠高效、高选择性催化剂完成的，然而现今常用催化剂存在成本高、寿命短、转化率低等缺点，此法尚有待进一步深入研究。化学氧化法主要是以高价金属化合物，如高锰酸钾、二氧化硒、三氧化铬等为氧化剂完成，其工艺成熟、选择性好、操作方便灵活，并且成本低[9]。本文选用碱性高锰酸钾法将苯环上的甲基氧化为羧基，为了保证反应原料和产物均能溶于反应介质，可采用水和吡啶（2∶1，体积比）混合液为溶剂；反应温度过会导致高锰酸钾热分解降低氧化效率，一般90℃恒温反应9～10h直至高锰酸钾不褪色，产率均在90％以上。

7.1.3.2 3-(4-硝基苯氧基)-苯甲酸和4-(4-硝基苯氧基)-苯甲酸的表征

图7.6为两种取代苯甲酸类化合物［3-(4-硝基苯氧基)-苯甲酸和4-(4-硝基苯氧基)-苯甲酸］的红外谱图，图中可以很明显地看到在2500～3300cm^{-1} 范围内出现了高低不平的宽吸收峰，对应于—COOH中O—H伸缩振动吸收峰，1690cm^{-1} 处出现的强吸收峰归属为羰基的伸缩振动吸收峰，这些特征峰说明二苯醚化合物中甲基已经氧化成了羧基。1509cm^{-1} 和1344cm^{-1} 处—NO_2的不对称和对称伸缩振动以及1250cm^{-1} 处芳香醚C—O—C的特征吸收峰依然存在，说明在甲基氧化成羧基过程中没有其他化学键的断裂。

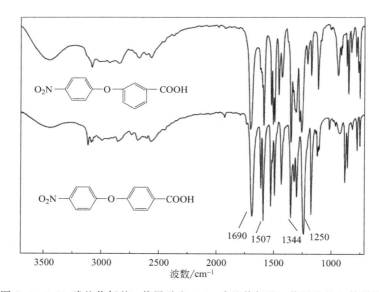

图7.6　3-(4-硝基苯氧基)-苯甲酸和4-(4-硝基苯氧基)-苯甲酸的红外谱图

图7.7为两种取代苯甲酸类化合物的[1]H NMR谱图及其相应归属。—COOH上活泼氢的化学位移值受氢键影响较大，一般在低场共振，化学位移值出现在9～13，有时会只出现一个宽峰。谱图中可以看出，与两种二苯醚类化合物相

比，高场处甲基氢质子的特征吸收峰消失，而在低场化学位移值 13 附近均出现了羧基氢质子特征吸收峰。3-(4-硝基苯氧基)-苯甲酸一共出现区分明显的七组质子特征吸收峰（δ）：13.46（s，1H，COOH），8.28（d，$J = 9.2$Hz，2H，ArH），7.86（d，1H，ArH），7.66（s，1H，ArH），7.63（t，1H，ArH），7.48（d，1H，ArH），7.20（d，$J = 9.2$Hz，2H，ArH）。

4-(4-硝基苯氧基)-苯甲酸的[1]H NMR 谱图中出现了四组不同氢质子特征吸收峰（δ）：12.95（s，1H，COOH），8.30（d，$J = 8.9$Hz，2H，ArH），8.03（d，$J = 8.41$Hz，2H，ArH），7.25～7.27（m，4H，ArH）。—NO$_2$ 的强吸电子作用导致与其相邻苯环氢质子化学位移值向低场移动，而醚键的供电子诱导效应使得与其相邻苯环氢质子的化学位移值最低。

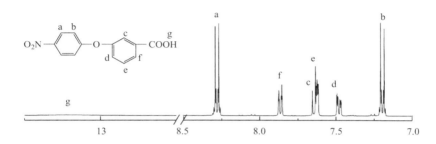

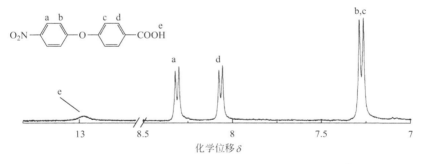

图 7.7　3-(4-硝基苯氧基)-苯甲酸 和 4-(4-硝基苯氧基)-苯甲酸的[1]H NMR 谱图

两种取代苯甲酸类化合物红外谱图中的吸收峰分别对应于目标化合物的特征官能团，^{1}H NMR 谱图中谱峰数目、裂分峰数、积分面积与设定分子的结构式一致，且无明显杂峰，表明合成化合物即为设计的目标产物。

7.1.4　二硝基化合物的合成与表征

7.1.4.1　二硝基化合物（m-ZDN、p-ZDN）的合成

1,3,4-噁二唑杂环及其衍生物常用的合成方法主要包括：双酰肼法、四唑环

缩合法、脱水剂一步环合法、催化剂偶联反应等。双酰肼化合物脱水环化的过程温度较高，且脱水剂的毒性较大，并且产物纯化难度大；四唑环缩合法的产率较高，提纯较容易，但是氰基衍生物毒性很大；与上述两种方法相比芳羧酸和酰肼以多聚磷酸为脱水剂，在一定温度下可以直接脱水环化，生成1,3,4-噁二唑基团，这种方法的优点是省略了双酰肼合成步骤，所用脱水环化剂毒性较小，多聚磷酸可以溶于水中，后处理简单[10]。因此本文选用多聚磷酸一步环合法成功合成了含1,3,4-噁二唑结构二硝基化合物，其中多聚磷酸用量以及反应温度和时间都会对产率以及产物的质量产生一定影响。多聚磷酸是一种脱水能力很强的强酸，当其用量过多时，产物出现一定的脱水碳化现象，影响产物质量。一般多聚磷酸的用量为原料总质量的3～5倍，反应温度控制在120～130℃之间。反应一定时间之后，体系变为红棕色均一相，再继续反应1h即可停止，避免反应时间过长出现严重的碳化现象，采用此种方法产率均在80%以上。

7.1.4.2 二硝基化合物（m-ZDN、 p-ZDN）的表征

图7.8为两种二硝基化合物（m-ZDN, p-ZDN）的红外谱图。谱图中可以很明显看出，$2500～3300cm^{-1}$范围内取代苯甲酸类化合物—COOH的特征吸收峰、$1690cm^{-1}$处羧酸羰基的特征吸收峰以及$3200～3400cm^{-1}$范围内对硝基苯甲酰肼N—H键的伸缩振动吸收峰均已经消失；$3000～3100cm^{-1}$范围内出现苯环碳氢伸缩振动的弱峰，$1610cm^{-1}$和$968cm^{-1}$处出现的弱吸收峰分别归属为噁二唑环中C═N和C—O—C的伸缩振动吸收峰。上述特征官能团的变化说明在多聚磷酸作用下，羧基和酰肼发生了脱水环化反应，生成了1,3,4-噁二唑基团。$1506cm^{-1}$和$1344cm^{-1}$处—NO_2的不对称和对称伸缩振动以及$1251cm^{-1}$处芳香醚键C—O—C伸缩振动吸收峰依然存在，说明在多聚磷酸环化脱水过程中没有其他化学键的断裂。

图7.9为两种二硝基化合物（m-ZDN、p-ZDN）的^{1}H NMR谱图及其相应归属。由m-ZDN的化学结构可知，其核磁谱图中应该出现八种不同类型氢质子特征吸收峰，但是由于硝基和噁二唑基团都具有较强且相似的吸电子诱导效应，使得与其相连苯环上两组氢质子的化学位移在低场处发生重叠，因此m-ZDN的氢核磁谱图中出现明显的七组氢质子特征吸收峰（δ）：8.43（d，4H，ArH），8.30（d，$J=9.10Hz$，2H，ArH），8.10（d，1H，ArH），7.97（s，1H，ArH），7.78（t，1H，ArH），7.51（d，1H，ArH），7.26（d，$J=9.10$ Hz，2H，ArH）。硝基和噁二唑基团都具有较强的吸电子诱导效应，产生显著的去屏蔽作用，导致与其相连苯环上的氢质子（g、h）在低场共振，因此化学位移值最高；而醚键为供电子基团，会使得与其相连苯环上氢质子的化学位移值向

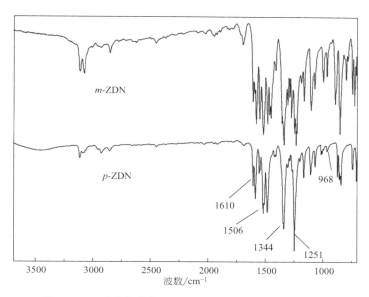

图 7.8 二硝基化合物（m-ZDN、p-ZDN）的红外谱图

高场方向移动，因此 b 位置氢质子的化学位移值最低，同一苯环上氢质子 a 的位置可根据耦合原理确定。根据裂分峰数可以判断中间苯环上氢质子的位置，并且与醚键相连氢质子（d）的化学位移值要低于和噁二唑环相连的氢质子（f）。

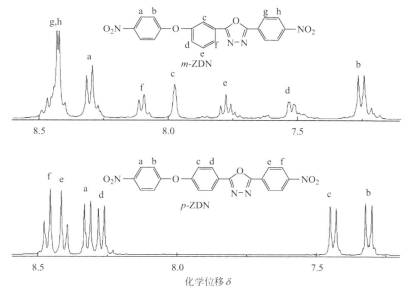

图 7.9 二硝基化合物（m-ZDN、p-ZDN）的 ^{1}H NMR 谱图及其相应归属

由于 p-ZDN 的化学结构比较对称，其 ^{1}H NMR 谱图中一共出现六组不同氢质子共振吸收峰（δ）：8.47（d，$J = 8.84$Hz，2H，ArH），8.40（d，$J = 8.84$Hz，2H，ArH），8.32（d，$J = 9.15$Hz，2H，ArH），8.27（d，$J = 8.63$Hz，2H，ArH），7.44（d，$J = 8.63$Hz，2H，ArH），7.31（d，$J = 9.15$Hz，2H，ArH）。与 m-ZDN 的核磁谱图相同，p-ZDN 的 ^{1}H NMR 谱图中与硝基以及噁二唑基团相连苯环上的氢质子由于受到强吸电子基团显著的去屏蔽效应，其化学位移值都出现低场（f、e）；而醚键的供电子诱导效应使得与其相邻苯环上电子云密度增大，氢质子化学位移值均向高场方向移动（c、d）。根据各个二重峰的相互耦合关系，很容易判断 p-ZDN 结构中每个氢质子吸收峰的位置。

由以上分析结果可知，两种二硝基化合物红外谱图中的吸收峰分别对应于目标化合物的特征官能团，^{1}H NMR 谱图中谱峰数目、裂分峰数、积分面积与设定分子的结构式一致，且无明显杂峰，表明合成化合物即为设计的目标产物。

7.1.5 二氨基化合物的合成与表征

7.1.5.1 二氨基化合物（m-ZDA、p-ZDA）的合成

硝基化合物的还原方法主要包括：催化加氢还原法以及非催化加氢还原法。其中催化加氢还原法的催化剂体系主要有：Pd/C、Pt/C 催化体系以及 Raney-Ni 催化体系，虽然此法产品收率及纯度较高，但一般是在高压条件下进行，对设备以及技术操作的要求较高，并且所需催化剂多为一些稀有贵金属，成本较高、对环境污染大，因此开发高效、廉价并且环境友好型催化剂将成为今后研究的热点。非催化加氢还原法主要包括：铁粉还原法、水合肼还原法、氯化亚锡-盐酸还原法、硫化碱还原法等，其中水合肼还原法的产率较高、产品纯度好，并且后处理较为简便[11,12]。本文中以水合肼为还原剂、三氯化铁为催化剂、活性炭为吸附剂将二硝基化合物还原为二氨基化合物。一般氨基化合物在质子型溶剂中溶解性更好，为了加快反应速率并提高反应程度，可以选用高沸点乙二醇单甲醚为溶剂，在 N_2 保护下，105℃恒温反应 10h。按照上述方法合成两种二氨基化合物的产率均在 85% 左右。

7.1.5.2 二氨基化合物（m-ZDA、p-ZDA）的表征

图 7.10 为两种二氨基化合物（m-ZDA、p-ZDA）的红外谱图，从图中可以看出 1506cm^{-1} 和 1344cm^{-1} 处—NO_2 的不对称和对称伸缩振动吸收峰消失，而在 3437cm^{-1}、3372cm^{-1}、3323cm^{-1}、3214cm^{-1} 处出现了两组氨基的特征吸收双重峰。由于两种二氨基化合物具有不对称分子结构，两端氨基处于不同化

学环境中，因此两个氨基的红外吸收峰有所差异。相邻基团的电子诱导效应会改变分子中电子云分布，从而使特征官能团的频率发生一定位移，一般而言电负性大的原子或官能团会使特征频率向高波数方向移动，因此靠近噁二唑环基团的氨基应该具有更高波数的特征吸收峰，这在一定程度上说明设计分子结构不对称的单体会使得活性端基处于不同化学环境中，使得反应活性有所差异。

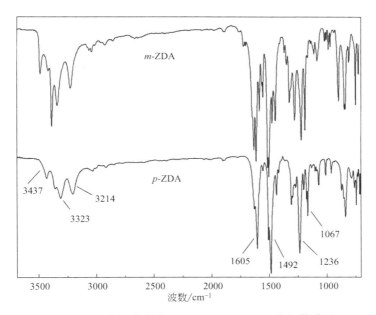

图 7.10　二氨基化合物（m-ZDA、p-ZDA）的红外谱图

图 7.11 为两种二氨基化合物（m-ZDA、p-ZDA）的 ^{1}H NMR 谱图及其相应归属。分析 m-ZDA 的化学结构式可知，它一共有十组不同的氢质子，因此其 ^{1}H NMR 谱图中呈现明显的十组氢质子共振吸收峰（δ）：7.75（d，$J =$ 8.7Hz，2H，ArH），7.7（d，1H，ArH），7.53（t，1H，ArH），7.49（s，1H，ArH），7.10（d，1H，ArH），6.85（d，$J =$ 8.8Hz，2H，ArH），6.70（d，$J =$ 8.7Hz，2H，ArH），6.64（d，$J =$ 8.8Hz，2H，ArH），5.96（s，2H，NH$_2$），5.08（s，2H，NH$_2$）。分子链两端官能团由强吸电性—NO$_2$变为供电性—NH$_2$，因此与其相连苯环氢质子的化学位移值出现在最高场（a、h），由于氨基的供电子诱导效应高于醚键，产生更强的屏蔽效应，因此 a 组氢质子在高场共振，化学位移值更低，然后根据相互耦合关系就可以判断 g 和 b 氢质子的化学位移。噁二唑基团的强吸电子作用产生明显的去屏蔽作用，使得与其相邻苯环氢质子在低场共振；而与供电性醚键相邻的苯环氢质子在高长共振，

因此 f 氢质子的化学位移值高于 d。根据谱图中的裂分峰数及峰积分面积可以很容易判断中间苯环上氢质子的位置。氨基上活泼氢的化学位移受氢键的影响较大，一般在低场共振，因此化学位移值最小处两组单峰即为两端氨基上氢质子共振吸收峰（i、j）。谱图中可以看出，靠近强吸电性噁二唑基团的氨基上氢质子的化学位移值明显更高些，主要是由于分子具有不对称的化学结构，与红外谱图的分析结果一致。

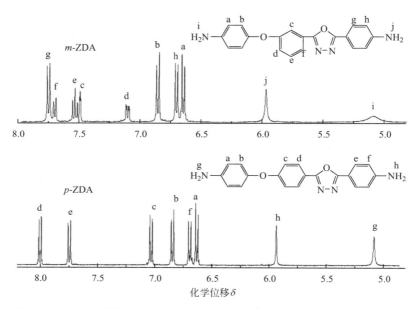

图 7.11　二氨基化合物（m-ZDA、p-ZDA）的 ^{1}H NMR 谱图及其相应归属

p-ZDA 的结构对称，其 ^{1}H NMR 谱图相对简单，一共出现八组氢质子的特征吸收峰（δ）：8.0（d，$J = 8.93$Hz，2H，ArH），7.74（d，$J = 8.69$Hz，2H，ArH），7.03（d，$J = 8.93$Hz，2H，ArH），6.84（d，$J = 8.76$Hz，2H，ArH），6.69（d，$J = 8.69$Hz，2H，ArH），6.63（d，$J = 8.76$Hz，2H，ArH），5.94（s，2H，NH_2），5.08（s，2H，NH_2）。与 m-ZDA 相同，与噁二唑基团相邻的苯环氢质子（d、e）在低场共振，化学位移值最高，氨基的供电子诱导效应高于醚键，d 处氢质子化学位移值高于 e，然后根据耦合关系判断 c 和 f 氢质子的位置。与氨基相邻苯环氢质子（a）在最高场共振，化学位移值最低，根据耦合关系可以判断 b 处氢质子的位置。高场处的两组单峰即为氨基氢质子（h、g）的共振吸收峰，由于所处化学环境不同，化学位移值有所差别，靠近噁二唑环的氨基氢质子化学位移值更高。

由以上分析结果可知，两种二氨基化合物红外谱图中的吸收峰分别对应于目标化合物的特征官能团，¹H NMR 谱图中谱峰数目、裂分峰数、积分面积与设定分子的结构式一致，且无明显杂峰，表明合成化合物即为设计的目标产物。由于分子结构具有不对称性，两端氨基的化学反应活性不同，化学位移值也略有差别。

7.1.6 ZBMI（*m*-Mioxd、 *p*-Mioxd）的合成与表征

7.1.6.1 ZBMI 单体的合成

如图 7.1 所示，ZBMI 单体的合成分两步完成：首先马来酸酐与二元胺按照摩尔比 2：1 反应生成双马来酰胺酸，然后发生脱水环化反应生成 ZBMI 单体。本文中选用的二元胺（*m*-ZDA、*p*-ZDA）在低沸点丙酮等溶剂中溶解性较差，因此采用强极性 DMF 与丙酮的混合液作为溶剂。马来酸酐稍过量可以保证二元胺充分反应。反应一段时间后，生成的双马来酰胺酸会从溶剂中析出，后处理简便，产物的纯度较高，产率均超过 90%[13]。

双马来酰胺酸脱水环化的主要方法有：乙酸酐脱水环化、共沸脱水环化、热脱水环化等。其中乙酸酐脱水法由于发展早，工艺较为成熟，目前国内一般采用此法以丙酮为溶剂合成 BMI 单体。由于双马来酰胺酸环化脱水机理较为复杂，对反应条件，如：反应温度、反应时间、催化剂及脱水剂用量等非常敏感，因此对于实验操作技术要求较高，否则很容易产生副产物，使产品收率和纯度下降。研究表明当三乙胺稍过量时，产物中双马来酰亚胺的含量占主导，且温度升高其含量会相应地提高，但是温度不宜过高，否则会使马来酰亚胺发生自聚反应，生成黏稠状树脂副产物，一般温度控制在 50～60℃，反应时间过长也会使副产物的含量增加[14,15]。本文中采用合适的催化剂及用量：三乙胺（1mL/0.01mol 双马来酰胺酸）、乙酸钠（0.8g/1mol 双马来酰胺酸），乙酸酐为脱水剂（3mL/0.01mol 双马来酰胺酸）于丙酮溶液中 55℃恒温反应 4～5h，得到 BMI 单体粗品，经柱层析纯化后，产品纯度较高，产率可达到 80%。

7.1.6.2 ZBMI 单体的表征

表 7.1 中列出了两种 BMI 单体（*m*-Mioxd、*p*-Mioxd）的元素分析结果，结果表明实验值与理论计算值基本一致。图 7.12 为两种双马来酰亚胺单体（*m*-Mioxd、*p*-Mioxd）的红外谱图，从图中可以看出在 2500～3300cm⁻¹ 范围内没有出现—COOH 特征宽吸收峰，可以判断双马来酰胺酸已经完全脱水环化。1719cm⁻¹ 处出现的高强度吸收峰应该归属为马来酰亚胺环上羰基的伸缩振动吸收峰，3100cm⁻¹ 处的弱峰为双马来酰亚胺双键＝C—H 伸缩振动吸收峰，同时691cm⁻¹ 附近也出现了＝C—H 变形振动吸收峰。双马来酰亚胺环上 C—N—C

的不对称和对称伸缩振动吸收峰分别出现在 1397cm^{-1}、1150cm^{-1} 处，1608cm^{-1} 和 956cm^{-1} 处出现的弱吸收峰分别为噁二唑环中 C=N 和 C—O—C 的伸缩振动吸收峰。

表 7.1　ZBMI 单体元素分析结果

单体	化学式	分子量	元素分析	
			实验值	理论值
m-Mioxd	C$_{28}$H$_{16}$O$_6$N$_4$	504	C:66.62%,H:3.14%,N:11.18%	C:66.67%,H:3.17%,N:11.11%
p-Mioxd	C$_{28}$H$_{16}$O$_6$N$_4$	504	C:66.59%,H:3.15%,N:11.23%	C:66.67%,H:3.17%,N:11.11%

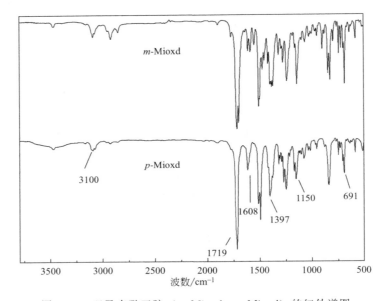

图 7.12　双马来酰亚胺（*m*-Mioxd、*p*-Mioxd）的红外谱图

图 7.13 为两种双马来酰亚胺单体（*m*-Mioxd、*p*-Mioxd）的 ^{1}H NMR 谱图及其相应归属。*m*-Mioxd 分子结构中有十种不同的氢质子，因此其 ^{1}H NMR 谱图中一共出现了十组氢质子共振吸收峰（δ）：8.26（d，J=8.7Hz，2H，ArH），7.96（d，1H，ArH），7.80（s，1H，ArH），7.69（t，1H，ArH），7.63（d，J=8.7Hz，2H，ArH），7.41（d，J=8.9Hz，2H，ArH），7.36（d，1H，ArH），7.26（s，2H，C=CH），7.23（d，J=8.9Hz，2H，ArH），7.20（s，2H，C=CH）。噁二唑基团的强吸电子诱导效应，产生明显的去屏蔽作用，导致与其相连苯环上氢质子（h）在低场共振，化学位移值最高，与其相互耦合的吸收峰即为 i 处氢质子特征峰。醚键为供电子基团，使得相邻苯环上电子云密度升高，因此与其相邻苯环上氢质子（c、e）的化学位移值较

低，根据耦合关系以及谱峰的裂分数可以判断 b 处以及间位取代苯环上氢质子的化学位移值。由于单体具有不对称的化学结构，两端马来酰亚胺环上烯烃氢质子的共振吸收峰出现在不同位置 j 和 a，说明单体两端双键具有不同的反应活性，在一定程度上有利于固化反应热平稳地释放。

p-Mioxd 的 ^{1}H NMR 谱图共出现八组区分明显的共振吸收峰（δ）：8.25（d，$J=8.70$Hz，2H，ArH），8.19（d，2H，ArH），7.64（d，$J=8.70$Hz，2H，ArH），7.43（d，2H，ArH），7.29（d，2H，ArH），7.27（d，2H，ArH），7.25（s，2H，C=CH），7.20（s，2H，C=CH）。受醚键供电子诱导效应的影响，与其相邻苯环上的两组氢质子（d、c）均在高场共振，化学位移值相近，吸收峰重叠在一起；噁二唑基团的强吸电子诱导效应，导致与其相邻苯环上氢质子（f、e）在低场共振，化学位移值最高，根据耦合关系可以确定 g 处氢质子的吸收峰位置。同样由于分子化学结构不对称，p-Mioxd 的 ^{1}H NMR 谱图中出现了两个区分明显的烯烃氢质子（h、a）共振吸收峰。

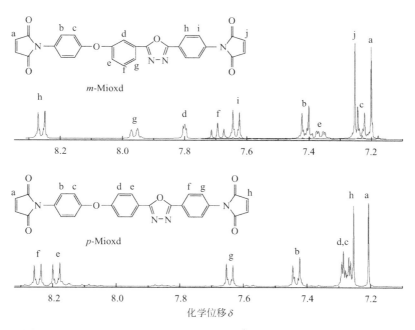

图 7.13　ZBMI（m-Mioxd、p-Mioxd）的 ^{1}H NMR 谱图及其相应归属

图 7.14 为 m-Mioxd 和 p-Mioxd 的 ^{13}C NMR 谱图及其相应归属。m-Mioxd 的 ^{13}C 核磁谱图呈现 20 条共振谱带（δ）：170.44（C=O）、170.02（C=O）、164.21（C=N）、164.05（C=N）、157.50、155.86、135.38、135.25、135.16、132.02、129.26、127.86、127.75、127.47、125.61、122.87、

122.59、122.51、119.59、117.16。*p*-Mioxd 的 ^{13}C 核磁谱图呈现 18 条共振谱带（δ）：170.42（C=O）、170.04（C=O）、164.26（C=N）、163.97（C=N）、160.23、154.99、135.38、135.18、135.13、129.57、129.27、128.23、127.71、127.51、122.67、120.39、119.28、118.82。

两种 BMI 单体 ^{13}C 核磁共振谱带的数目与碳原子数据一致。一般而言，羰基化合物在最低场共振，因此谱图中化学位移值最高的两个吸收峰即为马来酰亚胺环上羰基的共振吸收峰，而噁二唑环上 C=N 的共振吸收峰略低于羰基。同样由于化学结构的不对称性，两端马来酰亚胺环上羰基碳的化学位移值略有差别。

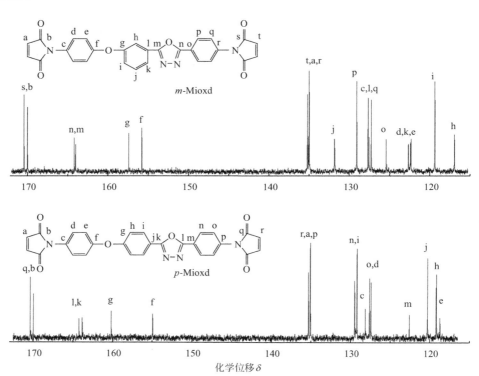

图 7.14　ZBMI（*m*-Mioxd、*p*-Mioxd）的 ^{13}C NMR 谱图及其相应归属

由以上分析可以看出，两种 ZBMI 单体（*m*-Mioxd、*p*-Mioxd）红外谱图中的吸收峰分别对应于目标化合物的特征官能团，^{1}H NMR 以及 ^{13}C NMR 谱图中谱峰数目、裂分峰数、积分面积与设定分子的结构式一致，且无明显杂峰，表明合成化合物即为设计的目标产物。由于分子结构的不对称性，两端马来酰亚胺双键的化学反应活性不同，有利于固化反应热的平稳释放，减少了材料内部的热应力。

7.2 ZBMI 单体及其固化物性能

7.2.1 ZBMI 单体的溶解性能

表 7.2 中给出了两种 ZBMI 单体的溶解性测试结果，从表中可以看出 ZBMI 单体在普通溶剂中有较好的溶解性，主要是因为醚键的引入增加了分子链段的柔性，使得链段内旋转更容易。与 p-Mioxd 相比，m-Mioxd 的间位取代效应，在一定程度上打破了分子结构对称性，降低了单体的结晶性能，因此表现出更优的溶解性能。

表 7.2　ZBMI 单体的溶解性能

单体	乙醇	丙酮	甲苯	二氯甲烷	氯仿	四氢呋喃	N,N-二甲基甲酰胺	二甲基亚砜	N-甲基吡咯烷酮
p-Mioxd	－	＋	＋	＋	＋＋	＋＋	＋＋	＋＋	＋＋
m-Mioxd	－	＋	＋	＋＋	＋＋	＋＋	＋＋	＋＋	＋＋

注：＋＋，室温可溶（>10 mg/mL）；＋，加热可溶；－，不溶解。

7.2.2 ZBMI 单体的固化行为

图 7.15 为两种 ZBMI 单体在升温速率 10℃/min 时动态 DSC 曲线，其中 p-Mioxd$_2$ 为 p-Mioxd 单体经 200℃热处理 30min 后的 DSC 曲线。图中可以看出，ZBMI 具有较宽的固化放热峰，这主要是由于分子结构不对称使得两端活性双键的反应活性不同，有利于固化反应热的平稳释放；p-Mioxd 的固化放热峰更宽，主要是因为对位取代结构中噁二唑环的强吸电子效应更有利于马来酰亚胺环上双键电子云密度的降低，反应活性差别更大；p-Mioxd 热处理 30min 后固化放热峰呈现明显的两个肩峰。p-Mioxd 的 DSC 曲线和 m-Mioxd 有些差异，除了在较高温度范围内出现的熔融吸热峰和固化放热峰，在低温区域 170～180℃范围内出现一组小的吸热和放热峰，文献中也有类似的现象报道，并且将其归属为 BMI 单体的固化反应[16]。

表 7.3 列出了 DSC 曲线上得到的单体固化特征参数，其中 T_m 为 ZBMI 单体的熔点；T_i 为反应起始温度；T_p 为反应峰值温度；T_f 为反应结束温度；$T_i - T_m$ 为单体熔融加工窗口；ΔH 为固化反应放热焓。两种 ZBMI 单体具有相似的固化行为，固化放热峰值温度在 300℃以下，m-Mioxd 的峰值温度要高于 p-Mioxd，可能是因为间位取代效应增加了分子链段运动的摩擦阻力，熔体黏度相应增加，固化放热峰向高温方向移动。而另一方面，间位取代效应打破了分

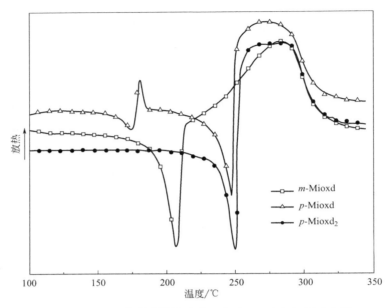

图 7.15 ZBMI 单体在升温速率 10℃/min 时动态 DSC 曲线

子结构规整性，降低了分子链段结晶能力以及堆砌紧密程度，导致 m-Mioxd 的熔点反而低于 p-Mioxd，拓宽了熔融加工窗口。p-Mioxd 的 DSC 曲线中，低温范围反应放热峰的熔值为 6.8J/g，与 BMI 固化反应熔值相差较大，因此我们认为将其归属于 BMI 单体的固化反应比较牵强。

表 7.3　由 ZBMI 单体的 DSC 曲线得到的单体固化特征参数数据

样品	T_m/℃	T_i/℃	T_p/℃	T_f/℃	(T_i-T_m)/℃	ΔH/(J/g)
p-Moxid$_2$	174.5	—	180.4	—		6.8
p-Moxid	247.1	248.3	271.3	306.2		189.3
m-Moxid	206.3	237.9	283.1	308.5	31.6	109.1

　　热固性树脂的固化反应遵循反应速率论，反应活化能是判断固化反应能否发生的能量参数，可作为区分不同反应类型的重要依据。为了更深入地了解 ZB-MI 单体的固化反应机理，研究其 DSC 曲线中放热峰的反应类型，我们采用动态 DSC 法研究了单体固化反应动力学，并计算其表观活化能。表 7.4 中列出了两种 ZBMI 单体不同升温速率 DSC 曲线放热峰值温度，其中 T_{p1} 和 T_{p2} 分别对应于 p-Mioxd 的 DSC 曲线中的两个放热峰值温度，T_{p3} 为 m-Mioxd 的固化峰值温度。根据不同升温速率动态 DSC 曲线中放热峰值温度确定反应表观活化能最常用的方法是 Kissinger 法和 Ozawa 法[17,18]。

Kissinger 方程：

$$d[\ln(\beta/T_p^2)]/d(1/T_p) = -E_a/R \tag{7.1}$$

Ozawa 方程：

$$d(\lg\beta)/d(1/T_p) = -0.4567E_a/R \tag{7.2}$$

式中，β 为升温速率，K/min；T_p 为放热峰值温度，℃；R 为摩尔气体常数，$R=8.314$，J/(mol·K)；E_a 为固化反应表观活化能，J/mol。

表 7.4　ZBMI 单体不同升温速率 DSC 曲线放热峰值温度

$\beta/(\text{K/min})$	$T_{p1}/℃$	$T_{p2}/℃$	$T_{p3}/℃$
2.5	174.6	251.2	251.8
5	177.9	262.1	264.4
10	180.4	276.3	283.1
15	182.1	288.1	290.4
20	182.9	296.8	296.8

根据 Kissinger 方程，$\ln(\beta/T_p^2)$ 对 $1/T_p$ 作图可得到一条直线，由拟合直线的斜率即可得到固化反应的表观活化能 E_a。同理根据 Ozawa 方程，由 $\lg\beta$ 对 $1/T_p$ 的拟合直线斜率亦可求得表观活化能 E_a，如图 7.16（a）～图 7.16（c）所示。两种方法拟合结果均具有良好的线性关系，计算所得 E_a 值略有差别。其中 p-Mioxd 第一处放热峰的表观活化能分别为 50.96kJ/mol 和 49.54kJ/mol，第二处放热峰的表观活化能分别为 124.7kJ/mol 和 129.0kJ/mol；m-Mioxd 固化放热峰的表观活化能分别为 125.4kJ/mol 和 128.7kJ/mol。p-Mioxd 第一处放热峰的表观活化能与另外两组差别较大，并且研究报道双马来酰亚胺单体热固化反应的表观活化能通常为 100kJ/mol 左右[19]，由此判断 p-Mioxd 第二处放热峰应该为 BMI 单体的固化反应放热峰，而第一处放热峰并不能归属为 BMI 单体的固化反应。

为了进一步探讨 p-Mioxd 的 DSC 曲线中第一处放热峰产生的原因，对其 200℃热处理 30min 后的 DSC 曲线进行了分析（图 7.15 中 p-Mioxd$_2$），结果发现低温区域的反应峰热处理之后消失了。我们推测此处的热行为有可能是晶体堆积形态的变化引起的，因此对热处理前后的 p-Mioxd 分别进行了偏光显微镜（图 7.17）和 XRD 测试分析（图 7.18）。由图 7.17（a）可以看出，热处理之前 p-Mioxd 的偏光显微镜视野中存在明亮斑点，且部分呈现棒状结构；图 7.18（a）为其相应的 XRD 图，由图可以看出 2θ 值 10°～20° 之间出现明显的结晶峰，说明 p-Mioxd 具有一定的结晶能力。热处理之后偏光显微镜视野中明亮斑点消失，出现大量均匀的暗斑，如图 7.17（b）所示；相应的 XRD 图 7.18（b）中 10°～

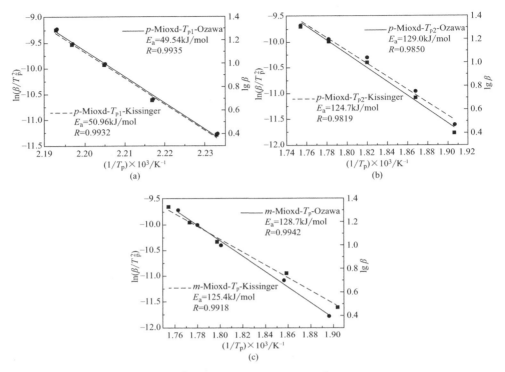

图 7.16　$\ln(\beta/T_p^2)$ 和 $\lg\beta$ 分别对 $1/T_p\times 10^3$ 拟合直线关系图

20°之间的结晶峰强度变弱甚至消失，而在 $15°\sim 30°$ 之间结晶峰的强度增大，主要是因为分子链段在热作用下进行了更加紧密地排列，导致晶体堆积更紧密。上述结果说明 p-Mioxd 具有一定的结晶能力，且在热作用下晶体堆积更加紧密，因此将 DSC 曲线上低温区间的热行为归属为晶体堆积形态的变化是合理的。

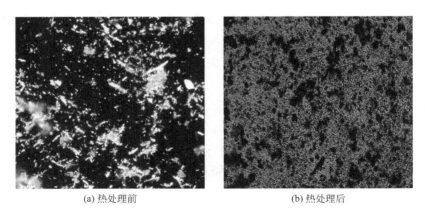

(a) 热处理前　　　　　　　　(b) 热处理后

图 7.17　p-Mioxd 热处理前后的偏光显微镜图

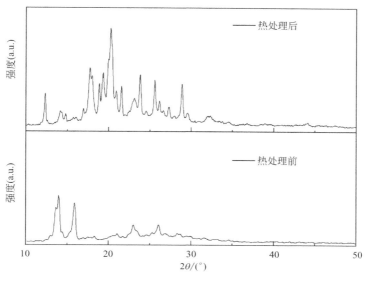

图 7.18 *p*-Mioxd 热处理前后的 XRD 图

7.2.3 ZBMI 固化物的耐热性能

图 7.19 为两种 ZBMI 固化物的 TGA 及 DTG 曲线，升温速率为 20℃/min。

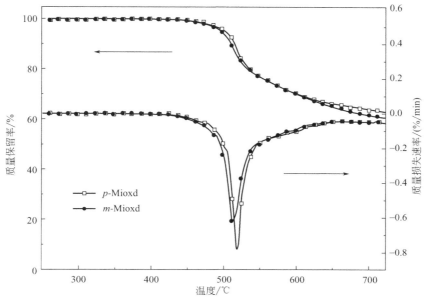

图 7.19 ZBMI 固化物 TGA 和 DTG 曲线

表 7.5 列出了相应的热分解特征温度及高温残炭率，其中 $T_{5\%}$ 为质量损失 5％时的温度；$T_{10\%}$ 为质量损失 10％时的温度；$T_{max\%}$ 为固化物质量损失速率最快时对应的温度，即 DTG 曲线中的峰值温度；RW 为 700℃时的残炭率。由图 7.19 和表 7.5 可以看出，两种 ZBMI 树脂固化物均具有优异的耐热性能，并且 700℃ 的残炭率都在 60％以上，主要是因为分子结构中含有大量刚性苯环及耐热性能优异的噁二唑杂环结构；另外，对位取代结构使得 p-Mioxd 的分子结构更加规整，对称性及结晶性更好，分子链堆砌紧密，因此表现出更优的耐热性能。

表 7.5　ZBMI 固化物耐热分解特征温度及高温残炭率参数

样品	$T_{5\%}$/℃	$T_{10\%}$/℃	T_{max}/℃	RW/%
p-Moxid	504	515	518	64.0
m-Moxid	499	508	511	61.7

参考文献

[1] Xia L L，Zhai X J，Xiong X H，et al. Synthesis and properties of 1，3，4-oxadiazolecontaining bismaleimides with asymmetric structure and the copolymerized systems thereof with 4，4′-bismaleimidodiphenylmethane [J]. RSC Advances，2014，4（9），4646-4655.

[2] 陈平，熊需海，于祺，等．含 1,3,4-噁二唑结构双马来酰亚胺及其制备法：ZL201010211439.0 [P]. 2012-03-21.

[3] 陈平，夏连连，熊需海，等．含 1,3,4-噁二唑结构不对称双马来酰亚胺及其制备方法：CN201210473120.4 [P]. 2013-02-27.

[4] 陈平，夏连连，熊需海，等．含 1,3,4-噁二唑结构不对称芳香二元胺及其制备方法：CN201210473200.X [P]. 2013-04-03.

[5] Shi D Q，Wang H Y，Li X Y，et al. Novel N，N′-Diacylhydrazine-Based Colorimetric Receptors for Selective Sensing of Fluoride and Acetate Anions [J]. Chinese Journal of Chemistry，2007，25：973-976.

[6] Kidwai M，Mishra N K，Bansal V，et al. Cu-nanoparticle catalyzed O-arylation of phenols with aryl halides via Ullmann coupling [J]. Tetrahedron Letters，2007，48（50）：8883-8887.

[7] 邹长军，刘丽波．改进相转移催化法合成 2-甲基苯基-4′-硝基苯基醚化合物 [J]．石油化工高等学校学报，2002，15（4）：51-53.

[8] Zhu X H，Chen G，Ma Y. Highly efficient Ullmann C—O coupling reaction under microwave irradiation and the effects of water [J]. Chinese Journal of Chemistry，2007，25：546-552.

[9] 于家涛，宋华，李锋，等．苯环侧链烃基氧化研究进展 [J]．辽宁化工，2006，35（11）：648-651.

[10] 冯国仁，陶兰，刘影英．1,3,4-噁二唑衍生物的合成研究进展［J］. 杭州师范学院学报（自然科学版），2006（6）：469-475，507.

[11] 潘卫春，吴义彪，陈忠平，等．4，4′-二氨基二苯醚的研究进展［J］. 化工时刊，2012，26（5）：43-48.

[12] 丁建飞，吴义彪，陈忠平，等．4，4′-二硝基二苯醚及其还原产物［J］. 化工新型材料，2012（8）：14-16.

[13] 白龙腾，曹瑞军，吕燕．二苯甲烷双马来酰亚胺的合成工艺研究［J］. 热固性树脂，2012（3）：12-15.

[14] 刘润山，刘景民，刘生鹏，等．二苯甲烷双马来酰亚胺的合成工艺研究进展［J］. 绝缘材料，2006，39（2）：47-51.

[15] Oerhanides G. Preparation of Maleimides and Dimaleimides：US 4154737［P］. 1979-05-15.

[16] Tang H Y，Song N H，Gao Z H，et al. Synthesis and properties of 1，3，4-oxadiazole-containing high-performance bismaleimide resins［J］. Polymer，2007，48（1）：129-138.

[17] Xiong Y，Boey F Y C，Rath S K. Kinetic study of the curing behavior of bismaleimide modified with diallylbisphenol A［J］. Journal of Applied Polymer Science，2003，90（8）：2229-2240.

[18] Varma I K，Fohlen G M，Parker J A. Synthesis and thermal characteristics of bisimides. I［J］. Journal of Polymer Science：Polymer Chemistry Edition，1982，20（2）：283-297.

[19] Wang C S，Hwang H J. Synthesis and properties of phosphorus containing copoly（bis-maleimide）［J］. Polymer，1999，40（20）：5665-5673.

含1,3,4-噁二唑芳杂环结构改性双马来酰亚胺树脂制备及其性能

本章采用两种方法制备含 1,3,4-噁二唑芳杂环结构改性 BMI 树脂。其一是利用 ZBMI 分别与 MBMI、DAPBA 以及 MBMI/DABPA 共聚制备；另一种是采用含 1,3,4-噁二唑芳杂环结构芳香族二元胺（ZDA）与 MBMI 进行 Michael 加成反应制备扩链型改性树脂 ZM，进而利用其对 MBMI/DABPA 进行增韧改性。详细研究了各种改性树脂体系的固化行为、固化机理、动态力学性能、热稳定性、力学性能及抗吸湿性能等。

8.1 ZBMI/MBMI 共聚树脂体系及其复合材料性能 [1]

由于 ZBMI 中含有大量刚性苯环及噁二唑杂环，因此其熔点较高、熔融加工窗口也比较窄，尤其是 p-Mioxd 表现为熔融即刻固化且熔体黏度较大，很难在实际应用中单独使用。二苯甲烷型双马来酰亚胺（MBMI）是目前应用较为成熟的商业化 BMI，其熔点较低（160℃），熔体黏度小，是目前改性 BMI 树脂的常用基本单体。本节中将 ZBMI 与 MBMI 进行共聚，研究了 ZBMI 的含量对共聚树脂体系固化行为、耐热性能及其复合材料动态力学性能的影响，以期利用 ZB-MI 优异的耐热性能和较长的分子链对 MBMI 的性能进行进一步改善。

8.1.1 ZBMI/MBMI 树脂固化行为

图 8.1 显示了 ZBMI/MBMI 树脂体系升温速率为 10℃/min 时的动态 DSC 曲线，其中 ZBMI 含量为 0%、2.5%、5%、10%（质量分数），分别标记为 MBMI、p-Mioxd-2.5、p-Mioxd-5、p-Mioxd-10、m-Mioxd-2.5、m-Mioxd-5、m-Mioxd-10。图中可以看出所有共聚树脂体系表现出相似的固化行为，均出现

单一熔融峰和固化放热峰，且 ZBMI 的加入使得固化放热峰向高温方向移动。由 DSC 图中所得主要固化特征参数列于表 8.1 中，从中可以看出体系的熔点均在 160℃左右，接近 MBMI 的熔点；ZBMI 的引入对 MBMI 固化反应影响较大，固化起始温度及固化峰值温度均明显向高温方向移动，这可能是由于 ZBMI 本身具有较高的固化反应温度以及较大熔体黏度；体系的熔融加工窗口（T_i－T_m）拓宽，由 MBMI 的 18℃增大至 92℃。

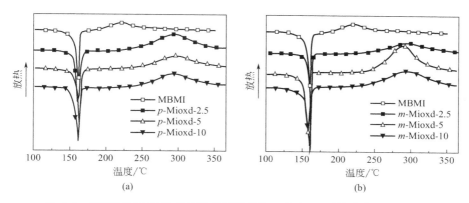

图 8.1　ZBMI/MBMI 树脂体系升温速率为 10℃/min 时的动态 DSC 曲线

表 8.1　ZBMI/MBMI 树脂体系 DSC 曲线固化特征参数数据

样品	T_m/℃	T_i/℃	T_p/℃	T_f/℃	（T_i－T_m）/℃	ΔH/(J/g)
MBMI	160	178	220	246	18	60.9
p-Mioxd-2.5	162	244	293	336	82	115.8
p-Mioxd-5	162	253	294	333	91	90.3
p-Mioxd-10	161	248	292	332	87	90.8
m-Mioxd-2.5	162	248	294	340	86	121.3
m-Mioxd-5	158	250	290	344	92	150.5
m-Mioxd-10	160	251	294	345	91	108.9

8.1.2　ZBMI/MBMI 树脂固化物耐热性能

图 8.2 为 ZBMI/MBMI 树脂体系升温速率为 20℃/min 时的 TGA 和 DTG 曲线，由图中所得热失重特征温度及 700℃残炭率列于表 8.2 中。分析结果可知，所有体系均具有优异的耐热性能及高温残炭率，$T_{5\%}$ 大于 500℃，700℃残炭率高于 45%；随着 ZBMI 含量的增加，共聚树脂体系的热稳定性相应提高，这主要是因为 ZBMI 分子链中存在耐热性能更好的刚性噁二唑杂环；m-Mioxd-5 体系的热失重温度稍有降低，可能是因为 ZBMI 分子链比 MBMI 更长，固化物

交联网络间链段长度增加，交联密度降低，导致固化物耐热性能稍微降低；700℃残炭率随着 ZBMI 含量的增加而增大。p-Mioxd 体系耐热性能随其含量的增加逐渐提高，主要是因为 p-Mioxd 分子链结构刚性、对称性等因素对固化物热分解性能的影响占主要地位。

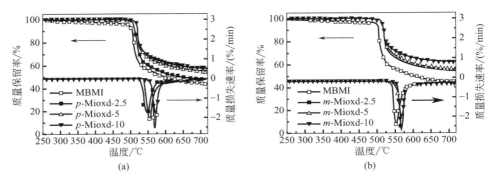

图 8.2　ZBMI/MBMI 树脂体系升温速率为 20℃/min 时的 TGA 和 DTG 曲线

表 8.2　ZBMI/MBMI 树脂体系热失重特征温度及残炭率参数

样品	$T_{5\%}$/℃	$T_{10\%}$/℃	T_{max}/℃	RW/%
MBMI	502	506	510	44.9
p-Mioxd-2.5	511	513	516	48.5
p-Mioxd-5	518	521	522	55.8
p-Mioxd-10	519	522	523	58.3
m-Mioxd-2.5	516	520	521	54.8
m-Mioxd-5	515	518	522	56.1
m-Mioxd-10	517	520	520	62.2

8.1.3　ZBMI/MBMI 树脂复合材料动态力学性能

图 8.3 为 ZBMI/MBMI 树脂基复合材料动态力学（DMA）谱图，从中可以看出 ZBMI 的引入使得复合材料玻璃态储能模量明显降低，这可能是因为聚合物玻璃态储能模量主要受分子链段堆砌紧密程度、分子链刚性以及分子间物理结合力的影响，与 MBMI 短且比较规整的链段相比，ZBMI 具有更长的分子链以及柔性醚键，影响了链段的规整堆砌，从而使得玻璃态储能模量降低。所有体系均具有较高的玻璃化转变温度，T_g 超过 450℃。

图 8.3 中所得特征数据列于表 8.3 中，随着 p-Mioxd 含量增加，固化树脂分子链刚性增大，玻璃态储能模量有升高的趋势；而 m-Mioxd 分子结构中的柔

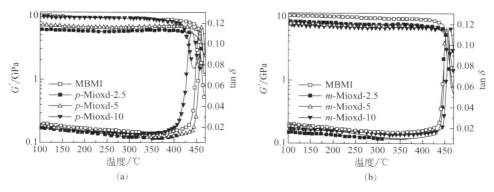

图 8.3 ZBMI/MBMI 树脂基复合材料动态力学（DMA）谱图

性醚键和较长分子链对模量的影响占主导地位，因此随其含量增加，模量一直降低。复合材料的高温模量保持率均较高，其中 p-Moxid-2.5 及 p-Moxid-5 体系 400℃时模量保持率高达 96%。上述结果说明含 1,3,4-噁二唑结构 BMI 树脂基复合材料具有优异的动态力学性能。

表 8.3 ZBMI/MBMI 树脂基复合材料 DMA 特征数据

样品	G'/GPa		T_g/℃	tan δ 峰高
	100℃	400℃		
MBMI	9.79	8.50	463	0.107
p-Mioxd-2.5	6.06	5.84	468	0.096
p-Mioxd-5	7.12	6.87	473	0.118
p-Mioxd-10	9.56	7.96	448	0.113
m-Mioxd-2.5	7.83	6.87	466	0.108
m-Mioxd-5	7.50	6.82	472	0.106
m-Mioxd-10	6.94	6.48	473	0.108

8.2　ZBMI/DABPA 共聚树脂体系 [2]

本节利用 2,2′-二烯丙基双酚 A（DABPA）对 ZBMI 进行共聚改性，研究了不同摩尔比 ZBMI/DABPA 体系固化行为及热稳定性；并以熔点更低、溶解性更好的 m-Mioxd 与 DABPA 等摩尔共聚体系为研究对象，系统探讨了共聚树脂体系固化动力学、固化机理，并确定了合适的固化工艺；研究了不同摩尔比对 ZBMI/DABPA 体系纤维增强树脂基复合材料力学性能、耐热性能及吸湿性能的影响；探讨了 ZBMI 的含量对 ZBMI/MBMI/DABPA 三元体系固化行为、预聚物溶解性、固化物的热稳定性、力学性能及吸湿性能的影响。

8.2.1 ZBMI/DABPA 树脂固化行为

8.2.1.1 ZBMI/DABPA 树脂 DSC 研究

图 8.4 为 ZBMI/DABPA 树脂体系在升温速率 10℃/min 下的动态 DSC 曲线，其中 DABPA 与 m-Mioxd 或 p-Mioxd 的摩尔比为 0.87∶1、1∶1、1.2∶1，分别标记为 m-DZ87、m-DZ100、m-DZ120、p-DZ87、p-DZ100、p-DZ120。由图中所得树脂体系的固化反应特征参数列于表 8.4 中，其中 T_{p1}、T_{p2} 和 T_{p3} 分别为 DSC 曲线上主要放热峰值温度，ΔH 为固化反应放热焓。图 8.4 中可以看出，不同摩尔比 ZBMI/DABPA 树脂体系均分别在 90～150℃ 以及 200～300℃ 温度范围内出现了两组主要的反应放热峰，说明共聚树脂体系具有相似的固化行为，这与文献报道一致[2-6]。烯丙基双酚 A 与双马来酰亚胺的固化机理比较复杂，一般研究认为固化过程中主要反应包括：100～200℃ 温度范围烯丙基双键与 BMI 双键之间发生 "ene" 双烯加成反应，生成线型预聚物；然后中间体与 BMI 双键在更高温度范围 200～300℃ 内发生 "Diels-Alder" 反应，生成三维网状结构。另外 BMI 单体在较高温度下会发生自聚合反应，烯丙基适量和过量体系在 350℃ 左右出现烯丙基自聚反应的放热峰[2,7]。

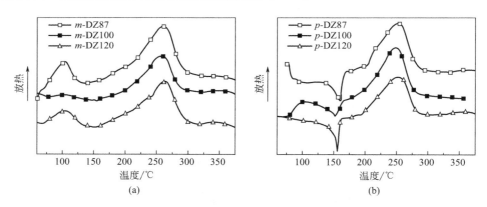

图 8.4　ZBMI/DABPA 树脂体系在升温速率 10℃/min 下的动态 DSC 曲线

由表 8.4 中 DSC 曲线的特征数据可以看出，m-Mioxd 双键与烯丙基双键发生 "ene" 双烯加成反应的温度均在 100℃ 左右，这比报道的 140℃ 要低[8]，说明 m-Mioxd 单体的反应活性更高，这可能是由于 1,3,4-噁二唑基团的强吸电性，导致 m-Mioxd 马来酰亚胺环上双键电子云密度有所降低，从而更有利于亲核试剂烯丙基双键的进攻。两阶段反应的峰值温度差扩大，为后续制备可溶线性预聚物提供了有利条件。另外从图中还可以看到，DABPA 过量体系在 350℃

附近出现了一个较为明显的反应放热峰，一般将其归属为烯丙基双键的自聚反应，由于烯丙基化合物非常稳定，只有在较高温度下才能发生自聚反应[9]。当DABPA 不足时，此放热峰消失，等摩尔比 m-DZ100 体系中也存在烯丙基双键的自聚反应放热峰，说明在固化反应过程中部分 ZBMI 单体在热作用下发生了自聚反应。

表 8.4   ZBMI/DABPA 体系的 DSC 曲线特征参数

样品	T_m/℃	T_{p1}/℃	ΔH_1/(J/g)	T_{p2}/℃	ΔH_2/(J/g)	T_{p3}/℃
m-DZ87	—	103.6	45.5	260.8	182.4	
m-DZ100	—	101.6	4.59	258.7	176.6	348.6
m-DZ120	—	104.5	32.4	262.7	202.6	343.6
p-DZ87	159.2	—	—	253.9	114.8	
p-DZ100	151.5	—	—	250.6	128.5	
p-DZ120	155.1	—	—	252.5	114.5	358.2

8.2.1.2 m-Mioxd/DABPA 体系固化动力学的研究

本小节以等摩尔比 m-Mioxd/DABPA 体系为研究对象，采用动态 DSC 法研究了树脂体系固化动力学，计算固化反应的表观活化能与反应级数。图 8.5 为不同升温速率下等摩尔比 m-Mioxd/DABPA 体系的 DSC 曲线，从图中可以看出，两个主要固化放热峰值温度均随着升温速率的增加向高温方向移动，图中

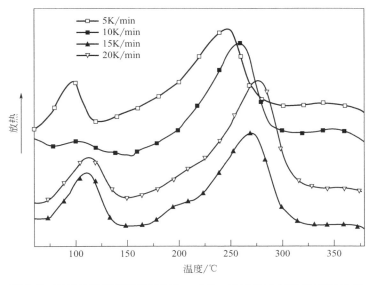

图 8.5   不同升温速率下等摩尔比 m-Mioxd/DABPA 体系的 DSC 曲线

所得固化反应峰的特征数据列于表 8.5 中，其中 T_{p1} 及 T_{p2} 分别为 DSC 曲线上两个主要反应放热峰的峰值温度，T_i 和 T_f 分别为固化反应放热峰起始和终止温度。

表 8.5　等摩尔比 *m*-Mioxd/DABPA 体系不同升温速率下 DSC 曲线特征数据

β/(K/min)	T_{p1}/℃	T_{p2}/℃	T_i/℃	T_f/℃
5	96.7	197.2	245.6	268.8
10	104.9	206.3	260.8	284.4
15	110.3	225.6	271.6	294.6
20	113.5	232.7	276.4	302.2

等摩尔比 *m*-Mioxd/DABPA 体系固化反应遵循反应速率论，因此通过不同升温速率动态 DSC 法，可以得到固化反应的动理学参数，如表观活化能和反应级数。其中常用的模型方程有 Kissinger 法和 Crane 法[3,10]。两种方法都是非等温积分，求解过程不需要明确固化反应机理，只需知道不同升温速率下放热峰值温度即可，因此操作较为简便。

Kissinger 方程：

$$d[\ln(\beta/T_p^2)]/d(1/T_p) = -E_a/R \tag{8.1}$$

Crane 方程：

$$d(\ln\beta)/d(1/T_p) = -E_a/nR \tag{8.2}$$

式中，β 为升温速率，K/min；T_p 为固化放热峰峰值温度，℃；R 为摩尔气体常数，$R=8.314$J/(mol·K)；E_a 为表观活化能，J/mol；n 为固化反应级数。

由 Kissinger 方程可知，以 $\ln(\beta/T_p^2)$ 为纵坐标，$1/T_p$ 为横坐标可以得到一条直线，由直线斜率及截距分别求得固化反应的表观活化能（E_a）和固化反应指前因子（A）；再根据 Crane 方程，利用 $\ln\beta$ 与 $1/T_p$ 的拟合直线斜率即可求得固化反应的反应级数（n），如图 8.6 所示拟合结果具有较好的线性关系。计

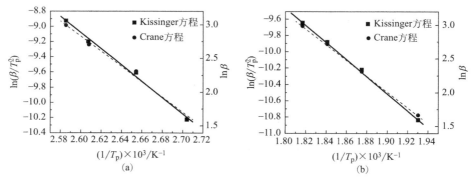

图 8.6　$\ln(\beta/T_p^2)$ 和 $\ln\beta$ 分别对 $1/T_p \times 10^3$ 拟合直线关系图

算所得等摩尔比 m-Mioxd/DABPA 体系两个主要固化反应峰的特征参数列于表 8.6 中。

表 8.6   等摩尔比 m-**Mioxd/DABPA** 体系固化反应峰的特征参数

放热峰	E_a/(kJ/mol)	n	A/min^{-1}
低温区域	89.48	0.941	1.76×10^9
高温区域	88.42	0.909	1.67×10^5

由表 8.6 的数据可以看出，固化反应级数接近一级反应；第一阶段发生 "ene" 双烯加成反应，与第二阶段的 "Diels-Alder" 反应相比，具有稍高的反应活化能；两阶段的固化反应机理有所不同主要是因为相对于双烯体上 C＝Cπ 的断裂，烯丙基双键上 C—H δ 键的断裂需要克服更高的能量势垒。另外还可以看出，体系发生 "ene" 加成反应的活化能要低于之前的研究报道（100J/mol）[10,12]，这也验证了前面所述，由于噁二唑基团的强吸电性诱导效应，使得 ZBMI 马来酰亚胺环上双键电子云密度降低，因此具有更高的反应活性。

8.2.1.3   m-Mioxd/DABPA 树脂体系固化工艺的研究

热固性树脂的固化工艺条件对固化物的性能，如：弯曲模量和强度、冲击韧性以及玻璃化转变温度都会产生一定的影响，因此为了得到综合性能优异的树脂固化物，必须选择合适的固化工艺。一般根据不同升温速率 DSC 曲线可以得到固化工艺参数，从而确定最佳固化条件。由于不同摩尔比 m-Mioxd/DAB-PA 树脂体系具有相似的固化行为（图 8.4），因此本节中选用等摩尔比树脂体系作为研究对象，采用外推法确定其固化工艺。DSC 曲线中固化放热峰的峰值温度随着升温速率的增加逐渐向高温方向移动，这主要是因为固化反应既是一个热力学过程，同时也受动力学控制，当升温速率较低时，体系中分子链段运动时间充足，有利于活性基团碰撞反应，在较低温度下即可开始固化反应；如果升温速率过快，体系没有足够的时间吸收外界能量，需要在较高温度下引发固化反应，因此出现反应滞后的现象，固化反应峰向高温方向移动[11]。在实际应用中，通常需要采用 T-β 外推法得到 $\beta = 0$ 时的固化工艺参数，即：固化反应起始温度（T_i）、固化峰值温度（T_p）、固化结束温度（T_f）。

由等摩尔比 m-Mioxd/DABPA 体系不同升温速率下的 DSC 曲线（图 8.5）可知，随着升温速率的增加主要固化放热峰值温度均向高温方向移动。表 8.5 中固化反应放热峰特征温度 T_i、T_p、T_f 对 β 作图（图 8.7），并进行线性拟合可求得 $\beta = 0$ 时的树脂体系的 T_i、T_p、T_f 值分比为 196℃、235℃、260℃。树脂体系经过固化达到一定程度后，需经过后处理改善交联密度以提高固化物的性能，并且固化度随着后处理时间的延长而增加，一般后处理时间大于 2h 树脂即可完全固化，因此本节研究的树脂体系采用统一的固化工艺：180℃×1h＋210℃×2h＋250℃×6h。

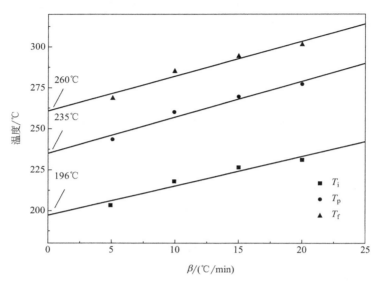

图 8.7　固化特征温度与 β 的拟合直线图

8.2.2　ZBMI/DABPA 树脂的固化反应机理

ZBMI/DABPA 体系的固化机理较为复杂，固化过程中发生的主要反应包括：烯丙基双键与马来酰亚胺双键的"ene"加成反应；中间产物与马来酰亚胺双键"Diels-Alder"反应，其产物在热作用下发生芳构化重排反应；烯丙基双键及马来酰亚胺双键的自聚合反应（图 8.8）。上节中采用动态 DSC 法，根据固化反应过程中热量参数推测可能发生的反应，并不能准确判断其固化反应类型，而通过 FT-IR 跟踪固化过程中特定官能团吸收峰强度的变化能够更准确判断体系中发生的化学反应类型。

本小节中采用 FT-IR 跟踪等摩尔比 m-Mioxd/DABPA 树脂体系在 150℃恒温固化过程中特征官能团吸收峰强度的变化，从而推测可能发生的化学反应。图 8.9 为等摩尔比 m-Mioxd/DABPA 树脂体系 150℃恒温固化不同时间段的 FT-IR 谱图，从图中可以看出，随着固化时间的延长马来酰亚胺环上 C—N—C 的振动吸收峰（1149cm^{-1}）逐渐减弱直至消失；烯丙基双键上 C—H 变形振动吸收峰一般出现在 990cm^{-1} 和 910cm^{-1} 附近，其中 910cm^{-1} 处的吸收峰与其他峰重叠，随着固化时间延长变化不明显，而 998cm^{-1} 处的吸收峰相对独立，且随着固化时间延长其强度逐渐减弱，可用来跟踪烯丙基双键的反应程度。值得注

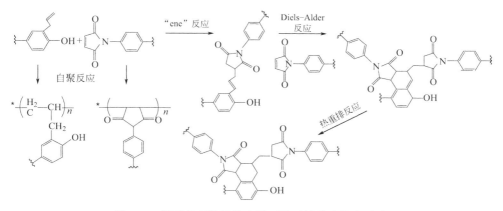

图 8.8　烯丙基双键及马来酰亚胺双键的自聚合反应

意的是，当固化时间达到 360min 时，马来酰亚胺环上 C—N—C 的振动吸收峰
（1149cm^{-1}）已经基本消失，而烯丙基双键 998cm^{-1} 处的吸收峰并没有完全消
失。由于烯丙基双键非常稳定，只有在较高温度下才能发生自聚反应，因此可
以推断在低温固化过程中部分 ZBMI 单体发生了自聚反应，这与上节中 DSC 研
究结果一致。

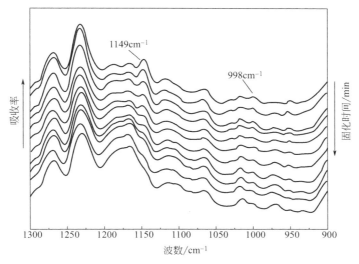

图 8.9　等摩尔比 m-Mioxd/DABPA 体系 150℃恒温固化不同时间段的 FT-IR 谱图
（固化时间分别为：0min、20min、40min、60min、90min、120min、150min、
180min、240min、300min、360min）

8.2.3　ZBMI/DABPA 树脂固化物的热稳定性

图 8.10 为不同摩尔比 ZBMI/DABPA 体系升温速率 20℃/min 时的 TGA 及其 DTG 曲线，图中可以看出 ZBMI/DABPA 树脂体系表现出相似的热失重行为，树脂体系摩尔配比的变化不会影响其固化物的热分解机理。表 8.7 中列出了部分热分解特征参数，如质量损失 5% 和 10% 时的温度（$T_{5\%}$、$T_{10\%}$）、最大分解温度（T_{max}）以及 700℃ 时的残炭率，分析表中数据可以看出所有体系 $T_{5\%}$、$T_{10\%}$ 差别不大，并随着 ZBMI 比例的增加逐渐升高，这主要是由于 ZBMI 含量增加导致固化物交联网络结构刚性增大，从而热稳定性提高。

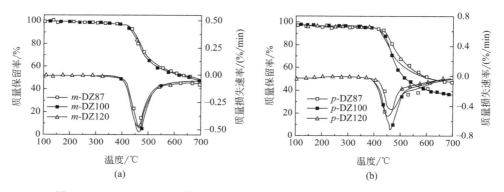

图 8.10　ZBMI/DABPA 体系升温速率 20℃/min 时的 TGA 及其 DTG 曲线

表 8.7　ZBMI/DABPA 体系固化物热分解特征参数

样品	$T_{5\%}$/℃	$T_{10\%}$/℃	T_{max}/℃	RW/%
m-DZ87	425	445	471	47.6
m-DZ100	421	441	473	48.1
m-DZ120	419	439	460	48.6
p-DZ87	423	445	462	47.1
p-DZ100	416	435	468	37.1
p-DZ120	414	431	448	48.5

8.2.4　m-Mioxd/DABPA 树脂基复合材料力学性能

表 8.8 中列出了不同摩尔比 m-Mioxd/DABPA 树脂基复合材料的力学性能，包括弯曲强度 σ_f、弯曲模量 E_f 和层间剪切强度 ILSS。从表中可以看出 m-Mioxd/DABPA 摩尔比对复合材料的力学性能产生较大影响；随着 m-Mioxd 含量的增加，复合材料弯曲强度与弯曲模量均有明显提高，这可能是由复合材料中

树脂固化物的刚性及交联密度增大导致的。复合材料层间剪切强度在一定程度上反映了树脂基体与纤维之间的界面结合情况，m-Mioxd 含量的增加一方面使树脂体系的熔体黏度增加，不利于纤维浸渍，导致界面黏结变差；另一方面 m-Mioxd 含量增加提供了更多的反应性基团与表面偶联剂 KH-550 上的—NH_2 发生 Michael 加成反应，纤维与树脂界面间生成更多的化学结合键，因此 m-DZ87 的 ILSS 大幅度提高。

表 8.8　m-Mioxd/DABPA 树脂基复合材料力学性能

样品	σ_f/MPa	E_f/GPa	ILSS/MPa
m-DZ87	630.7	30.8	61.5
m-DZ100	601.6	23.6	43.1
m-DZ120	570.7	21.7	48.2

图 8.11 给出了复合材料断面扫描电镜图，图 5.30（a）中可以看出当 DABPA 含量较多时，树脂浸渍纤维情况最好，其断面相对比较整齐；而 m-DZ87 体系纤维与界面的化学结合键增多，纤维断裂不均匀，纤维拔出较短，如图 5.30（c）所示。

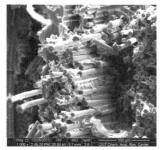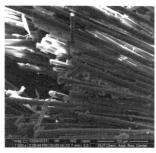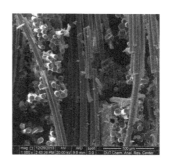

(a) m-DZ120　　　　　　　(b) m-DZ100　　　　　　　(c) m-DZ87

图 8.11　ZBMI/DABPA 体系复合材料断面扫描电镜图

8.2.5　m-Mioxd/DABPA 树脂基复合材料动态力学性能

图 8.12 为不同摩尔比 m-Mioxd/DABPA 树脂基复合材料动态力学性能（DMA）谱图，图 8.12（a）储能模量（G'）与温度关系图，图 8.12（b）损耗模量（G''）与温度关系图，图 8.12（c）损耗因子（$\tan\delta$）与温度关系图，由图中所得特征参数列于表 8.9 中。分析结果可以看出，摩尔比对复合材料模量产生一定的影响，随着 m-Mioxd 含量增加，玻璃态和橡胶态储能模量均呈现增大的趋势，与上节中弯曲模量结果一致，并且 m-Mioxd 过量和适量体系要明显高

于欠量体系。这主要是因为 m-Mioxd 含量增加导致固化物交联网链刚性及密度增加；当 DABPA 过量时，固化网络中可能含有较多烯丙基均聚物以及未反应的烯丙基基团，相应模量较低。

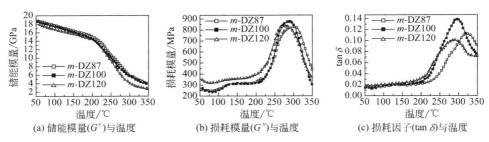

(a) 储能模量(G')与温度   (b) 损耗模量(G'')与温度   (c) 损耗因子(tan δ)与温度

图 8.12　m-Mioxd/DABPA 树脂基复合材料 DMA 谱图

损耗模量 G'' 的峰值温度以及损耗角正切值 tan δ 的峰值温度反映了聚合物的玻璃化转变温度，图 8.12 中可以看出 m-Mioxd 过量及不足体系 G'' 在玻璃化转变温度下出现弱的肩峰，说明体系存在微弱的相分离。G'' 和 tan δ 的主要峰值温度随着 m-Mioxd 含量的增加向高温方向移动，这是因为随着 m-Mioxd 含量增加，固化物网络结构的刚性及交联密度增大，导致玻璃化转变时分子链段运动阻力增大，应力松弛滞后。G'' 和 tan δ 峰值反映了聚合物分子链段运动的摩擦阻力，DABPA 过量时，体系交联密度较小，分子链段运动的自由体积增大，m-DZ120 体系 G'' 和 tan δ 峰值低于 m-DZ100 体系。另外根据 Goyanes 等[13] 的研究报道，聚合物与纤维之间的界面黏结以及机械耦合作用使得阻尼增大，从而导致 G'' 和 tan δ 峰值降低，由上节的研究可知 m-DZ87 体系树脂与纤维之间形成更多化学结合键，具有最佳的界面黏结性能，因此其 G'' 和 tan δ 峰值明显降低。

表 8.9　m-Mioxd/DABPA 树脂基复合 DMA 特征参数数据

样品	储能模量（G'）/GPa			损耗模量（G''）/MPa		tan δ	
	50℃	250℃	350℃	T_p/℃	峰值	T_p/℃	峰值
m-DZ87	18.9	10.7	4.2	299	833.3	321	0.114
m-DZ100	18.6	9.8	3.8	287	884.5	295	0.138
m-DZ120	18.0	9.3	2.6	281	839.9	289	0.101

8.2.6　m-Mioxd/DABPA 树脂基复合材料吸湿性能

图 8.13 为不同摩尔比 m-Mioxd/DABPA 树脂基复合材料沸水中 36h 内的吸水率随时间的变化曲线。图中可以看出不同摩尔比 m-Mioxd/DABPA 树脂基复合材料的吸水性能表现出相似的变化趋势，前 10h 的吸水速率比较快，随时间

延长吸水速率降低，吸水率逐渐达到平衡；随着 m-Mioxd 含量的增加，吸水速率和平衡吸水率逐渐降低。这主要是因为树脂基复合材料的耐吸湿性能受树脂本身化学结构以及树脂与纤维之间界面结合作用的影响。当 DABPA 含量增加时，体系中亲水性—OH 含量增大，易形成氢键有利于水分子向材料内部扩散；m-Mioxd 含量增加使得固化物分子链网络刚性及交联密度增大，同时 m-DZ87 复合材料纤维与树脂的界面粘接最好，阻碍了水分子向材料内部的扩散，表现出最佳的耐吸湿性能。

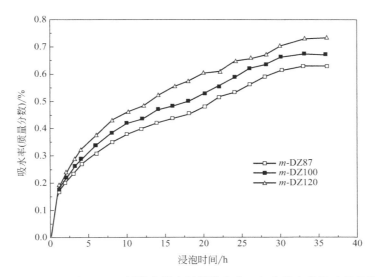

图 8.13　m-Mioxd/DABPA 树脂基复合材料沸水中 36h 内吸水率随时间变化曲线

8.3　ZBMI/MBMI/DABPA 共聚树脂体系 [2]

由前节的研究可知，ZBMI 分子链中刚性苯环及噁二唑杂环使其具有优异的耐热性能，其分子链比 MBMI 更长，因此本节中采用 ZBMI 对 MBMI/DABPA 体系进行共聚改性以其降低固化物的交联密度，改善树脂韧性，主要研究了 ZB-MI/MBMI 摩尔比对共聚体系的固化行为、耐热性能、力学性能以及耐吸湿性能的影响。

8.3.1　ZBMI/MBMI/DABPA 树脂固化行为

图 8.14 为不同摩尔比 ZBMI 体系的动态 DSC 曲线，体系中烯丙基与马来酰亚胺双键的摩尔比为 0.87：1，而 ZBMI 与 MBMI 的摩尔比分别为 0：1、0.03：1、

0.05：1、0.07：1、0.09：1，依次记为 M-0、*m*-3、*m*-5、*m*-7、*m*-9、*p*-3、*p*-5、*p*-7、*p*-9。由图中可以看出，三元共聚体系表现出相似的固化行为，主要固化反应放热峰值温度在 250℃ 左右，说明 ZBMI 的加入并没有改变树脂体系的固化反应机理。表 8.10 列出了 ZBMI/MBMI/DABPA 体系 DSC 曲线的特征参数，其中可以看出当 ZBMI 的含量较少时，体系固化峰值温度变化不大，而当 ZBMI 与 MBMI 的摩尔比达到 0.07 时，固化峰值温度显著降低，这主要是因为 ZBMI 本身反应活性较高。Varama 等[14] 研究指出，ΔH 一定程度上反映了 BMI 的固化程度，其值越高表明固化反应越完全，因此具有较高 ΔH 和较低 E_a 的树脂体系反应活性相对较高。由前面章节研究可知 ZBMI/DABPA 体系的 E_a 较低，表 8.10 中也可看出 ZBMI/MBMI/DABPA 体系的 ΔH 明显增大，因此当 ZBMI 含量达到一定程度时，体系的反应活性相应提高，固化放热峰值向低温方向移动。当 ZBMI 与 MBMI 的摩尔比达到 0.09 时，体系黏度增大并且单位质量官能团数目减小导致固化峰值温度升高。

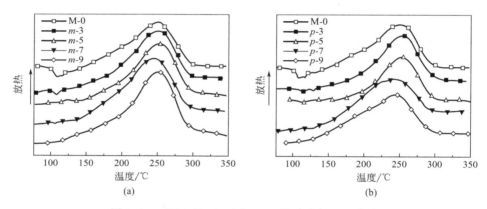

图 8.14　ZBMI/MBMI/DABPA 体系动态 DSC 曲线

表 8.10　ZBMI/MBMI/DABPA 体系 DSC 曲线特征参数

样品	M-0	*m*-3	*m*-5	*m*-7	*m*-9	*p*-3	*p*-5	*p*-7	*p*-9
T_i/℃	198	199	203	155	201	189	182	168	174
T_p/℃	250	252	251	240	252	250	252	244	249
ΔH/(J/g)	70.7	112.5	118.8	124.2	119.3	186.4	184.2	189.1	151.7

8.3.2　m-Mioxd/MBMI/DABPA 预聚物的溶解性能

　　纤维增强 BMI 树脂基复合材料预浸料一般采用湿法缠绕工艺进行制备，因此改善 BMI 树脂在普通低沸点溶剂如丙酮中的溶解性及树脂胶液存储期显得尤为重要。本节主要对 m-Mioxd/MBMI/DABPA 体系预聚物在丙酮中的溶解性能进行研究，详细讨论了 m-Mioxd 的含量、120℃预聚时间对预聚物溶解性及凝胶时间的影响。表 8.11 中列出了溶解性研究结果，可以看出体系的凝胶时间随着 m-Mioxd 含量增加先增大后减小；m-Mioxd 的引入能够提高预聚物的溶解性，这主要归功于分子链中柔性醚键的存在；然而当 m-Mioxd 含量过高时，体系黏度增大，导致短时间内预聚不充分，而时间过长又易发生交联反应，因此 m-9 体系的溶解性有所降低。只有选择合适的 m-Mioxd 含量和预聚时间才能使得预聚物溶解性能达到最优。

表 8.11　m-Mioxd/MBMI/DABPA 体系预聚物溶解性

预聚时间 /min	m-Mioxd 摩尔分数及溶解性				
	M-0	m-3	m-5	m-7	m-9
60	溶解性相差 不大，都小于 10%，静置析出 浅黄色不溶 固体	溶解性有一 定改善，均小于 50%，静置析出 浅黄色不溶 固体	<50%	<50%	<50%
90			>75%	>75%	>60%
120			>75%	>75%	>50%
150			>50%，溶解性 逐渐变差	>50%，溶解性 逐渐变差	溶解性 逐渐变差
180					
凝胶时间/min	150	180	240	200	180

8.3.3　ZBMI/MBMI/DABPA 树脂固化物的耐热性能

图 8.15 为 ZBMI/MBMI/DABPA 体系固化物升温速率 20℃/min 时的 TGA 及其 DTG 曲线，图中可以看出 ZBMI/MBMI/DABPA 树脂体系表现出相似的热失重行为，树脂体系组分摩尔比的变化不会对其固化物的热分解机理产生影响。

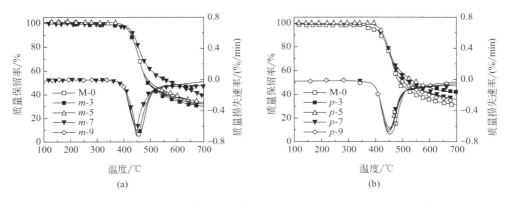

图 8.15　ZBMI/MBMI/DABPA 体系固化物升温速率 20℃/min 时的 TGA 及其 DTG 曲线

表 8.12 中列出了 ZBMI/MBMI/DABPA 体系热分解特征参数，如 $T_{5\%}$、$T_{10\%}$、T_{max} 及 700℃ 的残炭率。ZBMI 含量增加，一方面导致固化物网络结构刚性增大，耐热性提高；另一方面由于其更长的分子链，导致固化物交联密度降低，热稳定性有所下降。因此随着 ZBMI 含量增加 ZBMI/MBMI/DABPA 体系的热稳定性呈现先升高后降低的趋势，m-7 和 p-5 体系分别具有最高热分解温度。

表 8.12 ZBMI/MBMI/DABPA 体系固化物热分解特征参数

样品	M-0	m-3	m-5	m-7	m-9	p-3	p-5	p-7	p-9
$T_{5\%}$/℃	414	415	420	421	420	417	417	412	404
$T_{10\%}$/℃	428	428	431	432	431	430	431	430	425
T_{max}/℃	451	450	448	449	448	448	447	449	450
RW/%	32.2	30.5	33.5	39.5	33.4	42.4	40.3	36.5	35.4

8.3.4 ZBMI/MBMI/DABPA 树脂固化物的动态力学性能

图 8.16 为 ZBMI/MBMI/DABPA 体系固化物 DMA 谱图。其中图 8.16（a）和图 8.16（d）为固化物储能模量 G' 随温度的变化关系，可以看出 ZBMI 的加入使得体系固化物玻璃态 G' 降低，这可能是因为与 MBMI 相比，ZBMI 的长链结构段打破了链段的规整紧密堆砌；另一方面 ZBMI 分子链中刚性 1,3,4-噁二唑基团以及柔性醚键也会对体系玻璃态 G' 产生一定的影响，因此随着 ZBMI 含量的增加玻璃态 G' 变化规律不明显。橡胶态 G' 主要受固化物交联密度的影响，

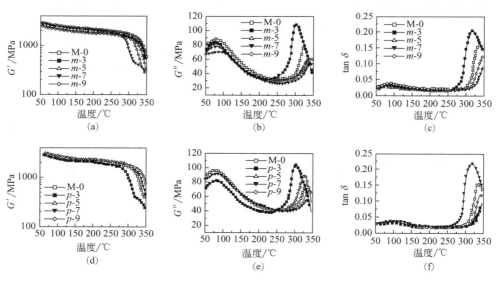

图 8.16 ZBMI/MBMI/DABPA 体系固化物 DMA 谱图

随着 ZBMI 含量增加，体系交联点间分子量增加，交联密度下降，因此橡胶态 G' 逐渐降低。

图 8.16（b）、图 8.16（c）、图 8.16（e）、图 8.16（f）为固化物的损耗模量 G'' 以及损耗角正切值 $\tan\delta$ 随温度的变化关系图。其中图 8.16（b）和图 8.16（e）图中低温区域内 G'' 峰值对应于分子链段的次级松弛，高温区域中单一的力学损耗峰说明共聚物具有均相微观结构，没有发生相分离，G'' 以及 $\tan\delta$ 的峰值温度反映了聚合物的玻璃化转变温度。由 DMA 图所得特征数据列于表 8.13。

表 8.13　ZBMI/MBMI/DABPA 体系固化物 DMA 特征数据

样品	储能模量(G')/MPa			损耗模量(G'')/MPa		$\tan\delta$	
	50℃	250℃	350℃	T_p/℃	峰高	T_p/℃	峰高
M-0	2919	1955	610	342	62.7	—	—
m-3	2630	1702	520	342	56	—	—
m-5	2498	1669	324	335	61.2	347	0.124
m-7	2882	1834	291	302	108.2	316	0.204
m-9	2691	1782	267	325	78	337	0.162
p-3	2759	1768	379	334	49.2	345	0.085
p-5	2829	1942	336	333	71.3	343	0.117
p-7	2665	1683	226	302	100.7	316	0.215
p-9	2950	1994	319	326	85.7	338	0.149

从表 8.13 可见，固化物玻璃化转变温度均随着 ZBMI 含量的增加先降低后升高，这是因为一方面 ZBMI 比例增加，固化物交联密度降低，在相对较低的温度即可激发链段的运动，玻璃化转变温度降低；另一方面 ZBMI 含量增加将导致固化物网络结构刚性增大，链段运动困难，应力松弛滞后，玻璃化转变温度向高温方向移动。G'' 和 $\tan\delta$ 的峰值主要受分子链段运动内摩擦阻力的影响，当 ZBMI 含量较低时分子链刚性对链段运动的阻力影响占主导地位；而 ZBMI 含量过高时，固化物交联密度显著降低，链段运动空间增大，阻力减小，因此 G'' 和 $\tan\delta$ 的峰值随着 ZBMI 含量的增加先增大后减小。

8.3.5　ZBMI/MBMI/DABPA 树脂固化物的力学性能

图 8.17 为 ZBMI/MBMI/DABPA 体系固化物的弯曲性能与 ZBMI/MBMI 摩尔比的关系。图中可以看出 ZBMI/MBMI 摩尔比对共聚体系的弯曲强度与弯曲模量产生不同的影响，随着 ZBMI 摩尔比的增加，固化物弯曲强度先增大后减小，而弯曲模量一直增大。ZBMI 分子链中含有刚性较大的 1,3,4-噁二唑杂环

结构，其含量增多将导致体系固化物网络结构刚性增加，弯曲强度和弯曲模量相应增加。当 ZBMI 含量过高时，成型过程中体系黏度增大，不利于气泡的脱除及固化反应热的放出，材料内部容易产生缺陷，导致材料弯曲强度下降。图中可以明显看出 ZBMI 的引入能够显著改善共聚体系固化的弯曲性能，并且 p-Mioxd 的分子结构对称，分子链堆砌紧密，因此其改性 BMI 树脂体系表现出更优的弯曲性能。表 8.14 弯曲性能数据显示，弯曲强度最高可由 131MPa 提高至171MPa，弯曲模量最高可由 3.8GPa 提高至 4.8GPa。

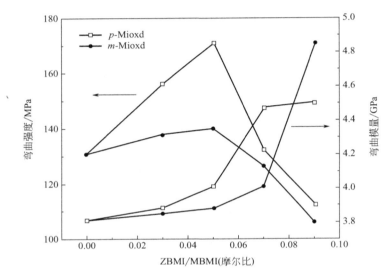

图 8.17　ZBMI/MBMI/DABPA 体系固化物弯曲性能与 ZBMI/MBMI 摩尔比的关系

　　图 8.18 为 ZBMI/MBMI/DABPA 体系固化物的冲击性能与 ZBMI/MBMI摩尔比的关系，从中可以看出 ZBMI/MBMI 摩尔比对共聚体系固化物的冲击性能产生了较大影响，冲击强度随着 ZBMI 摩尔比的增加先增大后减小。由上一节固化物橡胶态储能模量分析可知，ZBMI/MBMI/DABPA 体系固化物的交联密度随着 ZBMI 含量的增加逐渐降低，因此冲击韧性也相应提高；p-Mioxd 的分子结构对称，刚性更大，其共聚体系的冲击强度低于相应 m-Mioxd 共聚体系。ZBMI 含量过高时，成型过程中体系黏度增大，不利于气泡的脱除，导致材料内部产生缺陷，引起应力集中。因此固化物冲击韧性下降，并且 m-Mioxd 间位取代的位阻效应导致 m-9 的冲击强度低于 p-9。选择合适的 ZBMI 添加量，能够显著改善共聚体系的韧性，其中 m-7 和 p-7 体系的冲击强度可分别提高至18.8kJ/m^2 和 17.5kJ/m^2，与未添加 ZBMI 体系相比，分别提高 126.5%和 110.8%。

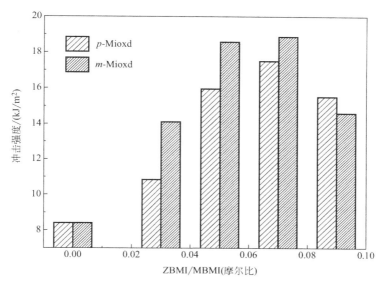

图 8.18 ZBMI/MBMI/DABPA 体系固化物冲击性能与 ZBMI/MBMI 摩尔比的关系

表 8.14 **ZBMI/MBMI/DABPA 体系固化物弯曲性能数据**

样品	M-0	m-3	m-5	m-7	m-9	p-3	p-5	p-7	p-9
σ_f/MPa	131	138	140	126	106	156	171	132	112
E_f/GPa	3.80	3.84	3.87	4.04	4.85	3.87	4.02	4.47	4.50
σ_I/(kJ/m²)	8.3	14.1	18.6	18.8	14.6	10.8	16	17.5	15.5

图 8.19 为部分 ZBMI/MBMI/DABPA 固化物断面 SEM 图，未添加 ZBMI

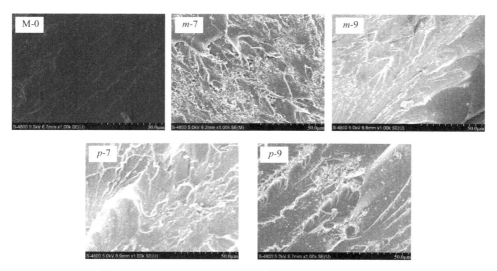

图 8.19 ZBMI/MBMI/DABPA 体系固化物断面 SEM 图

体系固化物的冲击断面更为光滑，裂纹方向比较单一，为典型的脆性断裂；而加入 ZBMI 体系固化物断面变得较为粗糙，出现韧窝，树脂韧性提高。

8.3.6　ZBMI/MBMI/DABPA 树脂固化物的吸湿性能

图 8.20 为 ZBMI/MBMI/DABP 体系固化物在沸水中 45h 内吸水率随时间的变化曲线。图中可以看出不同含量 ZBMI 树脂固化物的吸水率随时间增加表现出相似的变化趋势，前 15h 内的吸水速率比较快，随时间延长吸水速率降低，吸水率逐渐达到平衡。影响固化物吸湿性能的主要因素包括：固化物单位体积内亲水性基团的数目、固化物的交联网络结构及密度、固化体系的自由体积等。随着 ZBMI 含量的增加，一方面固化树脂交联密度降低，体系自由体积增加，有利于水分子扩散进入树脂体系；另一方面 DABPA 含量减少，体系亲水性—OH 的相对减少，耐吸湿性能提高，因此固化物吸水速率及平衡吸水率均随着 ZBMI 含量的增加先升高后降低。相同添加量时，p-Mioxd 体系固化物的耐吸湿性能优于 m-Mioxd 体系，这可能是由于 p-Mioxd 分子链结构更规整，堆砌紧密，阻碍了水分子扩散进入。

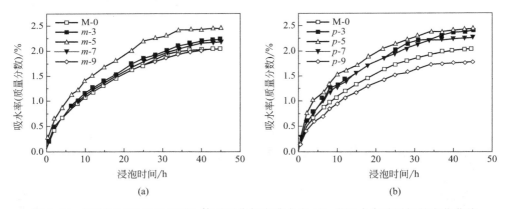

图 8.20　ZBMI/MBMI/DABPA 体系固化物在沸水中 45h 内吸水率随时间的变化曲线

8.4　含 1，3，4-噁二唑结构二元胺改性 BMI 树脂体系

本节采用两种含 1，3，4-噁二唑且分子结构不对称二元胺（ZDA）分别与二苯甲烷型 BMI（MBMI）进行熔融预聚，得到结构不对称马来酰亚胺封端的低分子量线型预聚物（ZM），并将其用于 MBMI/DABPA 树脂体系的增韧改性，旨在得到具有优良耐热性、韧性及成型工艺性的 BMI 树脂体系。研究了二元胺

ZDA 与 MBMI 的摩尔比对预聚反应活性、反应机理及预聚物耐热性能的影响；采用预聚物 ZM12 改性 MBMI/DABPA 树脂体系，研究了其化学结构及含量对 ZM/MBMI/DABPA 三元体系的固化行为及固化物耐热性、力学性能和耐吸湿性能的影响。

8.4.1 ZDA/MBMI 树脂固化行为

受相邻两个羰基强吸电子作用的影响，双马来酰亚胺两端双键处于高度缺电子状态，反应活性较高，易与含活泼氢化合物发生加成反应，形成线型低聚物。图 8.21 为不同摩尔比 ZDA/MBMI 体系的 DSC 曲线，升温速率 10℃/min，表 8.15 中列出了 DSC 曲线中的特征参数。其中 ZDA 与 MBMI 的摩尔比为 2∶3、1∶2、2∶5，分别记为 m-ZM23、m-ZM12、m-ZM25、p-ZM23、p-ZM12 和 p-ZM25。

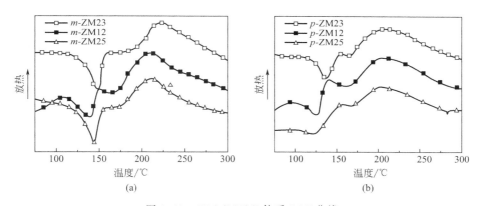

图 8.21 ZDA/MBMI 体系 DSC 曲线

表 8.15 ZDA/MBMI 体系 DSC 曲线特征参数数据

样品	T_m/℃	T_i/℃	T_p/℃	T_f/℃	ΔH/(J/g)
m-ZM23	149	195	222	270	68.3
m-ZM12	139	172	208	236	33.2
m-ZM25	144	176	210	264	53.9
p-ZM23	137	174	209	266	43
p-ZM12	126	172	207	252	33.5
p-ZM25	122	177	206	258	35.7

由图 8.21 中可以看出，预聚物的熔点普遍较低，在 120～150℃ 不等，160℃ 处出现未反应的 MBMI 的熔融峰，210℃ 处的放热峰应该归属为马来酰亚胺的固化反应，二元胺与 MBMI 的摩尔比主要对低温阶段 Michael 加成反应产生影响，而对高温阶段 BMI 的固化反应影响不大。二元胺含量增加将有利于

Michael 加成反应的进行，所得预聚物的分子量会相应增大，熔点升高，相应的固化峰值温度也向高温方向移动，ZM23 体系 T_m 和 T_p 均较高。与 p-ZDA 相比，m-ZDA 在 MBMI 熔体中溶解性更好，当 MBMI 的含量增加时，预聚过程中更易形成均相体系，有利于 Michael 加成反应的进行，形成较高分子量的预聚物，因此 m-ZM25 体系预聚物熔点有所升高。DSC 曲线中 160℃处的弱吸热峰为未反应的 MBMI 的熔融峰，说明预聚体系中存在少量未反应的 MBMI 单体。表 8.15 中数据可以看出间位取代 m-ZM 体系的 ΔH 普遍高于对位取代 p-ZM 体系，说明 m-ZM 体系高温固化反应程度更大。

通过研究树脂固化动力学可以得到反应基本参数，如表观活化能、反应级数等，从而帮助我们判断反应能否进行以及推测固化反应机理机制。本小节以 m-ZM12 体系为研究对象，采用动态 DSC 法研究其固化动力学，计算固化反应的活化能与反应级数。

图 8.22 为不同升温速率下 m-ZM12 体系的 DSC 曲线，从图中可以看出，随着升温速率的增加，预聚物熔点降低，而固化放热峰的峰值温度向高温方向移动；160℃附近 MBMI 的熔融峰逐渐明显。这主要是因为升温速率增加，体系没有足够的时间吸收外界能量，不利于 Michael 加成反应，所得预聚物的分子量及熔点降低；体系中残存 MBMI 的量增多；固化反应需要在较高温度下吸收足够的能量才能完成。图中所得固化反应峰的特征数据列于表 8.16 中，其中 T_m 为预聚物熔点，T_p 为 DSC 曲线上固化放热峰的峰值温度，T_i 和 T_f 分别为固化

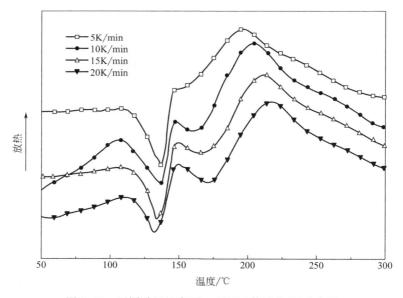

图 8.22　不同升温速率下 m-ZM12 体系的 DSC 曲线

反应起始温度和终止温度。

表 8.16　*m-*ZM12 体系不同升温速率下 DSC 曲线特征温度

$\beta/(\text{K/min})$	$T_m/℃$	$T_i/℃$	$T_p/℃$	$T_f/℃$
5	139.7	162.5	201.2	279.8
10	139.4	166.8	208.6	281.7
15	136.9	171.6	217.3	290.6
20	134.8	192.1	222.8	291.2

根据 Kissinger ［式（5.1）］和 Crane ［式（5.3）］模型方程可以确定 *m-*ZM 12 体系固化反应动力学参数，如表观活化能及反应级数[10]。

图 8.23 为 $\ln(\beta/T_p^2)$ 和 $\ln\beta$ 分别对 $1/T_p \times 10^3$ 拟合直线关系图。由 Kissinger 方程可知，以 $\ln(\beta/T_p^2)$ 为纵坐标，$1/T_p$ 为横坐标可以得到一条直线如图 8.23 所示，由拟合直线斜率求得固化反应的表观活化能（E_a），再根据 Crane 方程，利用 $\ln\beta$ 与 $1/T_p$ 的拟合直线斜率即可求得固化反应的反应级数（n）。计算得到固化反应活化能为 118.05 kJ/mol，稍微低于 MBMI（127 kJ/mol），这主要是因为残存—NH$_2$ 和—NH 对双马来酰亚胺固化反应起到了催化作用，并且 Michael 加成反应遵循二级反应理论，其反应速率比 BMI 的自聚反应至少快两个数量级[15,16]，计算所得反应级数（n）为 1.21 也表明固化过程中同时存在—NH$_2$ 和—NH 与 BMI 双键的加成反应以及 BMI 单体的自聚合反应。

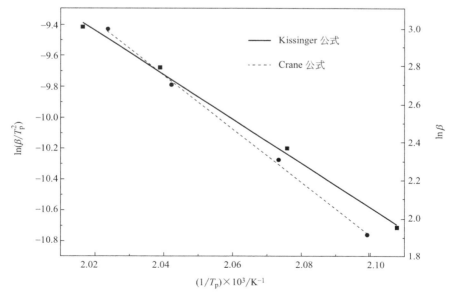

图 8.23　$\ln(\beta/T_p^2)$ 和 $\ln\beta$ 分别对 $1/T_p \times 10^3$ 拟合直线关系图

8.4.2 ZDA/MBMI 树脂的固化机理

一般研究认为，二元胺与 BMI 共聚反应过程中发生的主要化学反应包括：①—NH_2 与马来酰亚胺双键的 Michael 加成反应，形成线型扩链预聚物；②中间产物上的—NH—与马来酰亚胺双键的加成反应，得到交联聚合物；③马来酰亚胺双键在热作用下发生自聚反应，生成交联网络结构，固化反应机理如图 8.24 所示[16,17]。上一章节研究了不同摩尔比 ZDA/MBMI 体系的 DSC 曲线，能够确定 ZDA 与 MBMI 反应生成了低熔点预聚物，为了进一步确定预聚过程中发生的化学反应类型，本节采用 FT-IR 跟踪 ZDA/DMDM 树脂体系在 150℃恒温固化过程中特定官能团吸收峰强度的变化，分析了体系摩尔比对固化反应机理及反应活性的影响。

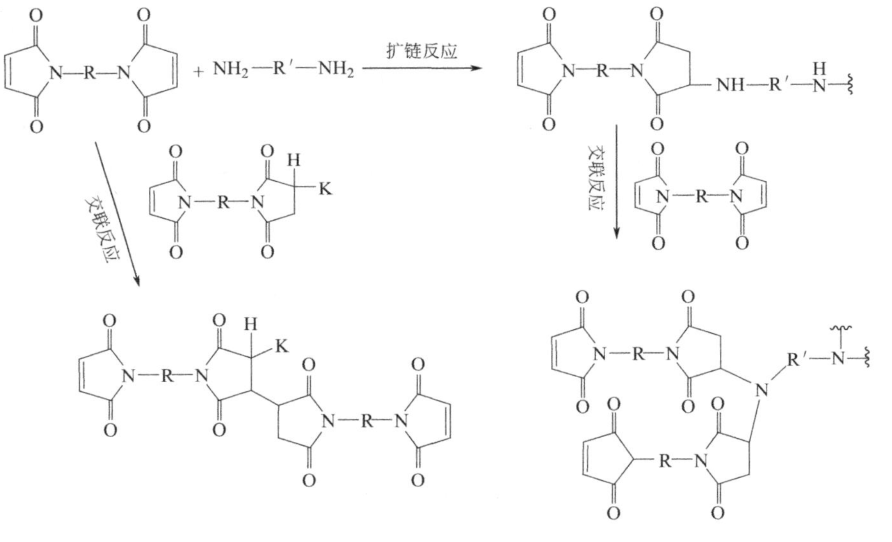

图 8.24 二元胺改性 BMI 树脂的固化反应机理

图 8.25 为 ZM23 在 150℃恒温固化过程中的 FT-IR 谱图随时间的变化，图中 3376cm^{-1} 及 3361cm^{-1} 处的吸收峰应该归属为—NH—和—NH_2 的特征吸收峰，可以看出其强度随着固化时间的延长逐渐减弱，并且峰形由初始的双重峰逐渐变为单重峰，说明固化反应过程中—NH_2 与马来酰亚胺发生 Michael 加成反应生成了—NH；马来酰亚胺环中=C—H 振动吸收峰（3100cm^{-1}）逐渐减弱，并且 1147cm^{-1} 处马来酰亚胺环中 C—N—C 振动吸收峰逐渐减弱，相应加成产物丁二酰亚胺中 C—N—C 的振动吸收峰（1180cm^{-1}）逐渐增强，说明双马来酰亚胺与—NH_2 发生了 Michael 加成反应。

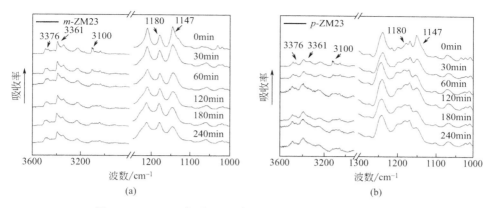

图 8.25　ZM 23 体系 150℃恒温固化过程中的 FT-IR 谱图

　　为了进一步研究 ZDA 与 MBMI 的摩尔比对加成反应程度及预聚物的结构和性能的影响，图 8.26 中比较了不同摩尔比 ZDA/MBMI 体系 150℃恒温固化初始及 240min 后的 FT-IR 谱图，由图中可以看出不同摩尔比 ZDA/MBMI 体系恒温固化 240min 后特征官能团吸收峰强度变化趋势相同，即 $3376cm^{-1}$ 及 $3361cm^{-1}$ 处—NH—和—NH_2 特征吸收峰的强度随着固化时间延长逐渐减弱；$3100cm^{-1}$ 和 $1147cm^{-1}$ 处马来酰亚胺环中 C＝C 双键和 C—N—C 振动吸收峰逐渐减弱，相应的加成产物丁二酰亚胺中 C—N—C 振动吸收峰（$1180cm^{-1}$）逐渐增强。与 ZM23 和 ZM25 体系相比，ZM12 体系初始 FT-IR 谱图中马来酰亚胺环上 $1147cm^{-1}$ 处 C—N—C 振动吸收峰、$827cm^{-1}$ 和 $691cm^1$ 处 C＝C—H 变形振动吸收峰强度较弱，说明 ZM12 体系在低温预聚过程中就已经达到较高的反应程度，形成了不同分子量低聚物。这主要是因为当二元胺含量较低时不

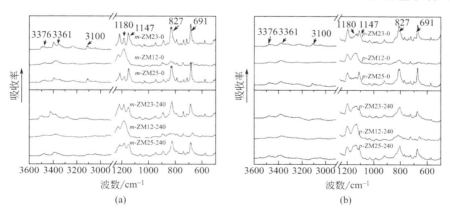

图 8.26　不同摩尔比 ZDA/MBMI 体系 150℃恒温固化初始及 240min 后的 FT-IR 谱图

利于低温固化阶段 Michael 加成反应的进行[16]；而当二元胺含量过高时，由于二元胺熔点较高，导致体系的黏度会增大，阻碍活性端基的有效碰撞，因此预聚反应程度有所降低。

8.4.3 ZDA/MBMI 树脂固化物的热稳定性

图 8.27 为 ZDA/MBMI 预聚物升温速率 20℃/min 时的 TGA 及 DTG 曲线。图中可以看出，所有体系的 DTG 曲线均不是一个简单的单峰，在 400～600℃ 出现多个峰值，说明热分解过程是分步完成的，主要是因为预聚物是由多种不同分子量低聚物组成。表 8.17 中列出了主要的热分解参数，如质量损失 5%、10%、20% 时的温度，最大分解温度 T_{max} 以及 700℃ 时的残炭量。观察表 8.17 中 T_{max} 值可以看出不同体系的预聚物存在相似 T_{max} 值，如 480℃ 和 525℃，说明不同摩尔比体系预聚物中存在相近的成分。ZM12 体系均在 200℃ 以下存在一个小峰，其 $T_{5\%}$ 较低，可能是因为体系中含有较多更低分子量预聚物，说明 ZM12 体系官能团反应程度更高。ZM25 体系预聚物的耐热性能增加，主要是双马来酰亚胺含量增加引起的。

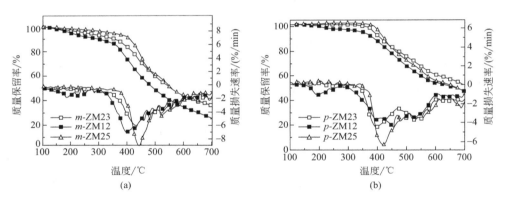

图 8.27 ZDA/MBMI 预聚物升温速率 20℃/min 时的 TGA 及 DTG 曲线

表 8.17 ZDA/MBMI 体系热分解参数

样品	$T_{5\%}$/℃	$T_{10\%}$/℃	$T_{20\%}$/℃	T_{max}/℃				RW/%
m-ZM23	259	357	415		430	482	523	35.6
m-ZM12	203	301	383	186	396	429	523	25.8
m-ZM25	341	408	438		440			36.2
p-ZM23	385	408	463		398	527		51.6
p-ZM12	329	381	434	197	398	480	526	47.2
p-ZM25	401	420	455	417	480	525		46.1

8.4.4　ZM/MBMI/DABPA 树脂的固化行为

图 8.28 为 ZM/MBMI/DABPA 体系的 DSC 曲线，升温速率 $10℃/min$，体系中 m-ZM12 或 p-ZM12 的质量分数为 0%、3%、5%、7%、9%，依次记为 ZM0、m-ZM3、m-ZM5、m-ZM7、m-ZM9、p-ZM3、p-ZM5、p-ZM7、p-ZM9。图中可以看出，三元体系表现出相似的固化行为，125℃左右出现的较小吸热峰应该归属为"ene"加成预聚物熔融峰，主要固化反应放热峰值温度在 250℃左右，说明 ZM 的加入并没有改变体系的固化反应机理。如前面章节所述主要固化反应包括：烯丙基双键与 BMI 双键的"ene"加成反应；中间产物与 BMI 双键"Diels-Alder"反应，其产物在热作用下发生芳构化重排反应；烯丙基双键及马来酰亚胺双键的自聚合反应，另外 ZM 中残存的—NH_2 和—NH 与 BMI 双键发生 Michael 加成反应。ZM/MBMI/DABPA 体系固化反应参数列于表 8.18 中，从中可以看出当 ZM 的含量较少时，体系固化放热峰 T_p 有所降低，主要是因为 ZM 中存在的—NH_2 及—NH 会对固化反应起到一定的催化作用，固化峰值温度向低温方向移动[16]；而当含量继续增大时，体系的熔融黏度会增大，阻碍分子连段的运动，导致 T_p 与 ZM0 体系相当。分析体系固化反应 ΔH 可在一定程度上反映树脂体系的固化程度及反应活性[12]，m-ZM3 体系具有较高 ΔH，应活性相对较高，相应的 T_p 值较低。

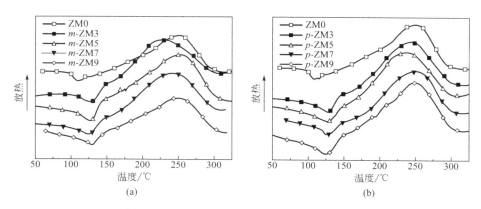

图 8.28　ZM/MBMI/DABPA 体系 DSC 曲线

表 8.18　ZM/MBMI/DABPA 体系 DSC 曲线特征参数

样品	$T_m/℃$	$T_i/℃$	$T_p/℃$	$T_f/℃$	$\Delta H/(J/g)$
ZM0	108	198	250	292	70.7
m-ZM3	126	194	224	295	118.1

样品	$T_m/℃$	$T_i/℃$	$T_p/℃$	$T_f/℃$	$\Delta H/(J/g)$
m-ZM5	126	183	252	295	112.2
m-ZM7	125	194	251	294	102.2
m-ZM9	128	172	250	293	105.8
p-ZM3	127	199	240	289	105.7
p-ZM5	125	195	238	290	108.9
p-ZM7	125	193	251	294	100.2
p-ZM9	124	177	248	291	98.9

8.4.5 ZM/MBMI/DABPA 树脂固化物的热稳定性

图 8.29 为 ZM/MBMI/DABPA 体系固化物升温速率 20℃/min 时的 TGA 及 DTG 曲线，相应的热分解参数如质量损失 5%、10%、20% 时的温度，最大分解温度 T_{max} 以及 700℃时的残炭量列于表 8.19 中。图中可以看出三元树脂体系表现出相似的热失重行为，ZM 含量的变化不会影响其固化物的热分解机理。ZM 的加入将刚性 1,3,4-噁二唑结构引入到固化物网络结构中，导致其耐热性能提高；同时由于 ZM 更长的分子链，使固化物交联密度降低，热稳定性又会降低。因此随着 ZM 含量增加 ZM/MBMI/DABPA 体系的热稳定性先升高后降低，m-ZM3 和 p-ZM3 体系分别具有最高热分解温度。由 5.6.1.1 节研究可知 m-ZM12 的分子量高于 p-ZM12 体系，因此相同添加量 m-ZM/MBMI/DABPA 体系的耐热性能高于 p-ZM/MBMI/DABPA 体系。

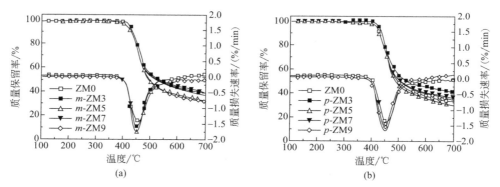

图 8.29　ZM/MBMI/DABPA 体系固化物升温速率
20℃/min 时的 TGA 及 DTG 曲线

表 8.19　ZM/MBMI/DABPA 体系固化物热分解参数

样品	ZM0	m-ZM3	m-ZM5	m-ZM7	m-ZM9	p-ZM3	p-ZM5	p-ZM7	p-ZM9
$T_{5\%}$/℃	414	425	423	423	422	426	417	415	412
$T_{10\%}$/℃	428	434	431	433	432	433	426	425	423
T_{max}/℃	451	448	448	445	447	448	447	447	445
RW/%	32.2	39.1	32.4	39.6	37.8	39.9	28.7	34.9	33.5

8.4.6　ZM/MBMI/DABPA 树脂固化物的动态力学性能

图 8.30 为 ZM/MBMI/DABPA 体系 DMA 谱图，图中所得主要特征参数列于表 8.20 中。图 8.30（a）和图 8.30（d）为固化物储能模量 G' 随温度的变化关系，从中可以看出 ZM 的引入使得共聚体系固化物玻璃态 G' 增大，这主要是因为 1,3,4-噁二唑环导致固化物交联网络刚性增大，从而模量增大；当 ZM 含量过多时体系黏度增大，材料内部存在缺陷，同时链延长 ZM 打破了体系规整度，不利于分子链进行紧密堆砌，导致模量有所下降。橡胶态 G' 主要受固化物交联密度的影响，因此随着 ZM 含量增加，体系交联点间分子量增加，交联密度降低，橡胶态 G' 降低。图 8.30（b）、图 8.30（c）、图 8.30（e）和图 8.30（f）为固化物的损耗模量 G'' 以及损耗角正切值 $\tan\delta$ 随温度的变化关系图。图 8.30（b）和图 8.30（e）图中低温区域 G'' 的峰对应于分子链段的次级松弛，高

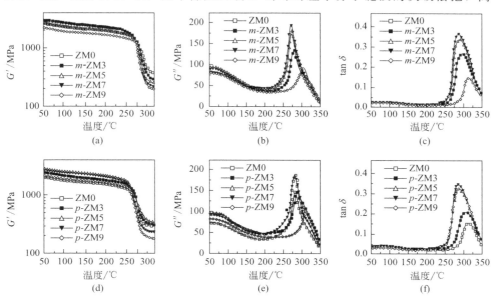

图 8.30　ZM/MBMI/DABPA 体系固化物 DMA 谱图

温区域中 G'' 及 $\tan\delta$ 单一的损耗峰说明共聚物具有均相微观结构,没有发生相分离。G'' 和 $\tan\delta$ 的峰值温度反映了聚合物的玻璃化转变温度。

由表 8.20 中数据可知当 ZM 添加量较少时,固化物的橡胶态储能模量以及玻璃化转变温度明显降低,随着 ZM 含量继续增加,橡胶态 G' 降低明显,但玻璃化转变温度趋于稳定,这主要这是因为 ZM 含量增加,固化物交联密度降低,在相对较低的温度下即可激发链段的运动,玻璃化转变温度降低;另一方面 ZM 含量增加将导致固化物网络结构刚性增大,链段运动困难,应力松弛滞后,玻璃化转变温度向高温方向移动。同时,G'' 和 $\tan\delta$ 的峰值主要受分子链段运动内摩擦阻力的影响,当 ZM 含量较低时分子链刚性对链段运动的阻碍作用占主导地位,G'' 和 $\tan\delta$ 的峰值增大;而 ZM 含量过高时,固化物交联密度降低,分子链间长度增大,链段运动的空间增加,摩擦阻力减小,导致 G'' 和 $\tan\delta$ 的峰值减小。

表 8.20　ZM/MBMI/DABPA 体系固化物 DMA 特征数据

样品	储能模量(G')/MPa			损耗模量(G'')/MPa		$\tan\delta$	
	50℃	250℃	320℃	T_p/℃	峰值	T_p/℃	峰值
ZM0	2766	1955	610	312	92.2	325	0.148
m-ZM3	3292	2303	303	288	135.2	305	0.269
m-ZM5	3771	2365	269	282	184.8	298	0.340
m-ZM7	3731	2340	232	279	196.4	300	0.371
m-ZM9	3728	2075	203	281	172.6	298	0.367
p-ZM3	3332	2094	343	288	145.2	312	0.271
p-ZM5	3906	2475	327	283	188.3	299	0.320
p-ZM7	3781	2332	248	282	146.7	298	0.346
p-ZM9	2873	1829	189	282	146.7	299	0.342

8.4.7　ZM/MBMI/DABPA 树脂固化物的力学性能

图 8.31 为 ZM/MBMI/DABPA 体系固化物弯曲性能(弯曲强度和弯曲模量)与 ZM 含量的关系。图中可以看出 ZM 含量对共聚体系的弯曲强度与弯曲模量产生了不同的影响,弯曲强度随着 ZM 含量增加先增大后减小,而弯曲模量一直增大。ZM 分子链中含有刚性较大 1,3,4-噁二唑杂环结构,其含量增多将导致体系固化物网络结构刚性增加,因此固化物的强度及模量增加。当 ZM 的含量过高时,成型过程中体系熔融黏度增大,不利于气泡的脱除及固化反应热的放出,材料内部容易产生缺陷导致弯曲强度下降。图中可以明显看出 ZM 的引

入能够显著改善共聚体系固化物的弯曲性能，表 8.21 中弯曲性能数据显示，弯曲强度最高可由 131MPa 提高至 177MPa，弯曲模量最高可由 3.8GPa 提高至 4.68GPa。

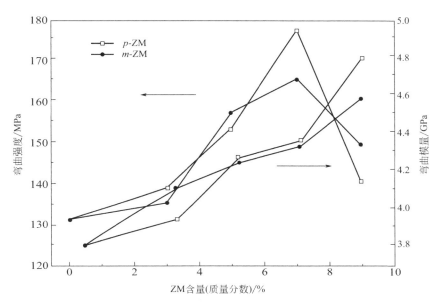

图 8.31　ZM/MBMI/DABPA 体系固化物弯曲性能（弯曲强度和弯曲模量）与 ZM 含量的关系

表 8.21　ZM/MBMI/DABPA 体系固化物弯曲性能

样品	ZM0	m-ZM3	m-ZM5	m-ZM7	m-ZM9	p-ZM3	p-ZM5	p-ZM7	p-ZM9
σ_f/MPa	131	135	157	165	149	139	153	177	140
E_f/GPa	3.80	4.11	4.24	4.32	4.58	4.01	4.35	4.57	4.68
σ_1/(kJ/m^2)	8.37	11.4	15.8	17.3	14.7	10.5	14.3	14.0	11.3

　　图 8.32 为 ZM/MBMI/DABPA 体系固化物的冲击强度与 ZM 含量的关系图。图中可以看出 ZM 含量对共聚树脂固化物冲击性能产生了较大影响，冲击强度随着 ZM 含量的增加先增大后减小。根据固化物橡胶态储能模量数据可知，ZM/MBMI/DABPA 体系固化物交联密度随着 ZM 含量的增加而逐渐降低，因此冲击韧性也相应提高。当 ZM 含量过高时，体系熔融黏度增大，不利于气泡的脱除，导致材料内部产生缺陷，引起应力集中，因此固化物冲击韧性呈现下降的趋势。相同添加量 m-ZM 体系的冲击强度普遍高于 p-ZM 体系，这可能是由于对位取代使得分子链结构更加规整，链段刚性增大，冲击韧性降低。选择合适的 ZM 添加量，能够显著改善共聚树脂固化物的韧性，其中 m-ZM7 和 p-

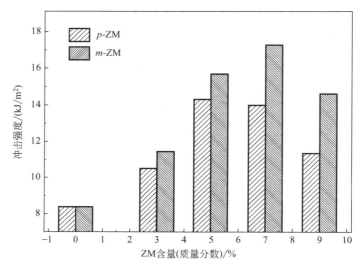

图 8.32　ZM/MBMI/DABPA 体系固化物冲击强度与 ZM 含量的关系

ZM7 体系的冲击强度可分别达到 17.3kJ/m²、14.3kJ/m²，与未添加 ZM 体系相比，分别提高 123.8% 和 108.3%。

图 8.33 为部分 ZM/MBMI/DABPA 固化物冲击断面 SEM 图。未添加 ZM 体系固化物的断面较为光滑，裂纹方向比较单一，呈现波状，为典型的脆性断裂特征；而加入 ZM 体系的固化物断面形貌变得较为粗糙，裂纹呈现无序性，出现明显的断层和沟壑。材料破坏时需要吸收更多的能量，树脂韧性得到改善。

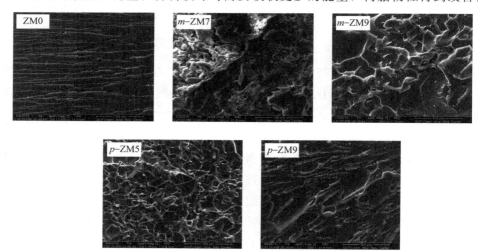

图 8.33　ZM/MBMI/DABPA 体系固化物冲击断面 SEM 图

8.4.8 ZM/MBMI/DABPA 树脂固化物的吸湿性能

图 8.34 为 ZM/MBMI/DABP 体系固化物在沸水中 45h 内吸水率随时间的变化曲线。图中可以看出不同含量 ZM 体系固化物的吸水率随时间增加表现出相似的变化趋势，前 10h 内的吸水速率比较快，随时间延长吸水速率降低，吸水率逐渐达到平衡。ZM 引入一方面使得固化树脂交联网络分子链段间长度增加，体系自由体积增大，有利于水分子扩散进入树脂体系，因此固化物的耐吸湿性能变差，吸水速率及平衡吸水率均增大；另一方面 ZM 含量过多时，亲水性基团—OH 含量相对减少，导致 p-ZM9 体系的耐吸湿性若有提高。说明树脂固化物交联密度对体系吸水性能的影响起到主要作用。

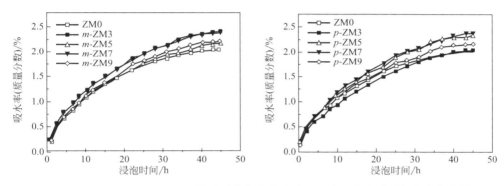

图 8.34 ZM/MBMI/DABPA 体系固化物在沸水中 45h 内吸水率随时间的变化曲线

参考文献

[1] Xia L L，Zhai X J，Xiong X H，et al. Synthesis and properties of 1，3，4-oxadiazolecontaining bismaleimides with asymmetric structure and the copolymerized systems thereof with 4，4'-bismaleimidodiphenylmethane [J]. RSC Advances，2014，4 (9)：4646-4655.

[2] Xia L L，Xu Y，Wang K X，et al. Preparation and properties of modified bismaleimide resins by novel bismaleimide containing 1，3，4-oxadiazole [J] Polymers for advanced technologies，2015，26 (3)：266-276.

[3] Xiong Y，Boey F Y C，Rath S K. Kinetic study of the curing behavior of bismaleimide modified with diallylbisphenol A [J]. Journal of Applied Polymer Science，2003，90 (8)：2229-2240.

[4] Phelan J C，Sung C S P. Cure characterization in bis (maleimide) /diallylbisphenol A resin by fluorescence，FT-IR，and UV-reflection spectroscopy [J]. Macromolecules，1997，30 (22)：6845-6851.

[5] Boey F Y C，Song X L，Yue C Y，et al. Modeling the curing kinetics for a modified bis-

maleimide resin [J]. Journal of Polymer Science Part A: Polymer Chemistry, 2000, 38 (5): 907-913.

[6] Guo Z S, Du S Y, Zhang B M, et al. Cure characterization of a new bismaleimide resin using differential scanning calorimetry [J]. Journal of Macromolecular Science Part a-Pure and Applied Chemistry, 2006, 43 (11): 1687-1693.

[7] Morgan R J, Shin E E, Rosenberg B, et al. Characterization of the cure reactions of bismaleimide composite matrices [J]. Polymer, 1997, 38 (3): 639-646.

[8] Ambika Devi K, Reghunadhan Nair C P, Ninan K N. Diallyl bisphenol A-Novolac epoxy system cocured with bisphenol-a-bismaleimide-Cure and thermal properties [J]. Journal of Applied Polymer Science, 2007, 106 (2): 1192-1200.

[9] Matsumoto A. Polymerization of multiallyl monomers [J]. Progress in Polymer Science, 2001, 26 (2): 189-257.

[10] Kissinger H E. Reaction kinetics in differential thermal analysis [J]. Analytic Chemistry, 1957, 29: 1702-1706.

[11] Carruthers W. Some modern methods of organic synthesis (third edition) [M]. Cambridge: Cambridge University Press, 1986.

[12] Xiong X H, Chen P, Zhang J X, et al. Cure kinetics and thermal properties of novel bismaleimide containing phthalide cardo structure [J]. Thermochimica Acta, 2011, 514: 44-50.

[13] Goyanes S N, König P G, Marconi J D. Dynamic mechanical analysis of particulate-filled epoxy resin [J]. Journal of Applied Polymer Science, 2003, 88 (4): 883-892.

[14] Varama I K, Sharma S. Effect of structure on thermal behaviour of bis (amide-maleimide) [J]. Polymer, 1985, 26: 1561-1565.

[15] Tungare A V, Martin G C. Analysis of the curing behavior of bismaleimide resins [J]. Journal of Applied Polymer Science, 1992, 46 (7): 1125-1135.

[16] Sipaut C S, Padavettan V, Rahman I A, et al. An optimized preparation of bismaleimide-diamine copolymer matrices [J]. Polymers for Advanced Technologies, 2014, 25 (6): 673-683.

[17] Wu W, Wang D, Ye C. Preparation and characterization of bismaleimide-diamine prepolymers and their thermal-curing behavior [J]. Journal of Applied Polymer Science, 1998, 70 (12): 2471-2477.

含氰基和酞Cardo环结构改性双马来酰亚胺合成、改性及其复合材料

双马来酰亚胺（BMI），一种重要的高性能热固性树脂，兼具了聚酰亚胺树脂的耐高温性能和环氧树脂的易加工性，能够满足先进聚合物基复合材料对基体树脂的要求，其复合材料制品被广泛应用于航空航天、交通运输、印刷电路板及电绝缘器件等领域。但是，普通 BMI 固化物存在固化交联密度高、抗冲击性能差，并且其单体存在熔点高、溶解性差且成型温度高等缺点，因此纯 BMI 单体无使用价值。目前所使用的 BMI 树脂多为改性树脂，但是均存在一定的局限性。只有合成新型 BMI 单体，才能从根本上解决加工性能和韧性不足的问题。

酚酞类双酚是一种重要的二元酚单体，其结构中两个苯环平面呈扭曲状且与 Cardo 侧基平面形成接近垂直的平面夹角，立体结构如图 9.1 所示。并且，其价格低，适于以其为原料大量生产相关产品。酚酞结构能够使聚合物分子链难以取向伸直，有效降低了其结晶性，从而改善溶解性；同时，耐热性和耐热氧化性也因大量刚性基团的存在而得到提高。基于此，出现了大量的含酞侧基的高聚物。Yang 等人[1-8]设计合成了一系列含酞侧基的聚酰胺、聚

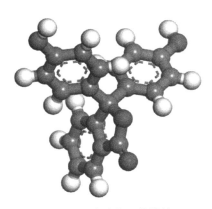

图 9.1　酚酞的立体结构

酰亚胺、聚酰胺亚胺、聚醚酰亚胺和聚酯酰亚胺等。Zhang 等人[9] 设计合成了一类性能优异的含酞侧基的氰酸酯。Chen 等人[10] 设计合成了一类含酞侧基延长链 BMI，发现酞侧基的引入大大改善 BMI 的溶解和熔融加工性能。

含氰基结构的聚合物具有优良的耐热性、热氧稳定性和力学性能，并且氰基提供了一个潜在的交联点，在高温服役过程中能够缓慢发生交联反应，从而使

材料的耐热性进一步提高。Liou 等人[11] 设计合成了一种含氰基及五芳环结构的 BMI 单体，它在普通溶剂中具有良好的溶解性，但其熔点高达 278℃，因此导致固化工艺不佳。韩勇等人[12] 设计合成了两种含邻苯二甲腈结构的 BMI 树脂，具有优良的耐热性，并且，腈基参与了交联反应，进一步提高了 BMI 固化物的耐热性。

本章目的在于设计并合成一类同时含有氰基和酞侧基的双马来酰亚胺树脂，其主要结构为芳杂环结构可保持良好的耐热性；另外在分子链中引入氰基，能够有效地提高其制备复合材料时的黏结强度。主要研究内容：首先对所合成的 BMI 及中间体的化学结构进行表征，研究 BMI 单体的溶解、固化等性能；又研究了固化物的热稳定性和复合材料的力学性能，并讨论了氰基是否参与了固化交联反应，以及对树脂性能的影响；然后，以其为改性对象，用 DABPA 对其改性，研究共聚体系的固化行为（固化机理、固化动力学和固化工艺），并探讨了不同摩尔比对固化物的热性能和复合材料的力学性能的影响；最后，对改性 BMI 树脂基复合材料进行热老化处理，研究热老化对复合材料的层间剪切强度的影响。

9.1　含氰基和酞侧基双马来酰亚胺的合成与表征

含氰基和酞侧基双马来酰亚胺树脂的合成主要通过以下几个步骤进行：

① 在碱性催化剂条件下，酚酞（或邻甲酚酞）分别与 2,6-二氯苯甲腈和 4-氯硝基苯进行 Williamson 亲核取代反应，生成含氰基和酞侧基的二硝基寡聚物。

② 以 FeCl₃/C 为催化体系，水合肼提供氢源，二硝基寡聚物被还原成含氰基和酞侧基的二氨基寡聚物。

③ 二氨基寡聚物和顺丁烯二酸酐在室温条件下生成含氰基和酞侧基的双马来酰胺酸。

④ 加入含氰基和酞侧基的双马来酰胺酸、醋酸钠催化剂和乙酸酐脱水剂，进行脱水缩合反应，得到含氰基和酞侧基的双马来酰亚胺。含氰基和酞侧基双马来酰亚胺的具体合成路线如图 9.2 所示[13-15]。

9.1.1　二硝基寡聚物（PPCDN、 MPCDN）的合成与表征

如图 9.2 所示，含氰基和酞侧基二硝基寡聚物是以酚酞或邻甲酚酞、2,6-二氯苯甲腈和 4-氯硝基苯为原料，碳酸钾为催化剂，在强极性有机溶剂中制备得到。并且，为了使 n 值无限接近于 1，酚酞（或邻甲酚酞）和 2,6-二氯苯甲腈的摩尔比严格控制在 1:2。上述方法所获得的 PPCDN 和 MPCDN 产率均超

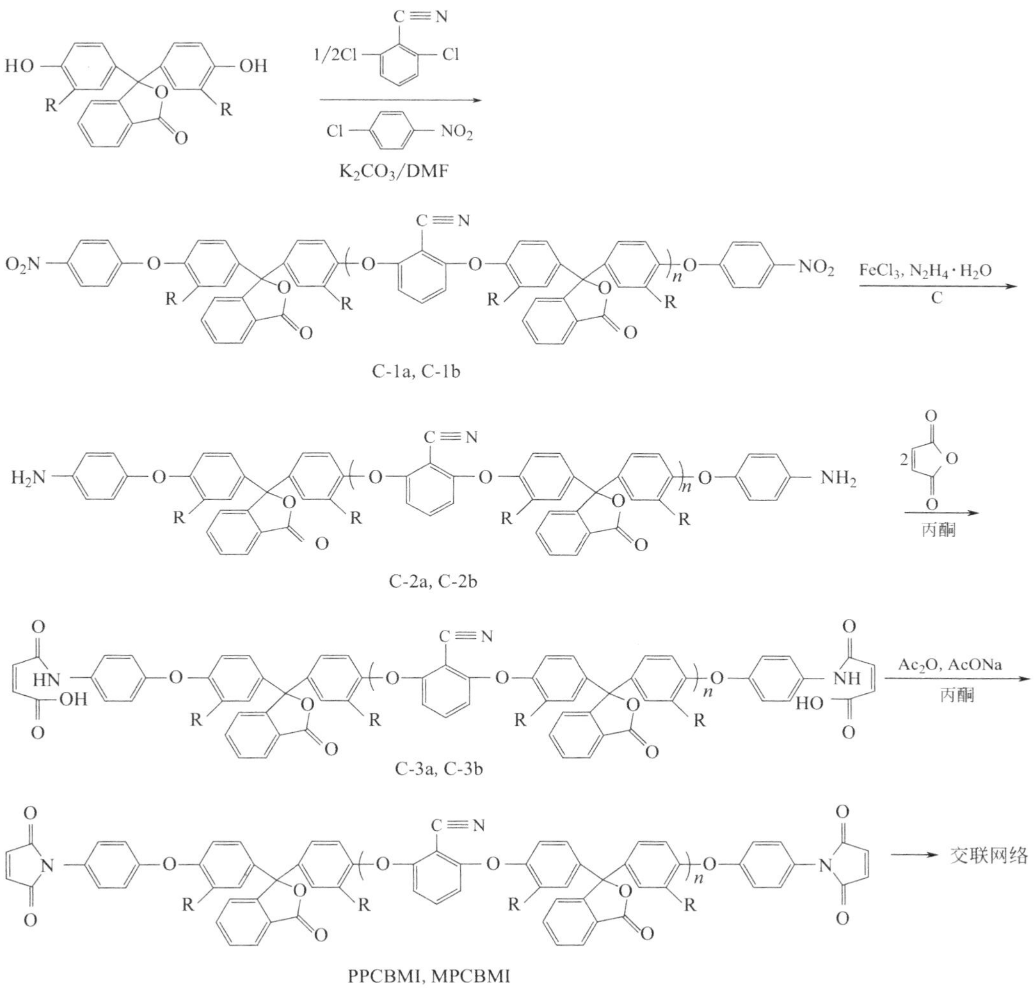

C—1a, C—2a, C—3a, PPCBMI: R=H $n \approx 1$; C—1b, C—2b, C—3b, MPCBMI: R=CH_3, $n \approx 1$

图 9.2　含氰基和酞侧基双马来酰亚胺的合成路线

过 92%。

图 9.3 为含氰基和酞侧基二硝基寡聚物 PPCDN 和 MPCDN 的红外光谱图。如图所示，在 $2233cm^{-1}$ 处出现的吸收峰是氰基的特征吸收峰，结合谱带的位置和强度，确定氰基被成功引入到产物结构中。$1770cm^{-1}$ 处环内酯的特征吸收峰证实了酚酞结构被引入到 PCDN 结构中。与苯环相连的—NO_2 的对称和不对称伸缩振动吸收峰出现在 $1343cm^{-1}$ 和 $1518cm^{-1}$ 处，另外，$1250cm^{-1}$ 处的特征吸收峰说明醚键结构也被成功引入到 PPCDN 结构中。MPCDN 红外谱图中

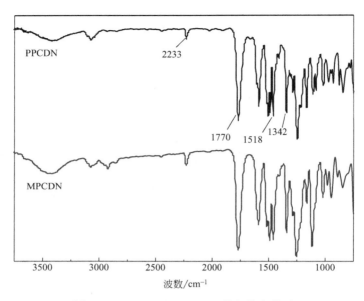

图 9.3　PPCDN 和 MPCDN 的红外光谱图

$2927cm^{-1}$ 和 $2856cm^{-1}$ 处的特征吸收峰表明了甲基的存在。以上说明了两种含氰基和酰侧基二硝基寡聚物的成功制备。

图 9.4 为含氰基和酰侧基二硝基寡聚物 PPCDN 和 MPCDN 的 ^{1}H NMR 谱图以及各特征吸收峰所对应的归属。通过 PPCDN 的化学结构可知，其结构中包括 10 种不同的氢原子。但是，与环内酯羰基相连的苯环上 b 和 d 位置上的氢质子，由于诱导作用，产生了重叠；另外，与醚键相连的苯环上的氢原子所处的化学环境相近，导致其核外电子云密度相似，化学位移相近并部分重叠。因此，PPCDN 的 ^{1}H NMR 谱图中 8 个质子谱带区域对应于图中结构式上所标记的 10 种氢质子。^{1}H NMR（400MHz，d-CDCl$_3$）（δ）：8.20（d，4H，ArH），7.99（t，2H，ArH），7.77（m，2H，ArH），7.62（dd，4H，ArH），7.41（m，8H，ArH），7.30（t，1H，ArH），7.08（m，12H，ArH），6.56（d，2H，ArH）。硝基是强电负性基团，去屏蔽效应明显，与其相邻的苯环氢原子的化学位移出现在最低场。

MPCDN 的 ^{1}H NMR 谱图中的 11 个质子谱带区域对应于图中结构式上所标记的 11 种氢质子（δ）：^{1}H NMR（400MHz，d-DMSO）：δ8.20（d，4H，ArH），8.03（dd，2H，ArH），7.80（t，2H，ArH），7.65（t，2H，ArH），7.43（dd，2H，ArH），7.27（s，1H，ArH），7.04（d，8H，ArH），7.19（d，4H，ArH），6.34（m，2H，ArH），2.10（s，12H，—CH$_3$）。

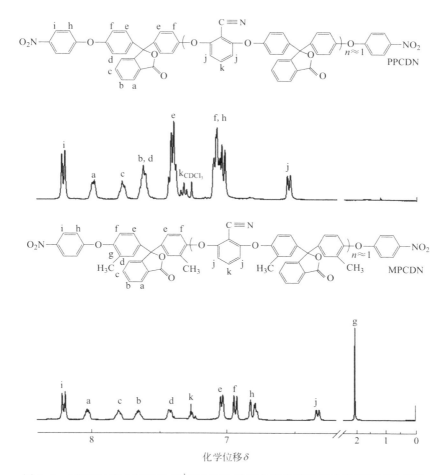

图 9.4　PPCDN 和 MPCDN 的 ^{1}H NMR 谱图以及各特征吸收峰所对应的归属

与 PPDN 的 ^{1}H NMR 谱图比较，与硝基相邻的苯环氢原子的化学位移也出现在最低场；但是，甲基中质子的化学位移出现在最高场，并且受甲基的影响，醚键两端苯环上相邻的氢原子的化学位移变得易于区分。

9.1.2　二氨基寡聚物（PPCDA、 MPCDA）的合成与表征

如图 9.2 所示，含氰基和酞侧基二氨基寡聚物是以乙二醇甲醚为溶剂，$FeCl_3$ 为催化剂，活性炭为吸附剂，水合肼提供氢源，在氮气保护下，80～100℃回流冷凝反应 5h 将含氰基和酞侧基二硝基寡聚物还原而制的。其中，水合肼和硝基苯的摩尔比为 2.5 时最佳。通过上述方法，能够获得产率均超过85%的 PPCDA 和 MPCDA。

图 9.5 为含氰基和酞侧基二氨基寡聚物 PPCDA 和 MPCDA 的红外光谱图。由图可知，在二硝基寡聚物红外光谱中 1343cm^{-1} 和 1518cm^{-1} 处代表—NO$_2$ 的对称和不对称伸缩振动峰完全消失，取而代之的是 3487cm^{-1} 和 3459cm^{-1} 处—NH$_2$ 的特征吸收峰。另外，MPCDA 红外谱图中 2927cm^{-1} 和 2856cm^{-1} 处的特征吸收峰表明了甲基的存在。以上特征吸收峰的变化说明两种二硝基寡聚物已被成功还原成二氨基寡聚物。

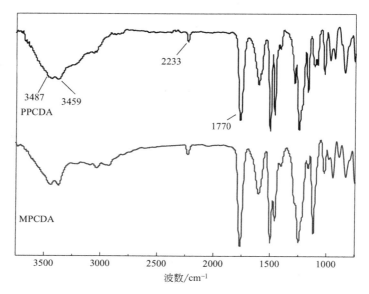

图 9.5　PPCDA 和 MPCDA 的红外光谱图

图 9.6 为含氰基和酞侧基二氨基寡聚物 PPCDA 和 MPCNA 的 ^{1}H NMR 谱图以及各特征吸收峰所对应的归属。通过 PPCDA 的化学结构可知，其结构中包括 11 种不同的氢原子。与 PPCDN 相似，与环内酯羰基相连的苯环上 b 和 d 位置上的氢质子由于诱导效应，发生了重叠。因此，PPCDA 的 ^{1}H NMR 谱图中的 10 个质子谱带区域对应于图中结构式上所标记的 11 种氢质子。^{1}H NMR（400MHz，d-CDCl$_3$）（δ）：7.96（t，2H，ArH），7.77（m，2H，ArH），7.57（dd，4H，ArH），7.39（d，4H，ArH），7.30（d，1H，ArH），7.23（d，4H，ArH），7.08（d，4H，ArH），6.85（s，4H，ArH），6.67（d，4H，ArH），6.51（d，2H，ArH），3.59（br，4H，Ar—NH$_2$）。与 PPCDN 的 ^{1}H NMR 谱图进行对比，活泼质子 N—H 的共振吸收峰出现在 3.59 处，而且，与其相邻的苯质子由于受氢键影响，化学位移出现在低场区。上述情况都说明了硝基被完全还原成氨基。

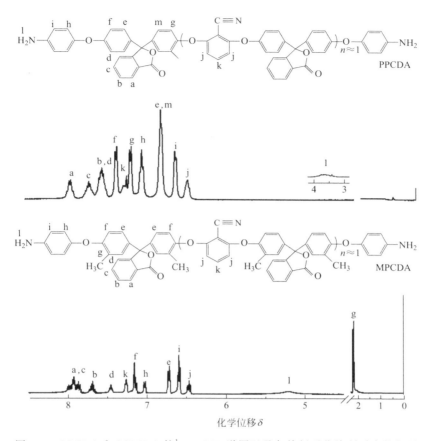

图 9.6　PPCDA 和 MPCDA 的 ^{1}H NMR 谱图以及各特征吸收峰所对应的归属

MPCDA 的 ^{1}H NMR 谱图中的 11 个质子谱带区域对应于图中结构式上所标记的 11 种氢质子。^{1}H NMR（400MHz，d-DMSO）（δ）：7.93（m，4H，ArH），7.69（t，2H，ArH），7.46（t，2H，ArH），7.26（s，1H，ArH），7.15（m，8H，ArH），7.03（d，8H，ArH），6.47（t，2H，ArH），6.59（t，4H，ArH），6.47（t，2H，ArH），5.20（br，4H，Ar—NH$_2$），2.19（s，12H，—CH$_3$）。与环内酯相连的苯环上 a 和 c 位置的氢质子，由于化学位移相近，故发生了重叠。与 PPCDA 类似，活泼质子 N—H 的共振吸收峰出现在高场区，与其相邻的苯质子出现在低场区。

9.1.3　双马来酰亚胺酸（PPCBMA、MPCBMA）的合成与表征

如图 9.2 所示，含氰基和芴基二元胺和马来酸酐按照摩尔比 2∶1，丙酮或

丁酮作为反应溶剂，在室温条件下反应 2～6h，滴加醇类，产物沉淀析出。过滤、真空干燥，获得含氰基和酰侧基的双马来酰胺酸。由于 PPCBMA（或 MPCBMA）与马来酸酐的反应为放热反应，并且反应活性高，故在室温条件下进行反应。为了控制反应温度的恒定，随着反应的进行，调整二元胺化合物的加料速度。另外，加入过量 10％左右的马来酸酐可以保证二元胺充分反应。

含氰基和酰侧基双马来酰亚胺酸 PPCBMA 和 MPCBMA 的红外光谱图如图 9.7 所示。通过与 PPCDA 和 MPCDA 的红外光谱图进行对比，我们可以发现二氨基寡聚物在 3487cm^{-1} 和 3459cm^{-1} 处代表伯氨基的特征振动吸收双峰消失，取而代之的是羧酸羟基和酰胺的特征吸收峰出现在 370～3170cm^{-1} 范围内，1660cm^{-1} 处出现了代表酰氨基羰基的特征吸收峰。这些新峰的出现说明了 PPCBMA 和 MPCBMA 的生成。

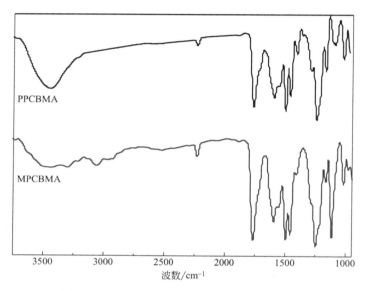

图 9.7　PPCBMA 和 MPCBMA 的红外光谱图

图 9.8 为含氰基和酰侧基双马来酰亚胺酸 PPCBMA 和 MPCBMA 的^{1}H NMR 谱图以及各特征吸收峰所对应的归属。通过 PCBMA 的化学结构可知，其结构中包括 14 种不同的氢原子，与 PPCBMA 的^{1}H NMR 谱图中的质子谱带区域一一对应。^{1}H NMR（400MHz，d-DMSO）（δ）：10.47（s，2H，—COOH），9.70（s，2H，—NH—），7.96（m，2H，ArH），7.91（m，2H，ArH），7.71（dd，2H，ArH），7.64（dd，2H，ArH），7.55（t，2H，ArH），7.44（m，8H，ArH），7.31（d，4H，ArH），7.05（d，8H，ArH），6.99（d，4H，ArH），6.72（m，1H，ArH），6.47（d，2H，H—C＝C—H），6.30

（d，2H，$H-C=C-H$）。由于环内酯羰基的诱导作用，与其相连的苯环上 a 和 c 位置上的氢质子化学位移相近，故其特征峰相近并有部分重叠。羧酸羟基和酰胺由于氢键的影响，其化学位移出现在低场区。另外，酰胺双键 π 电子的顺磁屏蔽效应导致其化学位移出现在高场区。

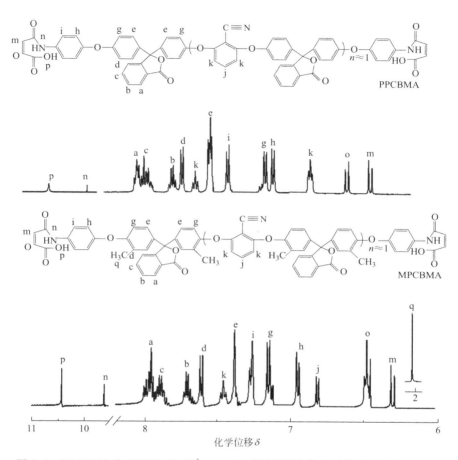

图 9.8　PPCBMA 和 MPCBMA 的 ^{1}H NMR 谱图以及各特征吸收峰所对应的归属

MPCBMA 的 ^{1}H NMR 谱图中的 15 个质子谱带区域对应于图中结构式上所标记的 15 种氢质子。^{1}H NMR （400MHz，d-DMSO）（δ）：10.41 （d，2H，—COOH），9.59 （s，2H，—NH—），7.96 （m，2H，ArH），7.90 （m，2H，ArH），7.71 （m，2H，ArH），7.61 （dd，2H，ArH），7.46 （t，1H，ArH），7.37 （d，8H，ArH），7.27 （m，4H，ArH），7.15 （dd，8H，ArH），7.15 （d，8H，ArH），6.95 （d，4H，ArH），6.81 （d，1H，ArH），6.47 （m，2H，$H-C=C-H$），6.29 （d，2H，$H-C=C-H$），2.18 （s，

$12H$，—CH_3）。

9.1.4 双马来酰亚胺（PPCBMI、MPCBMI）的合成与表征

如图 9.2 所示，上一步所合成的 PPCBMA 和 MPCBMA，溶于丙酮中，在 40～60℃的条件下，在乙酸钠的催化作用下，通过乙酸酐脱水闭环法合成得到含氰基和酞侧基的双马来酰亚胺（PPCBMI、MPCBMI）。其中，乙酸钠用量（以双马来酰亚胺酸计）为 $0.2g/mol$，乙酸酐过量 25%，以确保脱水环化充分进行。产率超过 90%。

图 9.9 为 PPCBMI 和 MPCBMI 的红外光谱图。与 PPCBMA 和 MPCBMA 的红外光谱图比较，呈现了若干个新的特征吸收峰：$3080cm^{-1}$ 处是酰亚胺环上碳碳不饱和双键的伸缩振动峰，$1720cm^{-1}$ 处为酰亚胺环上羰基的伸缩振动峰，$1402cm^{-1}$ 处为酰亚胺环上 C—N—C 的特征吸收峰，以上特征吸收峰的出现说明了酰亚胺环的形成，即闭环完全。另外，$2233cm^{-1}$ 处氰基的特征吸收峰和 $1766cm^{-1}$ 处内酯羰基的特征吸收峰进一步证实了含氰基和酞侧基双马来酰亚胺的化学结构。此外，MPCBMI 中甲基的特征吸收峰出现在 $2961cm^{-1}$ 处。

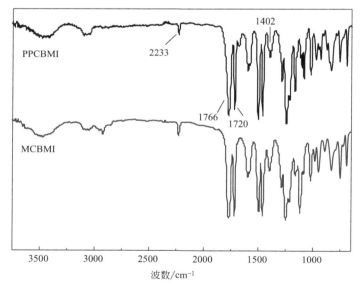

图 9.9 PPCBMI 和 MPCBMI 的红外光谱图

图 9.10 和图 9.11 分别为含氰基和芴基双马来酰亚胺 PPCBMI 和 MPCBMI 的 ^1H NMR 和 ^{13}C NMR 谱图以及各特征吸收峰所对应的归属。PPCBMI 和

MPCBMI 各特征吸收峰与上述中间产物的^{1}H NMR 谱图相似，不同点在于端基吸电子作用的变化导致其相邻氢质子的化学位移产生相应的移动。PPCBMI 的^{1}H NMR 谱图中的 9 个质子谱带区域对应于图中结构式上所标记的 11 种氢质子。^{1}H NMR（400MHz，d-DMSO）（δ）：7.96（d，2H，ArH），7.74（d，2H，ArH），7.58（dd，4H，ArH），7.40（m，4H，ArH），7.31（m，9H，ArH），7.08（m，8H，ArH），7.02（d，4H，ArH），6.85（s，4H，H—C$=$C—H），6.55（d，2H，ArH）。PPCBMI 的^{13}C NMR 谱图呈现出 26 条共振谱带（δ）：90.13、90.24、112.08、112.71、118.49、119.10、119.24、119.49、119.81、124.25、125.63、126.51、128.65、130.15、134.66、136.04、137.17、139.69、143.45、151.35、154.86、154.98、156.74、159.63、168.67、169.93。

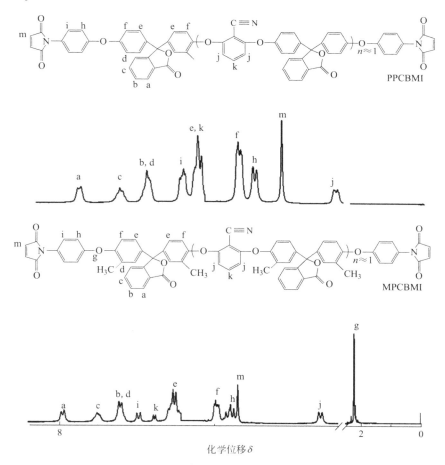

图 9.10　PPCBMI 和 MPCBMI 的^{1}H NMR 谱图以及各特征吸收峰所对应的归属

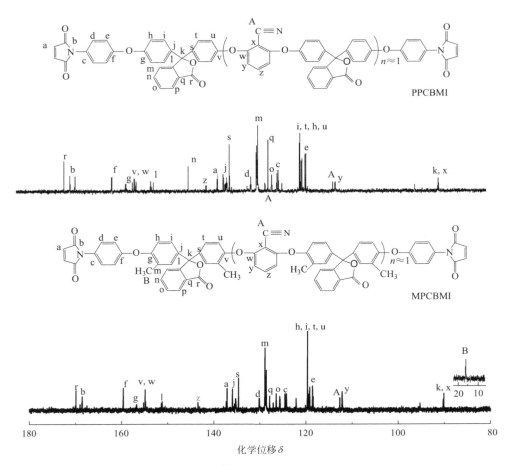

图 9.11 PPCBMI 和 MPCBMI 的^{13}C NMR 谱图以及各特征吸收峰所对应的归属

MPCBMI 的^{1}H NMR 谱图中的 11 个质子谱带区域对应于图中结构式上所标记的 11 种氢质子。^{1}H NMR（400MHz，d-DMSO）（δ）：7.98（d，2H，ArH），7.75（t，2H，ArH），7.60（m，4H，ArH），7.49（d，4H，ArH），7.39（t，1H，ArH），7.29（m，8H，ArH），6.99（m，4H，ArH），6.90（t，4H，ArH），6.85（s，4H，$H-C=C-H$），6.32（d，2H，ArH），2.22（s，12H，$-CH_3$）。MPCBMI 的^{13}C NMR 谱图呈现出 26 条共振谱带（δ）：16.54、90.08、90.20、112.20、112.72、118.62、119.26、119.37、119.51、119.62、124.28、126.41、127.93、128.92、130.06、134.58、135.98、137.11、143.39、151.19、154.84、154.97、156.72、159.61、168.55、169.93。

9.2 PPCBMI 和 MPCBMI 及其复合材料的性能

9.2.1 PPCBMI 和 MPCBMI 的溶解性能

表 9.1 列出了 PPCBMI 和 MPCBMI 在常见有机溶剂中的溶解性能。从表中可以清晰地看出，两种 BMI 在各种有机溶剂中表现出优异的溶解性。这是因为杂环侧链和柔性连接的结合使分子链的对称性和内旋能量得到了有效降低，使溶解性增强。另外，由于氰基的引入，增强了分子间作用力和自由体积，使溶解性得到进一步的加强。与 PPCBMI 相比，MPCBMI 具有更好的溶解性，这是由于烷基取代基团的存在导致分子链松散，从而进一步降低了分子间作用力。

表 9.1 **PPCBMI 和 MPCBMI 在常见有机溶剂中的溶解性能**

样品	乙醇	丙酮	甲苯	二氯甲烷	氯仿	四氢呋喃	N,N'-二甲基甲酰胺	二甲基亚砜	N-甲基吡咯烷酮
PPCBMI	—	＋＋	＋	＋＋	＋＋	＋＋	＋＋	＋＋	＋＋
MPCBMI	—	＋＋	＋＋	＋＋	＋＋	＋＋	＋＋	＋＋	＋＋

注：—，不溶；＋，加热溶解；＋＋，溶解（≥100mg/mL）。

9.2.2 PPCBMI 和 MPCBMI 的固化行为

PPCBMI 和 MPCBMI 的 DSC 曲线如图 9.12 所示。从 DSC 曲线中所得到 PPCBMI 和 MPCBMI 的固化特征参数列于表 9.2。由图可知，PPCBMI 和 MPCBMI 具有相似的固化过程：熔融吸热峰在 140～150℃ 范围内，固化放热峰在 230～320℃ 范围内。PPCBMI 和 MPCBMI 的固化过程主要包括：双键间的热诱导聚合反应和双键与氰基间的交联反应。由表 9.2 所示，PPCBMI 和 MPCB-MI 的 T_m 低于常见的二苯甲烷型双马来酰亚胺，这可能是由于引入了柔性基团醚键和酞侧基，降低了分子链段的结晶能力以及堆砌密度。并且，氰基与马来酰亚胺环的活性双键距离较远，对其反应活性影响不大。另外，MPCBMI 相比于 PPCBMI，熔点更低，加工窗口更宽。这可能是由于 MPCBMI 的苯基单元之间的甲基阻碍了分子间的紧密堆积。比较这两种单体的固化放热峰，由于分子体积较大，熔体黏度较高，反应基团的相对数量和扩散速率降低，导致 MPCB-MI 的温度升高。此外，由于 MPCBMI 中取代基数量较多，其加工窗口明显高于 PPCBMI。

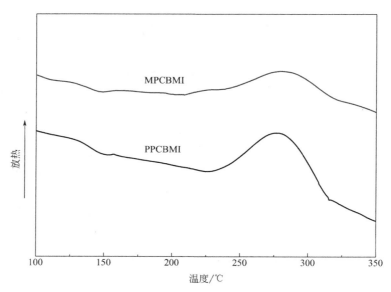

图 9.12 PPCBMI 和 MPCBMI 的 DSC 曲线

表 9.2 PPCBMI 和 MPCBMI 的固化特征参数

样品	T_m①/℃	T_i②/℃	T_p③/℃	T_f④/℃	(T_i-T_m)⑤/℃	ΔH⑥/(J/g)
PPCBMI	147.1	235.1	279.1	311.9	88.0	108.3
MPCBMI	146.2	242.3	282.5	319.8	96.1	82.6

①BMI 的熔点。
②固化反应起始温度。
③固化反应峰值温度。
④固化反应终止温度。
⑤BMI 熔融加工窗口。
⑥固化反应放热熔变。

通常，采用 Kissinger 方程和 Crane 方程估算 PPCBMI 和 MPCBMI 固化反应的活化能和反应级数。图 9.13 是 PPCBMI 和 MPCBMI 在不同加热速率下的 DSC 曲线，其特征参数列于表 9.3。

Kissinger 方程[16]：

$$\ln\left(\frac{\beta}{T_p{}^2}\right) = -\frac{E_a}{RT_p} + \ln\left(\frac{AR}{E_a}\right) \tag{9.1}$$

Crane 方程[17]：

$$\frac{d[\ln(\beta)]}{d(1/T_p)} = -\frac{E_a}{nR} \tag{9.2}$$

式中，β 为升温速率，K/min；T_p 为固化放热峰值温度，K；R 为摩尔气体常数，$R = 8.314J/(mol \cdot K)$；E_a 为固化反应表观活化能，J/mol；n 为固化反应反应级数。

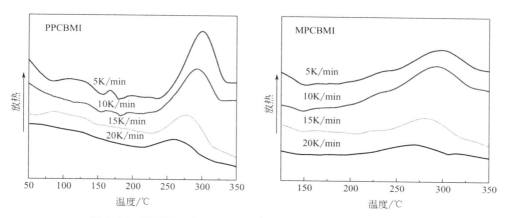

图 9.13　PPCBMI 和 MPCBMI 在不同升温速率下的 DSC 曲线

表 9.3　PPCBMI 和 MPCBMI 在不同升温速率下的 DSC 特征参数

$\beta/(K/min)$	$T_{p1}/℃$	$T_{p2}/℃$
5	261.4	265.6
10	279.1	282.6
15	291.4	292.7
20	298.9	298.8

利用上述方法所得直线如图 9.14 所示，相应的特征参数列于表 9.4。根据 Kissinger 方程，E_a 值的确定是通过 $\ln(\beta/T_p^2)$ 对 $1000/T_p$ 作图，计算斜率所得到；根据 Crane 方程，n 值的确定是通过 $\ln(\beta)$ 对 $1000/T_p$ 作图，计算斜率所得到。PPCBMI 和 MPCBMI 的 E_a 值分别为 83.94kJ/mol 和 96.69kJ/mol，这些值低于其他的 BMI 单体，因为氰基和马来酰亚胺环的双键之间存在苯环和醚键，降低了马来酰亚胺环的活性。并且，酰亚胺环上的 C═C 双键的反应活性受到了氰基负诱导效应的影响。MPCBMI 的 E_a 值高于 PPCBMI，由于分子体积较大，熔体黏度较高，导致反应基团的相对数量和扩散速率降低。另外，根据计算结果，PPCBMI 和 MPCBMI 的固化反应接近一级反应。

表 9.4　固化反应的动力学参数

样品	$E_a/(kJ/mol)$	A/s^{-1}	n
PPCBMI	83.94	2.83×10^4	1.10
MPCBMI	96.69	4.69×10^5	1.09

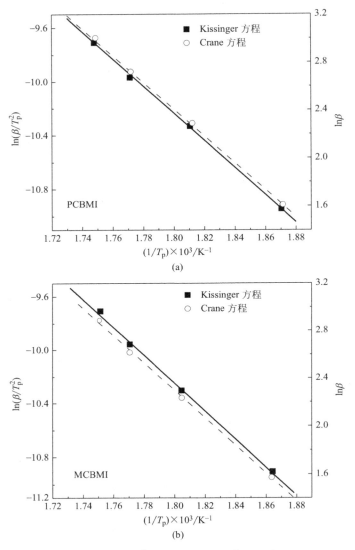

图 9.14 $\ln(\beta/T_p^2)$ 和 $\ln(\beta)$ 对 $10^3/T_p$ 关系图

9.2.3 PPCBMI 和 MPCBMI 固化物的热性能

图 9.15 是 PPCBMI 和 MPCBMI 固化物的红外光谱图。PPCBMI 和 MPCB-MI 在 300℃ 处理 4h 的红外光谱图显示出若干与相应单体的不同之处。3080cm^{-1} 和 689cm^{-1} 处的碳碳双键特征吸收峰强度急剧下降；同时，1164cm^{-1} 处的特征吸收峰消失，这是因为马来酰亚胺环的 C—N—C 振动。这都表明了马来酰亚

胺单元完全转化为琥珀酰亚胺部分。由于氰基的热聚合反应是在高温下缓慢进行的，所以 300℃ 处理 4h 后，2233cm^{-1} 处氰基的特征吸收峰的强度保持不变。为了研究在高温情况下，氰基是否参与了双马来酰亚胺的交联反应，对先前的固化物在 350℃ 进行后处理 2h，从红外光谱中可以看出，氰基的特征吸收峰仍然存在，但是强度明显减弱，说明了氰基在高温情况下参与了双马来酰亚胺的交联固化反应。

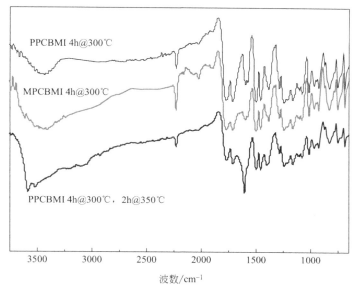

图 9.15　固化物的红外光谱图

图 9.16 是 PPCBMI 和 MPCBMI 固化物在氮气气氛下的 TGA 和 DTG 曲线，其热分解特征参数列于表 9.5 中。结合图 9.16 和表 9.5 可知，300℃ 固化 4h 后，PPCBMI 和 MPCBMI 的固化物在氮气中表现出类似的热分解行为。但是，PPCBMI 固化物表现出更好的耐热性，T_d 在 431℃、800℃ 时的残炭率为 50.9%。这是因为芳环上烷基取代基的存在，有效地降低了 MPCBMI 的热稳定性。为了研究氰基在较高温度条件下是否可以提高 BMI 树脂的耐热性，将 PPCBMI 在 300℃ 固化 4h 后，再在 350℃ 固化 2h，命名为 PPCBMI2。比较两种不同条件下固化的 PPCBMI 树脂，我们可以发现：505℃ 后，PPCBMI 快速损失质量，并且 800℃ 时的残炭率为 50.9%；相反，PPCBMI2 在 475~800℃ 温度范围内损失质量过程相对平缓，800℃ 的残炭率明显高于 50.9%。说明氰基的引入，能够在高温条件下，使树脂进一步交联，提高 BMI 树脂的耐热性。

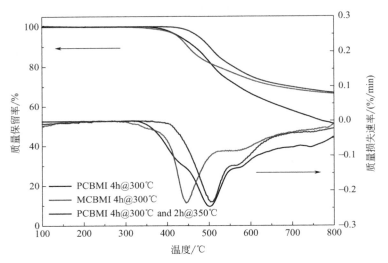

图 9.16　固化物的 TGA 和 DTG 曲线图

表 9.5　固化物的热分解特征参数

样品	$T_{5\%}$/℃	$T_{10\%}$/℃	T_{max}/℃	RW/%
PPCBMI	431	466	504	50.9
MPCBMI	427	450	449	66.2
PPCBMI2	476	501	506	66.7

注：$T_{5\%}$为树脂固化物质量损失 5%的温度；$T_{10\%}$为树脂固化物质量损失 10%的温度；T_{max}为树脂固化物质量损失最快点的温度，即 DTG 曲线峰值所对应的温度；RW 为树脂固化物在 800℃时的残炭率。

9.2.4　BMI/T700 复合材料的力学性能

PPCBMI 或 MPCBMI 的碳纤维增强树脂基复合材料通过 200℃/2h、240℃/2h 和 300℃/4h 三个阶段加热进行固化。PPCBMI2 的碳纤维增强树脂基复合材料是在 PPCBMI 碳纤维增强树脂基复合材料的基础上，进行 350℃ 加热后固化 2h。

图 9.17 是 PPCBMI、MPCBMI 和 PPCBMI2 的树脂基复合材料的层间剪切强度分布。如图 9.17 所示，PPCBMI/C 复合材料的 ILSS 值为 50.4MPa，高于 MPCBMI/C 复合材料的 44.1MPa。这是由于 MPCBMI 的分子量更大，导致黏度更大，阻碍了碳纤维的浸渍效果，从而减弱了界面黏附力。此外，PPCBMI2/C 复合材料的 ILSS 值为 62.5MPa，较 PPCBMI/C 复合材料增长了 24%。这进一步说明了氰基在较高温度下参与了双马来酰亚胺的固化交联反应，进一步增强了界面的粘接性能。

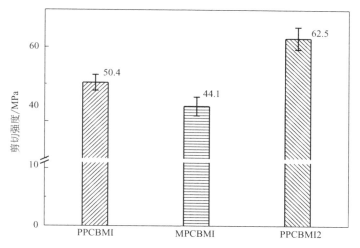

图 9.17　复合材料的层间剪切强度分布图

图 9.18(a)～(c) 是含氰基和酞侧基双马来酰亚胺树脂/碳纤维复合材料断裂表面的 SEM 图像。如图 9.18(a)～(c) 所示，少量粒状树脂黏附在碳纤维表面，这表明 PPCBMI 或 MPCBMI 和碳纤维之间界面结合能力相比于常见的二苯甲烷型 BMI 树脂得到明显提高。另外，在图 9.18(c) 中，树脂分布更均匀，碳纤维和树脂结合更紧密，这进一步说明了氰基在较高温度下参与了双马来酰亚胺的固化交联反应，提高了复合材料界面间的粘接性能。

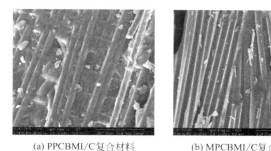

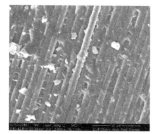

(a) PPCBMI/C复合材料　　　　(b) MPCBMI/C复合材料　　　　(c) PPCBMI2/C复合材料

图 9.18　复合材料断面表面的 SEM 图

9.3　烯丙基双酚 A 改性 PPCBMI 树脂及其复合材料的性能

我们所制备的 PPCBMI 溶解性能好，耐热性能优异，但熔融加工黏度大，因此利用 2,2′-二烯丙基双酚 A（DABPA）对其改性，研究不同摩尔比的 PPCB-

MI 和 DABPA 对树脂和碳纤维增强树脂基复合材料性能的影响。

9.3.1　PPCBMI/DABPA 体系的固化动力学研究

图 9.19 是 PPCBMI/DABPA 树脂的 DSC 曲线，其特征参数列于表 9.6 中。由图可知，三种 PPCBMI/DABPA 树脂表现出类似的热力学行为。在 100~160℃范围内出现一个相对较小的放热峰，这可能是烯丙基化合物双键与 BMI 双键之间的"ene"加成反应所引起的。在 110~320℃范围内的放热峰为主要的固化放热峰，由若干个化学反应所共同引起的，如"ene"反应、Diels-Alder 反应、共聚反应、均聚反应、交替共聚反应、异构化反应和脱水反应等。另外，DPC100 和 DPC120 的 DSC 曲线在 320~380℃范围内有一个小的放热峰，而在DPC87 的 DSC 曲线中并没有出现，这可能是因为 DPC100 和 DPC120 中过量的烯丙基在高温状态下反生了自聚反应。

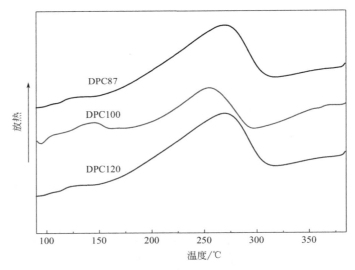

图 9.19　PPCBMI/DABPA 树脂的 DSC 曲线

表 9.6　PPCBMI/DABPA 树脂的 DSC 固化特征参数

样品	T_{p1}/℃	T_{p2}/℃	T_{p3}/℃
DPC87	123.8	269.8	—
DPC100	145.2	254.5	371.3
DPC120	132.7	260.3	345.6

在表 9.6 中，T_{p1}、T_{p2} 和 T_{p3} 分别对应于 DSC 放热峰的峰值温度。随着DABPA 与 PPCBMI 摩尔比的增加，"ene"反应的放热峰值（T_{p1}）先升高后降

低。而且 T_{p1} 的值低于 150℃，比其他 BMI 树脂具有更高的反应活性。但是，主要放热峰 T_{p2} 的变化趋势与 T_{p1} 相反，先降低后升高。这是因为 DPC87 中 PPCBMI 相对较多，体系黏度大，导致活性基团运动受阻，固化反应相对滞后，向高温区域移动。然而，虽然 DPC120 的黏度较低，但 PPCBMI 的低浓度抑制了"ene"反应。因此，DPC100 的 T_{p2} 数值最小。

固化机制和固化工艺是热固性树脂固化物的模量、强度和玻璃化转变温度的主要影响因素。因此，研究 BMI 树脂的表观活化能（E_a）和反应级数（n）等动力学参数，对 BMI 树脂的研究具有重要意义。BMI 树脂的热性能受固化反应条件的影响，通常通过动态 DSC 曲线获得。在图 9.20 中，三种 PPCBMI/DABPA 树脂显示出类似的固化行为，因此我们选择 DPC100 作为研究对象。图 9.20 是 DPC100 在不同升温速率下的 DSC 曲线。由图可知 T_i、T_p 和 T_f 均随着加热速率 β 的增加而增加。该系统可以有足够的时间在较低的加热速率下固化，但固化反应明显滞后于较高的加热速率。不同升温速率下 DPC100 体系 DSC 曲线的特征参数列于表 9.7 中。

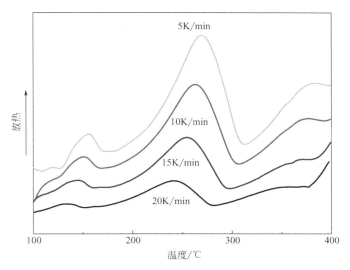

图 9.20　DPC100 体系在不同升温速率下的 DSC 曲线

表 9.7　在不同升温速率下 DPC100 体系的 DSC 曲线特征参数

$\beta/(K/min)$	$T_{p1}/℃$	$T_{p2}/℃$	$T_i/℃$	$T_f/℃$
5	132.2	241.4	197.0	276.0
10	145.2	254.5	208.9	291.1
15	150.8	262.9	216.1	299.9
20	155.8	269.6	222.9	306.7

与先前的方法相同，通过 Kissinger 方程和 Crane 方程进行计算。以 $\ln(\beta/T_p^2)$ 和 $\ln(\beta)$ 为纵坐标，$1000/T_p$ 为横坐标，线性拟合得到两条动力学关系图，如图 9.21 所示。DPC100 两个主要放热峰 T_{p1} 和 T_{p2} 的非等温固化反应动力学特征参数列于表 9.8 中。

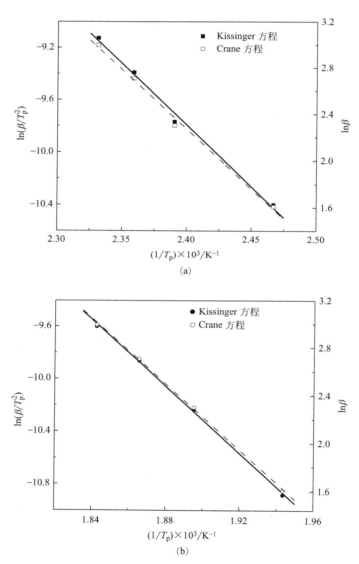

图 9.21　$\ln(\beta/T_p^2)$ 和 $\ln(\beta)$ 对 $1000/T_p$ 关系图

表 9.8　DPC100 两个主要放热峰的非等温固化反应动力学特征参数

阶段	$E_a/(kJ/mol)$	A/min	n
第一阶段	78.09	3.23×10^6	0.919
第二阶段	105.86	1.36×10^7	0.923

由计算结果可知，第一阶段的 E_a 为 78.09kJ/mol，第二阶段的 E_a 为 105.86kJ/mol，不同的 E_a 值代表了不同的反应机理。通常情况下，第一阶段的 E_a 比第二阶段的 E_a 更大，这是因为烯丙基上 C—H 的 σ 键断裂比双烯中 C =C 的 π 键断裂需要克服更高的能量势垒。但是，在 DPC100 树脂体系中，第二阶段的反应活化能略高，这可能是因为树脂体系中的氰基参与了马来酰亚胺环双键间的交联反应，并且氰基的交联反应是在相对较高的温度下缓慢进行的，导致第二阶段的反应活化能高于第一阶段的反应活化能。

DPC100 第二阶段的放热峰为主要的固化放热峰，其状态直接决定了固化物的性能。但是，第二阶段是个复杂的化学过程，其中包含了若干反应，Kissinger 法确定的动力学参数并不能对整个反应过程做出准确的评估。等转化率法是一种能够对复杂反应过程进行合理分析，对整个过程提供动力学参数的方法。

通过图 9.21 中 DSC 曲线的第二个放热峰中某特定温度 T 时的部分热量 H_T 与整个固化峰的总热量 H_{total} 的比值，求得反应程度 α，方程式如下：

$$\alpha = \frac{H_T}{H_{total}} \tag{9.3}$$

根据上述方程，将图 9.21 转化为不同升温速率下反应程度（α）与温度（T）的关系曲线，如图 9.22 所示。

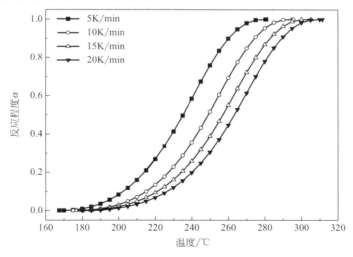

图 9.22　不同升温速率下反应程度（α）与温度（T）的关系曲线

固化反应的速率方程通常以绝对浓度形式出现，但是都是无量纲形式[18,19]。Horie 提出了下述动力学方程：

$$\frac{d\alpha}{dt} = (K' + K\alpha)(1-\alpha)^2 = K(B+\alpha)(1-\alpha)^2 \tag{9.4}$$

式中，α 为反应程度；K，K' 为 Arrhenius 速率常数；B 为无量纲参数，反应机理不同具有不同物理意义。

Kamal 在此基础上提出了固化反应的"一般"速率微分方程，即：

$$\frac{d\alpha}{dt} = (K' + K\alpha^m)(1-\alpha)^n = K(B+\alpha^m)(1-\alpha)^n \tag{9.5}$$

$m+n=2$ 或 $m+n=2.5$。在均相动力学方面，上述方程是经验公式，因其并没有考虑到反应组分的化学剂量比和副反应的存在，所以在下述条件下所诠释的意义更为准确得当。

$m=0$，$n=1$ 或 2 的情况为非催化速度和一级或二级动力学；$m=1$，$n=1$ 的情况表明形成了过渡态化合物；$m=1$，$n=1$ 或 3/2 的情况描述了较低级的反应；$m=3/2$，$n=2$ 的情况引发了竞争性反应机理。

当 $m=1$，K 和 K' 所对应的 E_a 值相等，B 是一个与温度无关的参数，另一个半经验公式被推导出来，并且可以在 DSC 测试手段中进行应用，公式如下：

$$\frac{d\alpha}{dt} = \frac{d\alpha}{dT} \times \frac{dT}{dt} = K_0 \exp(-E_a/RT)(B+\alpha)(1-\alpha)^n \tag{9.6}$$

Friedmann 对上述经验公式两端求自然对数，得到下述经验公式：

$$\ln\left(\frac{d\alpha}{dt}\right) = \ln\left(\frac{d\alpha}{dT} \times \frac{dT}{dt}\right) = \ln[f(\alpha)] + \ln K_0 - \frac{E_a}{RT} \tag{9.7}$$

Ozawa 的多重曲线法是将上述公式对温度积分，并进行重新排列成下列方程。

$$\lg(dT/dt) = \lg\beta = \lg\left(\frac{AE_a}{R}\right) - \lg[g(\alpha)] - c - l\frac{E_a}{RT} \tag{9.8}$$

式中，β 为升温速率，K/min；T 为特定转化率所对应的温度，K；R 为摩尔气体常数，$R=8.314$J/(mol·K)；E_a 为固化反应表观活化能，J/mol；$g(\alpha)$ 为 α 的积分函数，与温度无关；c，l 为常数。

Ozawa 方法的主要问题在于准确设置系数 c 和 l。如果 $E_a/RT = 28 \sim 50$，则 $c=2.313$ 和 $l=0.4567$；如果 $E_a/RT = 18 \sim 30$，则 $c=2.000$ 和 $l=0.4667$；如果 $E_a/RT = 13 \sim 20$，则 $c=1.600$ 和 $l=0.4880$。E_a/RT 在 $21 \sim 29$ 范围内。以 $1/T$ 为横坐标，$\lg(\beta)$ 为纵坐标，进行线性拟合，通过所得直线的斜率计算出反应活化能，其中，将特定 α 的温度与 β 进行线性拟合，外推至 $\beta=0$，得到

温度 T 值。

图 9.23 是活化能（E_a）随转化率（α）和温度（T）的变化曲线。如图所示，E_a 随着 α 的增加显示出有规律的变化。当 $\alpha=0\sim0.2$ 时，E_a 随 α 的增加而迅速减小，说明固化反应处于初始阶段。扩散速率是固化反应时间和程度的控制因素，在低转化率区域所对应的温度区域内，体系的黏度较大，反应基团的运动能力相对较低，反应进行所需的 E_a 相对较高；随着温度的升高，体系黏度降低，导致 E_a 也相应降低。当 $\alpha=0.2\sim0.5$ 范围内，E_a 趋于稳定并且相对较低，与 Kissinger 法计算的 E_a 值相当，说明"Diels-Alder"反应主要在这一范围内进行。在 $\alpha=0.5\sim1$ 范围内，由于温度的升高，固化反应的速率增加，分子量持续增大，体系黏度也随着增大，导致 E_a 值升高；并且，在 $\alpha=0.9$ 以后，E_a 值急剧增加，这是因为在固化反应后期体系交联密度高度增加，反应点的运动受到抑制；另外，一些具有高活化能的化学反应可能在这一阶段进行，例如氰基的交联和芳构化反应。

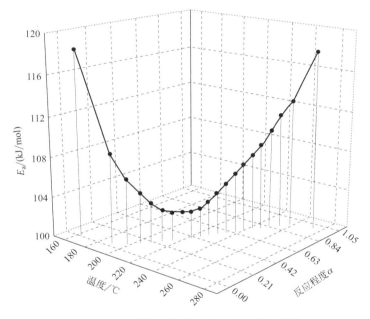

图 9.23　活化能随转化率和温度的变化曲线

9.3.2　PPCBMI/DABPA 树脂体系固化工艺的确定

热固性树脂的热性能受固化反应条件的影响，通常通过动态 DSC 曲线获得。在图 9.19 中，三种 PCBMI/DABPA 树脂显示出类似的固化行为，因此我们选择 DPC100 作为研究对象。根据时温等效原理，T_i、T_p 和 T_f 均随着加热速率 β 的增加而增加。在低加热速率条件下，该树脂体系可以有足够的时间进行固化反应；但是，在较高的加热速率条件下，固化反应相对滞后。因此，当 DSC 曲线的升温速率无限接近零时，T_i、T_p 和 T_f 可以正确表征固化工艺的特征参数。通过不同升温速率下的 T_i、T_p 和 T_f 分别与 β 拟合直线，外推至 $\beta = 0$ 处，得到近似的固化特征参数。

根据表 9.7 中所列出的 T_i、T_p 和 T_f 分别与 β 作图，特征温度 T 与升温速率 β 的外推直线如图 9.24 所示。将三条拟合直线外推至 $\beta = 0$ 处，得到静态时 T_i、T_p 和 T_f 的值分别为 190℃、233℃和 268℃。因此，我们将三种 DABPA/PPCBMI 树脂的固化工艺统一拟定为 190℃/2h＋230℃/4h＋260℃/2h。

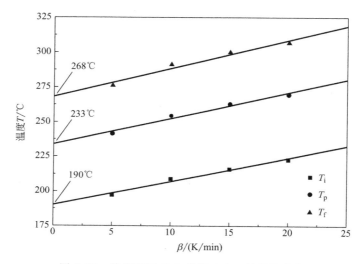

图 9.24　特征温度 T 与升温速率 β 的外推直线

9.3.3　PPCBMI/DABPA 树脂体系的热稳定性

图 9.25 是 PPCBMI/DABPA 树脂固化物的 TGA 和 DTG 曲线。这些树脂固化物的热分解特征参数列于表 9.9 中。随着 DABPA 含量的增加，热分解温度均有所降低。这是因为 DABPA 分子链中的次甲基和异丙基是弱连接键，固化树脂的热分解从这些基团开始。另外，PPCBMI 相比于 DABPA，具有更好的热稳定性，主要是由于 PPCBMI 分子结构中含有刚性的苯酰基团和强极性的氰基。以上表明 PPCBMI 含量最高的 DPC87 树脂具有相对优异的热稳定性。

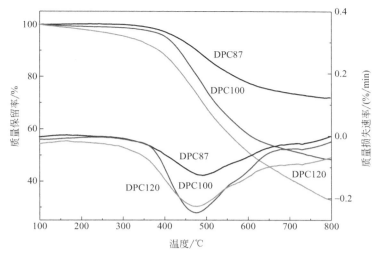

图 9.25　PPCBMI/DABPA 树脂固化物的 TGA 和 DTG 曲线

表 9.9　PPCBMI/DABPA 体系固化物的热分解特征参数

样品	$T_d/℃$	$T_{10\%}/℃$	$T_{20\%}/℃$	$T_{max}/℃$	RW/%
DPC 87	418	478	570	491	72.0
DPC 100	405	435	479	477	48.4
DPC 120	314	388	446	476	32.8

9.3.4　PPCBMI/DABPA 碳纤维复合材料的性能

我们选取 T700 纤维为增强纤维，PPCBMI/DABPA 为基体树脂，制备了碳纤维增强树脂基复合材料，并对其动态热力学性能和力学性能进行了测试分析。图 9.26 是以 PPCBMI/DABPA 为基体树脂的碳纤维增强复合材料的 DMA 谱图，其主要显示了储能模量（G'）和损耗角正切值（tanδ）随温度变化的情况，其结果列于表 9.10。由图 9.26 可见，在玻璃态（50℃）时，G'值随着 DABPA 含量的增加而略有下降，并且 DPC87 体系复合材料的 G'明显高于 DPC100 和 DPC120。主要通过三个方面解释：①由于 PPCBMI 的均聚反应和 PPCBMI 与 DABPA 间的共聚反应，DPC87 树脂体系中 PPCBMI 含量最高，PPCBMI 中的大量刚性基团使交联网络具有最强的刚性；②DPC100 与 DPC120 体系的交联网络中含有过量的烯丙基，发生均聚反应，导致刚性较小；③烯丙基反应活性低，交联网络结构中存在未反应的烯丙基。

tanδ 的峰值是阻尼行为的量度，反映了储存的弹性能量与每个振动周期消耗的能量之间的关系。从图 9.26(b) 和表 9.10 可见，随着 PPCBMI 含量的增

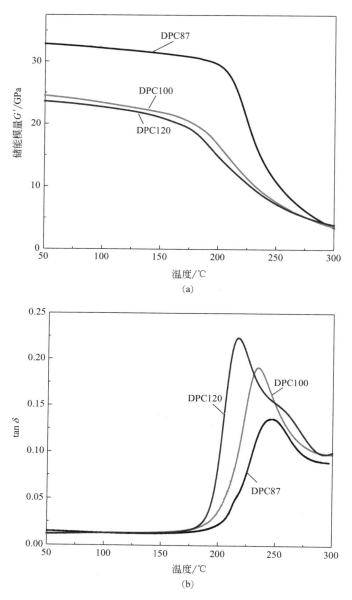

图 9.26 PPCBMI/DABPA 为基体树脂的碳纤维增强复合材料 DMA 谱图

加，T_g 增加，$\tan\delta$ 的峰高降低。这是因为分子链的运动和应力松弛在玻璃化转变过程中被激发，并且内部摩擦与聚合物的结构有关。另外，就分子链长度而言，PPCBMI 的分子链较长，导致交联密度降低，导致 $\tan\delta$ 的峰高随着 PPCBMI 含量的增加而降低。

表 9.10　PPCBMI/DABPA 树脂基复合材料 DMA 特征数据

样品	储能模量(G')/GPa		T_g/℃	$\tan\delta$ 峰值
	玻璃态(50℃)	橡胶态(325℃)		
DPC87	32.8	2.2	251	0.136
DPC100	24.5	2.7	234	0.191
DPC120	23.6	3.2	217	0.223

表 9.11 列出了 PPCBMI/DABPA 树脂基复合材料的力学性能分析数据。从表中可以看出，σ_f 随着 DABPA 含量的增加而下降，这是因为当 DABPA 过量时，固化树脂的交联密度和刚性下降，导致弯曲性能下降。另外，ILSS 值呈现与 σ_f 相反的趋势，从 78GPa 增加到 90GPa，这是由于 DABPA 过量，PPCBMI/DABPA 体系的熔体黏度降低，增强了碳纤维与 PPCBMI/DABPA 树脂的黏附性。

表 9.11　PPCBMI/DABPA 树脂基复合材料的力学性能分析数据

样品	σ_f/MPa	ILSS/MPa
DPC87	1289	78
DPC100	1153	86
DPC120	991	90

图 9.27 是 PPCBMI/DABPA 树脂基复合材料弯曲断面的 SEM 形貌图。由图可知，所有的复合材料都具有很少的拔出纤维，并且 DPC87 树脂基复合材料具有最少的拉拔纤维，表现出最好的界面黏合性能。图 9.28 是 PPCBMI/DABPA 树脂基复合材料层间剪切破坏断面的 SEM 形貌图。由图可知，所有复合材料层间剪切破坏断面上的树脂分布更均匀，并且，随着 DABPA 含量的增加，碳纤维和树脂间的结合更紧密。

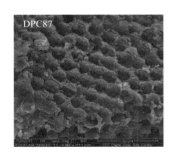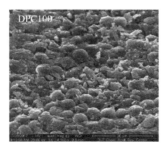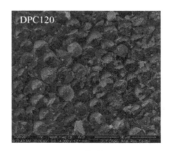

图 9.27　PPCBMI/DABPA 树脂基复合材料弯曲断面的 SEM 形貌图[20]

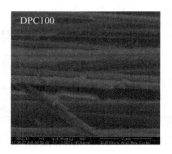

图 9.28　PPCBMI/DABPA 树脂基复合材料层间剪切破坏断面的 SEM 形貌图[20]

9.4　DPC87/T700 复合材料的热氧老化

QY 8911-Ⅰ、XU 292、Matrimid 5292 和 BASF 5260 等牌号的 BMI 树脂的复合材料制备被广泛应用于航空工业中。中国航空制造技术研究院开发的 QY 8911-Ⅰ是国内最具代表性的 BMI 树脂，其复合材料制品应用于飞机垂直整流罩和蒙皮壁面的制造以代替铝合金，满足超音速飞机在 2 马赫速度下长时间飞行的要求。在飞行期间，超音速飞机的表面与空气摩擦产生热量。在这种情况下，抗老化性对于复合材料的长期使用是至关重要的。

老化研究是长期的过程，往往需要几十年才能全面评估复合材料的长期使用性能。热老化包括物理老化和化学老化，如脱水、后固化、分解和交联反应。热氧老化模型主要包括三个阶段：第一阶段的快速失重是由复合材料中残留的水或其他低分子量成分的挥发造成的；第二阶段被认为是复合材料的后固化，通过剩余官能团的反应导致交联密度增加；随着时效时间的延长，特别是在氧气存在的高温下，在第三阶段中复合材料表层基体树脂经历了分解，导致脱粘或界面损伤。许多国内外学者已经研究了热老化对碳纤维/双马来酰亚胺复合材料力学性能的影响，但很少讨论高温下老化实验对复合材料性能的影响。

为了设计和制造下一代超音速飞机，越来越多的高性能 BMI 树脂已被用于航空航天工业。在前面的研究中，我们设计并合成了 DPC 系列双马来酰亚胺树脂，并讨论了摩尔比对 PPCBMI/DABPA 树脂综合性能的影响。在本节中，为了模拟实际情况，我们选用综合性能最好的 DPC87 制作碳纤维复合材料，将合适尺寸的复合材料放置于烘箱中，在 200℃和 250℃条件下连续处理 1000h。通过多种不同的测试方法评估了热氧老化对 DPC100/碳纤维复合材料 ILSS 的影响，如表征材料内部密实程度的 C 扫描，测量复合材料板界面性能的 ILSS 测试，表征表面形貌和断口形貌的 SEM，表征化学结构的 FT-IR 光谱，以及用于

测量 T_g 的 DMA。

温度不仅能够影响化学反应的进行，而且能够加速复合材料的破坏。随着交联密度的变化和内应力的释放，树脂在玻璃化转变温度以下能够长时间使用，并改善了性能。但是，在充满氧气的高温条件下，树脂表面容易氧化，并向内扩散，导致性能下降。DPC87 的碳纤维复合材料的玻璃化转变温度为 251℃，因此选择 200℃ 和 250℃ 作为老化温度。

9.4.1 DPC87/T700 复合材料的质损率

图 9.29 是 T700/DPC87 复合材料在 200℃ 和 250℃ 热氧老化不同时间的质量损失率。正如预期的那样，质量损失的程度受到两个条件的密切影响，如下：①老化温度；②老化时间。在高温条件下持续老化，老化试样中会出现树脂裂纹和纤维-基体界面退化。

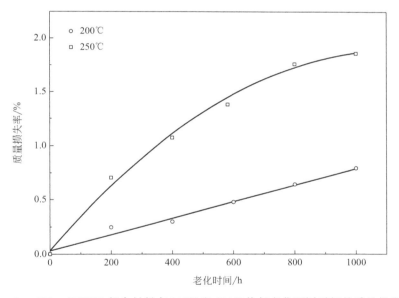

图 9.29　T700/DPC87 复合材料在 200℃ 和 250℃ 热氧老化不同时间的质量损失率

9.4.2 热氧老化对 DPC87/T700 复合材料静态力学性能的影响

为了更直观地观察热氧老化对 T700/DPC87 复合材料内部的影响，通过 C 扫描技术，获取了 T700/DPC87 复合材料内部缺陷形貌的平面图。图 9.30 为 200℃ 和 250℃ 下经历不同时期热氧老化样品的 C 扫描图像。由图可知，未老化样品的 C 扫描图像呈现出少量的缺陷。并且，随着老化时间的延长，200℃和250℃老化条件下的 C 扫描图像具有相似的变化趋势：在初始阶段，随着老化时间的延长，缺陷数量的减少主要归因于基体树脂 DPC87 的后固化，且当老化温度为 200℃、老化时间为 400h 和老化温度为 250℃、老化时间为 200h 时，C 扫描图像显示复合材料内部最为密实，缺陷较少；随着老化时间的进一步延长，复合材料缺陷的数量不断增加，这是因为 T700 纤维和 DPC87 树脂热膨胀系数的差异，产生了强烈的内应力，导致纤维剥离和界面损伤。

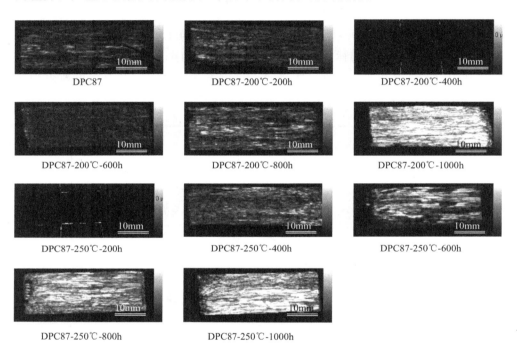

图 9.30　200℃和 250℃下经历不同时期热氧老化样品的 C 扫描图像[20]

表 9.12 列出了 T700/DPC87 复合材料在 200℃和 250℃老化不同时间的 ILSS 值。在特定老化温度下，ILSS 值随老化时间的变化趋势与 C 扫描图像表征的结果相对应。并且，当老化温度为 200℃，老化时间为 400h 时，ILSS 值最大，达到了 148MPa，增加了 89.7%。这可能是由于两方面所导致，一方面是由于 DPC87 树脂的后固化；另一方面是在长时间的热氧老化过程中，DPC87 树脂中所含有的氰基缓慢地发生了交联反应，使其交联密度增加。另外，根据时温等效原理，当老化温度为 250℃，ILSS 值达到最大值所需的老化时间相对提前，为 200h。此外，250℃热老化样品的 ILSS 值均低于 200℃热氧老化样品的 ILSS 值，这是因为相对较高的温度使内能增加，导致内聚能强度和界面强度降低。

表 9.12　200℃和 250℃老化不同时间的 ILSS 值

老化温度	0h	200h	400h	600h	800h	1000h
200℃	78	91	148	101	79	72
250℃	78	130	82	79	77	69

为了进一步研究热氧老化温度和时间对 T700/DPC87 复合材料 ILSS 值的影响，图 9.31 和图 9.32 用 SEM 表征了 T700/DPC87 复合材料在 200℃和 250℃老化不同时间后表面和层间剪切破坏断面的形貌。如图 9.31 所示，200℃热氧老化实验中，我们观察到 T700/DPC87 复合材料在老化 200h 后，表面光滑平坦；

图 9.31　在 200℃和 250℃老化不同时间后复合材料表面剪切破坏断面的形貌图[20]

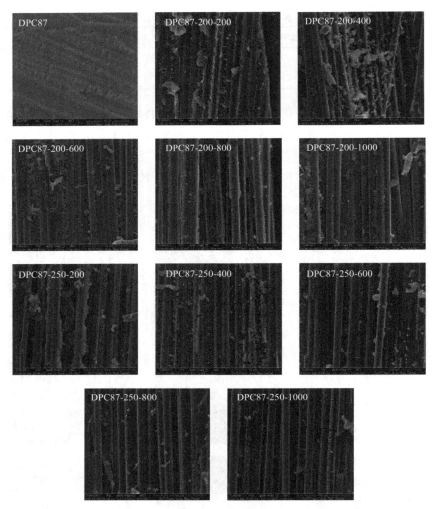

图9.32　在200℃和250℃老化不同时间后复合材料层间剪切破坏断面的形貌图[20]

随着老化时间的延长，试样表面变得粗糙，有大量气泡破碎的痕迹，这是残留在试样中的水和其他低分子量成分挥发造成的；当老化时间为800h，T700/DPC87复合材料表面发生了明显的界面脱粘，并且，随着老化时间的延长，其脱粘程度越来越严重。当老化温度为250℃时，T700/DPC87复合材料表明形貌的变化趋势相似，但界面脱粘时间缩短。

如图9.32所示，在200℃进行老化，老化1000h之前，T700纤维仍被基质树脂DPC87包裹或黏附；当老化1000h后，复合材料样品内部发生了界面间的脱粘，但其程度远远低于样品表面。在持续的等温老化过程中，DPC87树脂对氧气极其敏感。但是，T700/DPC87复合材料的致密度高，内部的DPC87树脂与氧气隔离，随着老化时间的延长，空气中的氧气由复合材料外部逐渐向内渗透。250℃老化的现象与200℃时相似，但根据时温等效原理，当老化600h后，T700/DPC87复合材料内部界面间就发生脱粘现象。综上所述，氧气和温度是对复合材料力学性能产生影响的两个重要的负面因素。

9.4.3　热氧老化对DPC87树脂微观结构的影响

图9.33是样品表面树脂的红外光谱。9.33(a)是200℃热老化样品的FT-IR光谱，由图可知，经过400h的老化，复合材料表面树脂并没有明显变化；进一步进行老化处理并将老化时间延长至1000h，1760cm⁻¹处内酯C=O的对称

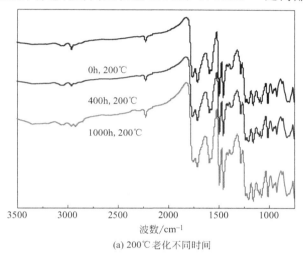

(a) 200℃老化不同时间

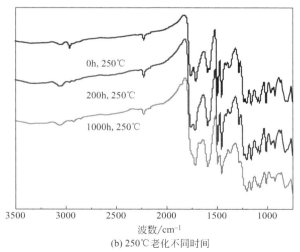

(b) 250℃老化不同时间

图9.33　样品表面树脂的红外光谱

伸缩振动吸收峰和 1709cm^{-1} 处马来酰亚胺环 C $=$ O 对称伸缩振动吸收峰的强度减小幅度明显。另外，1600cm^{-1} 处苯环上—C $=$ C—伸缩振动峰的强度随着老化时间的延长而逐渐下降。这说明了复合材料表面越来越多的固化树脂发生了分解。图 9.33(b) 是 250℃热老化样品的 FT-IR 光谱，由图可知，复合材料表面的 DPC87 树脂老化 200h 已经开始发生分解反应，这进一步解释了 250℃老化时 ILSS 的最大值低于 200℃时 ILSS 的最大值的原因。老化时间越长，降解程度越剧烈。另外，在不同老化温度下，老化 200h 后，2233cm^{-1} 处氰基的特征吸收峰均略有降低，这可能是 DPC87 树脂中所含的氰基在较高温度下缓慢地发生了交联反应，这一现象也进一步解释了在热氧老化初始阶段，T700/DPC87复合材料的 ILSS 值的增加。

9.4.4　热氧老化对 DPC87/T700 复合材料热力学性能的影响

在通常情况下，BMI/碳纤维复合材料经历长时间的高温老化后，储能模量（G'）和损耗角正切（$\tan\delta$）均呈现下降趋势。主要是由于碳纤维与 BMI 树脂之间的界面降解和持续高温环境下的热应力增大，导致界面间的结合强度减弱。图 9.34 是 T700/DPC87 树脂基复合材料在 200℃和 250℃老化 0h 和 1000h 后 G'和 $\tan\delta$ 随温度变化的曲线。如图所示，与未老化的试样相比，T700/DPC87复合材料在 200℃和 250℃老化 1000h 后，G'和 $\tan\delta$ 均增加了，这与其他文献中所报道的 BMI/碳纤维复合材料老化前后 G'和 $\tan\delta$ 的变化趋势完全相反；并且，在 250℃进行老化实验的试样的 G'和 $\tan\delta$ 值更大。这一现象也在一定程度上表明了氰基与马来酰亚胺环上双键的聚合反应使交联密度增加，赋予了PPCBMI/DABPA 系列树脂良好的界面结合能力和抗老化性。

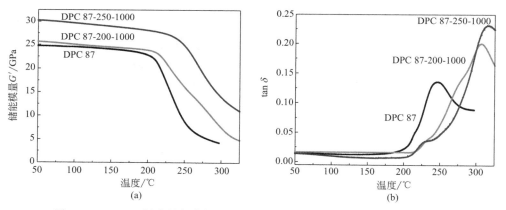

图 9.34　DPC87 树脂基复合材料在 200℃和 250℃老化 0h 和 1000h 后 G'和
$\tan\delta$ 随温度变化曲线

9.5 PPCBMI/BDM/DABPA 树脂的研究

基于二烯丙基双酚 A（DABPA）和二苯甲烷型双马来酰亚胺（BDM）为原料，采用 PPCBMI 对 BDM/DABPA 体系进行共聚改性以改善树脂韧性。其中，烯丙基与酰亚胺基团的摩尔比为 0.87∶1，PPCBMI 在 PPCBMI/BDM 体系中所占质量分数依次为 0%、1%、3%、5%、7% 和 9%，命名为 PBD-0、PBD-1、PBD-3、PBD-5、PBD-7 和 PBD-9。

9.5.1 PPCBMI/BDM/DABPA 树脂的固化行为

图 9.35 为 PPCBMI/BDM/DABPA 体系的 DSC 谱图。如图所示，三元共聚体系与二元共聚体系所表示出类似的固化行为，即"ene"反应放热峰出现在 125℃附近，主要固化反应放热峰出现在 250℃附近，说明树脂的固化机理并未因 PPCBMI 的加入而发生改变。

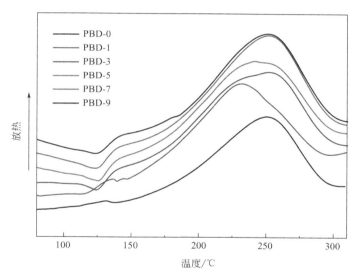

图 9.35　PPCBMI/BDM/DABPA 体系的 DSC 谱图

PPCBMI/BDM/DABPA 体系 DSC 曲线的特征参数列于表 9.13。如表所示，加入 PPCBMI 后，三元共聚体系的 T_i 和 T_p 都显著下降，这是因为 PPCBMI 的反应活化能较大；但是，随着 PPCBMI 含量的增加，T_i 和 T_p 逐渐增大，当含量达到 7% 时，趋于稳定并接近二元体系的固化特征参数，这是因为 PPCBMI 的分子量较大，随着含量的增加，体系黏度升高阻碍了分子链运动，并且单位质量官能团数量减少。由表 9.13 所示，ΔH 随着 PPCBMI 含量的增加而增加，这是由于 PPCBMI 含量的增加使单位质量官能团数量减少，导致固化反应程度增加。

表 9.13　PPCBMI/BDM/DABPA 体系 DSC 曲线特征参数

样品	$T_i/℃$	$T_p/℃$	$T_f/℃$	$\Delta H/(J/g)$
PBD-0	208.2	250.3	290.0	103.4
PBD-1	174.8	231.3	293.4	191.8
PBD-3	175.5	238.5	294.8	203.7
PBD-5	177.6	241.4	294.6	204.2
PBD-7	182.9	251.2	296.3	208.9
PBD-9	183.3	251.9	296.5	223.4

9.5.2　PPCBMI/BDM/DABPA 树脂固化物的热稳定性

图 9.36 是 PPCBMI/BDM/DABPA 体系固化物的 TGA 和 DTG 曲线，其热分解特征参数列于表 9.14 中。由图 9.36 可知，所有固化物具有相似的热分解趋势，起始热分解温度在 415℃左右，最大分解温度在 450℃左右。另外，随着树脂体系中 PPCBMI 含量的增加，热分解速率逐渐降低，800℃的残炭率相应增加。从表中可知，随着 PPCBMI/BDM/DABPA 体系中 PPCBMI 含量的增加，固化物的热分解温度均呈现先增加后减小的趋势。这可能是由于 DABPA 与 BDM 结构中的次甲基、异丙基、烯丙基相对不稳定，在质量损失前期就被分解。但是，PPCBM 的分子链较长，导致固化物交联密度降低，严重影响体系的热稳定，随着 PPCBMI 含量增加，交联密度成为影响 PPCBMI/BDM/DABPA 体系固化物热稳定性的主导因素。

表 9.14　PPCBMI/BDM/DABPA 固化物的热分解特征参数

样品	$T_{5\%}/℃$	$T_{10\%}/℃$	$T_{20\%}/℃$	$T_{max}/℃$	$RW/\%$
PBD-0	417	429	443	449	24.0
PBD-1	425	435	448	444	29.5
PBD-3	419	431	445	446	32.5
PBD-5	415	428	444	450	32.7
PBD-7	414	427	442	445	34.4
PBD-9	414	427	443	443	35.9

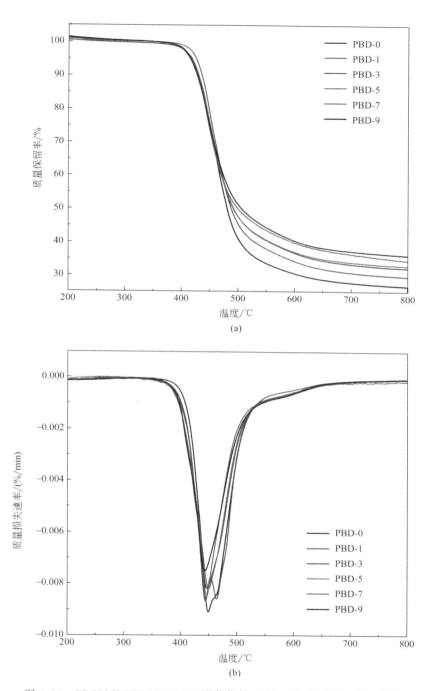

图 9.36　PPCBMI/BDM/DABPA 固化物的 TGA（a）和 DTG（b）曲线

9.5.3 PPCBMI/BDM/DABPA 树脂固化物的 DMA

图 9.37 是 PPCBMI/BDM/DABPA 固化物的储能模量（G'）随温度的变化关系图，并且其特征参数列于表 9.15 中。由图可知，在玻璃态时，与 BDM/DABPA 树脂体系的 G' 相比，PPCBMI/BDM/DABPA 树脂体系的 G' 相对较低，并且随着 PPCBMI 含量的增加，G' 会相应降低。这是因为 PPCBMI 比 BDM 具有更长的分子链长度，并且这种长链结构打破了链段的规整程度。二元体系橡胶态时的 G' 也要明显高于加入 PPCBMI 的固化树脂的 G'。这是因为橡胶态 G' 主要受固化物交联密度的影响，BDM 具有更小分子量和更短的分子链长度，导致体系交联密度整体增加。为了更好地解释橡胶态的储能模量变化，我们根据橡胶的弹性理论进行进一步的分析。如下：

$$M_c \cong \frac{\rho RT}{G'} \tag{9.9}$$

假设固化物密度（ρ）保持恒定，橡胶态时的储能模量（G'）与分子量（M_c）成反比，随着 M_c 的增加，交联密度下降。但是，PPCBMI 分子链中刚性酚酞基团和强极性的氰基对体系的 G' 产生一定的影响，由于 PPCBMI 的含量较低，可以忽略。综上，G' 的变化规律不明显。

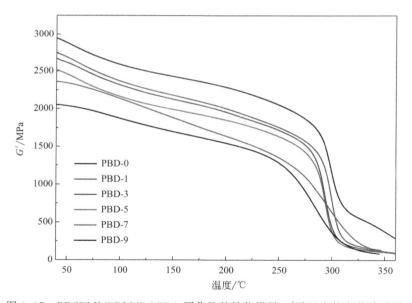

图 9.37　PPCBMI/BDM/DABPA 固化物的储能模量 G' 随温度的变化关系图

表 9.15　PPCBMI/BDM/DABPA 固化物的 DMA 特征参数数据

样品	储能模量/MPa		T_g/℃	$\tan\delta$ 峰值
	玻璃态(50℃)	橡胶态(325℃)		
PBD-0	2884	567	298	0.38
PBD-1	2686	189	306	0.31
PBD-3	2613	165	312	0.30
PBD-5	2460	144	314	0.29
PBD-7	2342	242	322	0.28
PBD-9	2037	137	329	0.27

图 9.38 是 PPCBMI/BDM/DABPA 固化物的 $\tan\delta$ 与温度的变化关系图，相应的特征参数列入表 9.15 中。在图 9.38 中，PPCBMI/BDM/DABPA 固化物的 $\tan\delta$ 只有一个明显的尖锐的峰，说明其具有相对均匀的交联网络结构。$\tan\delta$ 的峰值是阻尼行为的量度，值的大小取决于分子链段运动内摩擦阻力的大小。与 BDM 相比，PPCBMI 具有更长的分子链长度，交联密度降低，导致分子内摩擦减小。$\tan\delta$ 的峰值与 PPCBMI 含量成反比，而 T_g 与 PPCBMI 含量成正比。这是因为 PPCBMI 的加入虽然使交联密度降低，但分子链中含有大量的刚性酚酞基团和强极性的氰基，使 PPCBMI/BDM/DABPA 固化物的耐热性能得到了明显提高。

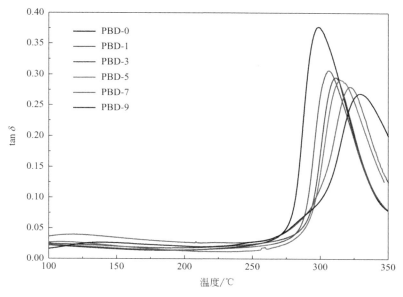

图 9.38　PPCBMI/BDM/DABPA 固化物的 $\tan\delta$ 与温度的变化关系图

9.5.4 PPCBMI/BDM/DABPA 树脂固化物的力学性能

图 9.39 是 PPCBMI/BDM/DABPA 固化物的弯曲强度和弯曲模量与 PPCB-MI 质量分数的关系图，相应的力学性能参数列入表 9.16 中。如图所示，随着PPCBMI 质量分数的增加，PPCBMI/BDM/DABPA 固化物的弯曲强度呈现先增加后减小的趋势；并且，通过表 9.16 可知，当 PPCBMI 质量分数为 3% 时，弯曲强度从初始的 123.0MPa 增加到 166.0MPa，增加了 35%。这主要是由于PPCBMI 分子链相对较长，含量的增加使交联密度得到降低，导致弯曲强度增大；但是，随着 PPCBMI 含量的增加，体系黏度增大，不利于成型过程中气泡的脱除和热量的释放，使材料内部产生缺陷，降低了弯曲强度。弯曲模量随着PPCBMI 含量的增加持续增加，这是因为 PPCBMI 分子链中含有刚性的酚酞基团和大量的苯环结构，导致固化网络中刚性结构含量相对增加而柔性链则相对减少，从而提高了弯曲模量。

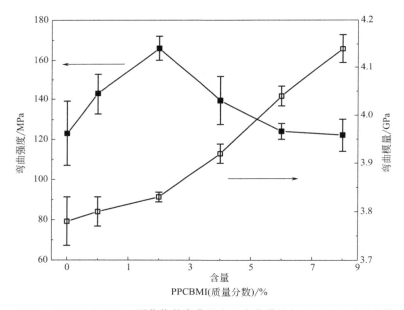

图 9.39 PPCBMI/BDM/DABPA 固化物的弯曲强度和弯曲模量与 PPCBMI 质量分数的关系图

表 9.16 PPCBMI/BDM/DABPA 体系固化物的力学性能参数

样品	PBD-0	PBD-1	PBD-3	PBD-5	PBD-7	PBD-9
弯曲强度/MPa	123.0	142.8	166.0	139.4	123.9	122.0
弯曲模量/GPa	3.78	3.80	3.83	3.92	4.04	4.14
冲击强度/(kJ/m²)	7.56	8.72	13.62	15.91	14.04	8.93

图 9.40 是 PPCBMI/BDM/DABPA 固化物的冲击强度与 PPCBMI 质量分数的关系。结合图 9.40 和表 9.16 可知，随着 PPCBMI 质量分数的增加，PPCBMI/BDM/DABPA 固化物的冲击强度先增加后降低，当质量分数为 5% 时，达到最大（从 7.56kJ/m² 增大到 15.91kJ/m²，增加了 110.4%）。根据橡胶的弹性理论可知，PPCBMI 比 BDM 具有更大的分子量和更长的分子链长度，导致 PPCBMI/BDM/DABPA 体系固化物的交联密度随着 PCBMI 含量的增加逐渐降低，因此冲击韧性也相应提高。但是，随着 PPCBMI 含量的增加，体系黏度增大，不利于成型过程中气泡的脱除和热量的释放，使材料内部产生缺陷，降低了冲击强度。

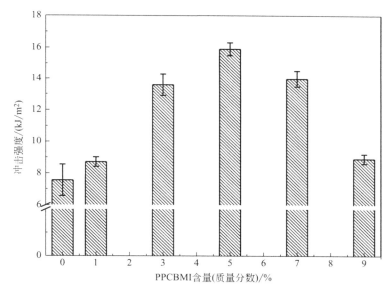

图 9.40　PPCBMI/BDM/DABPA 固化物的冲击强度与 PPCBMI 质量分数的关系

参考文献

[1] Yang C P，Tang S Y. Syntheses and properties of organosoluble polyamides and polyimides based on the diamine 3,3-bis [4-(4-aminophenoxy)-3-methylphenyl] phthalide derived from o-cresolphthalein [J]. Journal of Polymer Science：Part A：Polymer Chemistry，1999，37：455-464.

[2] Yang C P，Chen Y Y，Hsiao S H. Synthesis and properties of organosoluble polynaphtha-limides bearing ether linkages and phthalide cardo groups [J]. Journal of Applied Polymer Science，2007，104：1104-1109.

[3] Yang C P，Su Y Y，Wang J M. Synthesis and properties of organosoluble polynaphthalim-

ides based on 1，4，5，8-naphthalene tetracarboxylic dianhydride，3，3-Bis［4-(4-aminophenoxy) phenyl]-phthalide，and various aromatic diamines ［J］. Journal of Polymer Science：Part A：Polymer Chemistry，2006，44：940-948.

［4］ Yang C P，Hslao S H，Yang C C. New poly (amide-imide) s syntheses. XXI. Synthesis and properties of aromatic poly (amide-imide) s based on 2，6-Bis (4-trimellitimidophenoxy)-naphthalene and aromatic diamines ［J］. Journal of Polymer Science：Part A：Polymer Chemistry，1998，36：919-927.

［5］ Yang C P，Lin J H. Syntheses of new poly (amide-imide) s：13. Pareparation and properties of poly (amide-imide) s based on the diimide-diacid condensed from 3，3-bis［4-(4-aminophenoxy)-phenyl］ phthalide and trellitic anhydride ［J］. Polymer，1995，36：2835-2839.

［6］ Yang C P，Jeng S H，Liou G S. Synthesis and properties of poly (amide-imide) s based on the diimide-diacid condensed from 2，2-bis (4-aminophenoxy) biphenyl and trimellitic anhydride ［J］. Journal of polymer science：part A：polymer chemistry，1998，36：1169-1177.

［7］ Yang C P，Su Y Y. Novel organosoluble and colorless poly (ether imide) s based on 3，3-bis［4-(3，4-dicarboxyphenoxy) phenyl］ phthalide dianhydride and aromatic bis (ether amine) s bearing pendent trifluoromethyl groups ［J］. Journal of Polymer Science：Part A：Polymer Chemistry，2006，44：3140-3152.

［8］ Yang C P，Liou G S，Chen R S，et al. Synthesis and properties of new organo-soluble and strictly alternating aromatic poly (ester-imide) s from 3，3-Bis［4-(trimellit imidophenoxy) phenyl]-phthalide and bisphenols ［J］. Journal of Polymer Science：Part A：Polymer Chemistry，2000，38：1090-1099.

［9］ Zhang B，Wang Z，Zhang X. Synthesis and properties of a series of cyanate resins based on phenolphthalein and its derivatives ［J］. Polymer，2009，50 (3)：817-824.

［10］ Xiong X，Chen P，Yu Q，et al. Synthesis and properties of chain-extended bismaleimide resins containing phthalide cardo structure ［J］. Polymer International，2010，59 (12)：1665-1672.

［11］ Liou G S，Chang C W，Yen H J，et al. Pentaaryldiamine-containing bismaleimide compound and producing method thereof：US20100168442 ［P］. 2010. 2010-07-01.

［12］ 韩勇，武迪蒙，曾科等 . 含氰基的 N-取代苯基马来酰亚胺的合成及性能 ［J］. 高分子材料科学与工程，2007，23 (3)：96-99.

［13］ Liu S Y，Xiong X H，Chen P，et al. Bismaleimide-diamine copolymers containing phthalide cardo structure and their modified BMI resins ［J］. High Performance Polymer，2018，30 (5)：527-538.

［14］ 熊需海，任荣，陈平，等 . 一种含氰基和酞侧基双马来酰亚胺树脂及其制备方法：ZL201510024065.4 ［P］. 2017-02-01.

[15] Liu S Y, Wang Y Y, Chen P, et al. Synthesis and properties of bismaleimide resins containing phthalide cardo and cyano groups [J]. High Performance Polymer, 2019, 31 (4): 462-471.

[16] Kissinger H E. Reaction Kinetics in Differential Thermal Analysis [J]. Anal Chemistry, 1957, 29: 1702-1706.

[17] Xia L, Xu Y, Wang K, et al. Preparation and properties of modified bismaleimide resins by novel bismaleimide containing 1,3,4-oxadiazole [J]. Polymers for Advanced Technologies, 2015, 26 (3): 266-276.

[18] Li J Y, Chen P, Ma Z M, et al. Reaction kinetics and thermal properties of cyanate ester-cured epoxy resin with phenolphthalein poly (ether ketone) [J]. Journal of Applied Polymer Science, 2009, 111: 2590-2596.

[19] Zvetkov V L. Comparative DSC kinetics of the reaction of DGEBA with aromatic diamines [J]. Polymer, 2001, 42: 6687-6697.

[20] Liu S Y, Chen Y Z, Chen P, et al. Properties of novel bismaleimide resins, and thermal ageing effects on the ILSS performance of their carbon fibre-bismaleimide composites [J]. Polymer Composites, 2019, 40 (S2): 1283-1293.

含氰基和芴Cardo环结构改性双马来酰亚胺合成及其复合材料

我们所合成的含有氰基和酞侧基的双马来酰亚胺树脂，因为在其结构中引入了大刚性的 Cardo 苯酞结构，提高了其耐热性；并且氰基的成功引入，不仅增加了固化物内聚能，提高其粘接强度，还进一步增强了其耐热性。为了进一步提高其耐热性，我们选用 9,9′-双(4-羟基苯基)芴代替原料中的酚酞或邻甲酚酞，制备同时含氰基和芴基的双马来酰亚胺。

图 10.1 双酚芴的立体结构

双酚芴是一类含有两个苯环，且由一个亚甲基将其固定在同一平面上的具有大体积 Cardo 环结构的双酚，其立体结构如图 10.1 所示。将这种结构引入到聚合物中能够起到与酚酞类似的作用，但其刚性更强，耐热性会得到更进一步的提高。基于上述的优点，诸多种类的含芴基的高聚物被设计并合成。Yang 等人[1] 由 2-氯-5-硝基三氟甲苯出发，合成了一类含芴基聚酰亚胺。其聚合物的玻璃化转变温度在 277～331℃，质量损失 10% 的温度在氮气中为 539～594℃，空气中为 544℃ 以上，氮气中 800℃ 的残炭率在 55%～65%。Wang 等人[2] 合成了一系列含芴基苯并噁嗪，其聚合物具有较高的玻璃化转变温度和热稳定性，归因于芴基的高刚性，高芳烃含量和分子间、分子内氢键。Stille 等人[3] 设计合成了一系列含芴基聚喹啉，在氯代烃中表现出良好的溶解性，并具有优异的热氧稳定性和耐热性，初始分解温度能够达到 540℃，T_g 在 400℃ 左右。Suresh 等人[4] 用偶氮双酚和 9,9′-双(4-羟基苯基)芴与光气的共缩合得到了一系列含芴基聚碳酸酯，在常见有机溶剂中表现出良好的溶解性，玻璃化转变温度为 239℃，并且聚合物在惰性气体的起始分解温度为 385℃。

Zhang 等人[5] 成了一类含芴基结构的延长链型 BMI（PFBMI），兼具优良的溶解性和耐热性，并且，其树脂基复合材料的 T_g 超过 362℃。

本章目的在于进一步提高 BMI 树脂的耐热性，设计并合成一类同时含有氰基和芴基的 BMI 树脂。主要研究内容：首先对所合成的 BMI 及中间体的化学结构进行表征，研究 BMI 单体的溶解性、固化行为和热力学性能等；将其与二苯甲烷型 BMI（BDM）进行共聚改性，研究并探讨了 PFCBMI 含量对该树脂体系、固化物以及玻纤增强树脂基复合材料性能的影响。

10.1 含氰基和芴基双马来酰亚胺的合成与表征

含氰基和芴基双马来酰亚胺树脂的合成主要通过以下几个步骤进行：

① 在碱性催化剂条件下，$9,9'$-双(4-羟基苯基)芴分别与 2,6-二氯苯甲腈和 4-氯硝基苯进行 Williamson 亲核取代反应，生成含氰基和芴基的二硝基寡聚物。

② 以 $FeCl_3/C$ 为催化体系，水合肼提供氢源，含氰基和芴基的二硝基寡聚物被还原成含氰基和芴基的二氨基寡聚物。

③ 含氰基和芴基的二氨基寡聚物和顺丁烯二酸酐在室温条件下生成含氰基和芴基的双马来酰胺酸。

④ 加入含氰基和酰侧基的双马来酰胺酸、醋酸钠催化剂和乙酸酐脱水剂，进行脱水缩合反应，得到含氰基和芴基的双马来酰亚胺。具体合成路线如图 10.2 所示[6,7]。

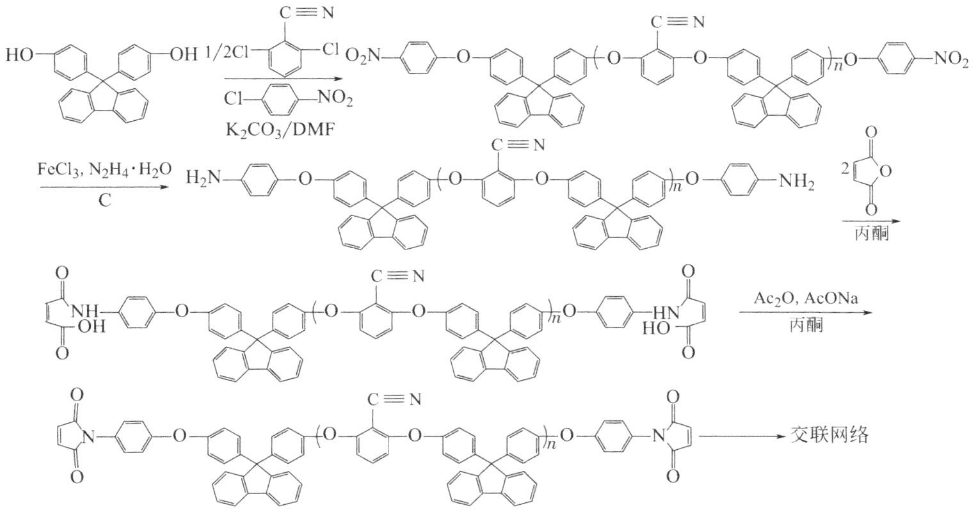

图 10.2　含氰基和芴基双马来酰亚胺的合成路线

10.1.1　二硝基寡聚物（PFCDN）的合成与表征

如图 10.2 所示，碳酸钾为催化剂，9,9′-双（4-羟基苯基）芴在强极性有机溶剂中与 2,6-二氯苯甲腈进行缩聚反应，然后，加入 4-氯硝基苯，进行 Williamson 亲核取代反应，得到含氰基和芴基二硝基寡聚物。

上述的强极性有机溶剂可选用 N,N-二甲基甲酰胺（DMF），N,N'-二甲基乙酰胺，二甲基亚砜（DMSO），N-甲基吡咯烷酮（NMP）中的一种或一种以上的混合溶剂，优选为 DMF。在反应过程中，9,9′-双（4-羟基苯基）芴和 2,6-二氯苯甲腈的摩尔比严格控制在 1:2，并在 153℃ 充分回流反应 7h，使 n 值无限接近于 1。为了充分反应，9,9′-双（4-羟基苯基）芴和 4-氯硝基苯实际用量的摩尔比为 1:2.05。上述方法所获得的 PFCDN 产率高达 96%。

图 10.3 为 PFCDN 的红外光谱图。如图所示，氰基的特征吸收峰出现在 $2230cm^{-1}$ 处，说明氰基被成功引入到 PFCDN 结构中。在 $1343cm^{-1}$ 和 $1518cm^{-1}$ 处出现两个较高强度的特征吸收峰，这归因于与苯环相连的—NO_2 的对称和不对称伸缩振动。并且醚键也被成功引入到 PFCDN 结构中，主要表现为 $1246cm^{-1}$ 处的特征吸收峰。

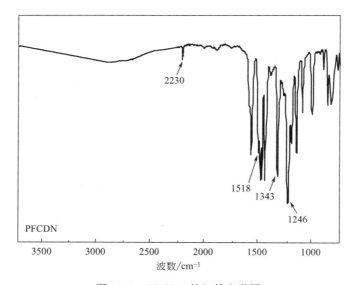

图 10.3　PFCDN 的红外光谱图

图 10.4 为含氰基和芴基二硝基寡聚物 PFCDN 的 ^{1}H NMR 谱图以及各特征吸收峰所对应的归属。通过 PFCDN 的化学结构可知，其结构中包括 10 种不同的氢原子。但是，由于芴基上 b 和 d 位置的氢原子的化学位移相近，它们的特

征吸收峰发生了重叠；与醚键相连的苯环上的氢原子所处的化学环境相近，导致其核外电子云密度相似，化学位移相近并部分重叠；另外，强电负性的氰基使苯环上与其对位的质子核外电子云密度降低，产生去屏蔽作用而发生低场位移，刚好与苯环上 e 位置氢原子的化学位移相近。因此，PFCDN 的 ^{1}H NMR 谱图中的 7 个质子谱带区域对应于图中结构式上所标记的 10 种氢质子。^{1}H NMR（400MHz，d-DMSO）（δ）：8.18（d，4H，ArH），7.81（t，4H，ArH），7.42（m，8H，ArH），7.34（dd，4H，ArH），7.25（m，9H，ArH），6.98（m，12H，ArH），6.48（dd，4H，ArH）。与硝基相邻的苯环氢原子，由于去屏蔽效应，其化学位移出现在最低场。另外，由于芴基中大芳香环的共轭效应，芴环中 a 位置的氢原子收到较强的去屏蔽作用，化学位移出现在低场。

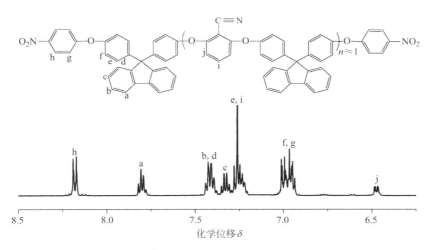

图 10.4　PFCDN 的 ^{1}H NMR 谱图以及特征吸收峰所对应的归属

10.1.2　二氨基寡聚物（PFCDA）的合成与表征

如图 10.2 所示，将含氰基和芴基的二硝基寡聚物 PFCDN 溶于乙二醇甲醚中，以 FeCl$_3$ 为催化剂，活性炭为吸附剂，水合肼提供氢源，通氮气保护，80～100℃回流冷凝反应 5h，得到含氰基和芴基二氨基寡聚物 PFCDA。我们选择 FeCl$_3$ 为催化剂，水合肼与硝基苯用量的摩尔比为 2.5 时，还原效果最佳。通过上述方法，能够获得产率超过 90% 的 PFCDA。

图 10.5 为 PFCDA 的红外光谱图。通过与 PFCDN 的红外光谱图进行对比，1343cm^{-1} 和 1518cm^{-1} 处代表—NO$_2$ 的对称和不对称伸缩振动峰完全消失。但是，在 3440cm^{-1}、3382cm^{-1} 和 1626cm^{-1} 处出现了—NH$_2$ 的特征吸收峰。以上特征吸收峰的变化说明二硝基寡聚物已被成功还原成二氨基寡聚物。

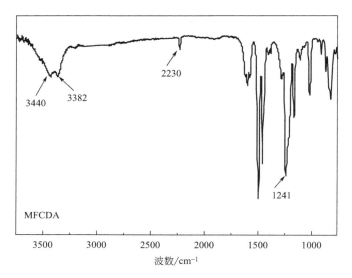

图 10.5　PFCDA 的红外光谱图

　　图 10.6 为含氰基和芴基二氨基寡聚物 PFCDA 的 ^{1}H NMR 谱图以及各特征吸收峰所对应的归属。通过 PFCDA 的化学结构可知，其结构中包括 11 种不同的氢原子。与 PFCDA 相似，芴基上 b 和 d 位置的氢原子的化学位移相近，它们的特征吸收峰发生了重叠。因此，PFCDA 的 ^{1}H NMR 谱图中的 10 个质子谱带区域对应于图中结构式上所标记的 11 种氢质子。^{1}H NMR（400MHz，d-DM-SO）（δ）：7.75（t，4H，ArH），7.34（m，8H，ArH），7.25（d，5H，ArH），7.09（d，8H，ArH），6.83（dd，4H，ArH），6.76（t，8H，ArH），

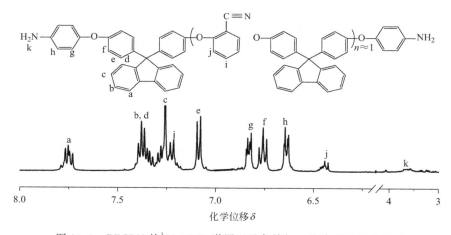

图 10.6　PFCDN 的 ^{1}H NMR 谱图以及各特征吸收峰所对应的归属

6.64 （dd，4H，Ar*H*），6.44 （m，2H，Ar*H*），3.60 （br，2H，Ar—N*H₂*）。
与 PFCDN 的 ¹H NMR 谱图进行对比，3.60 处出现了活泼质子 N—H 的共振吸收峰，并且与其相邻的苯质子受到氨基活泼氢强烈的氢键影响，化学位移出现在低场区。以上的变化都能够充分说明硝基被完全转化成氨基。

10.1.3 双马来酰亚胺酸（PFCBMA）的合成与表征

如图 10.2 所示，含氰基和芴基的二元胺和马来酸酐按照摩尔比 2∶1，丙酮或丁酮作为反应溶剂，在室温条件下反应 2～6h，滴加醇类，产物沉淀析出。过滤、真空干燥，得到 PFCBMA，产率为 95%。

图 10.7 为 PFCBMA 的红外光谱图。从图中可以发现 3287cm⁻¹ 处仲胺的特征吸收峰取代了 PFCDA 的红外光谱图中 3440cm⁻¹ 和 3382cm⁻¹ 处代表伯胺的特征吸收峰，说明 PFCDA 全部参与了反应，伯胺全部转变为仲胺。另外，图 3.7 中出现了其他新的特征吸收峰：3060cm⁻¹ 处代表羧酸羟基的特征吸收峰，1713cm⁻¹ 处代表羧酸羰基的特征吸收峰和 1667cm⁻¹ 处代表酰胺羰基的特征吸收峰。这些新的特征峰的出现，说明了 PFCDA 与马来酸酐进行了充分的反应，全部生成了 PFCBMA。

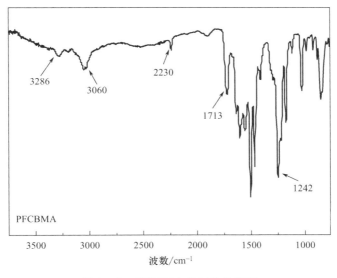

图 10.7 PFCBMA 的红外光谱图

10.1.4 双马来酰亚胺（PFCBMI）的合成与表征

如图 10.2 所示，乙酸钠为催化剂，乙酸酐为脱水剂，在 40～60℃极性非质子溶剂中，含氰基和芴基双马来酰亚胺酸脱水缩合，获得 PFCBMI，产率约为 93%。

图 10.8 为 PFCBMI 的红外光谱图。由图可知，PFCBMA 红外光谱图中 $3060cm^{-1}$ 处代表羧酸羟基的特征吸收峰，$1713cm^{-1}$ 处代表羧酸羰基的特征吸收峰和 $1667cm^{-1}$ 处代表酰胺羰基的特征吸收峰完全消失。但同时，$3050cm^{-1}$ 处不饱和双键上 C—H 的特征吸收峰、$1718cm^{-1}$ 处酰亚胺环上羰基的特征吸收峰、$1384cm^{-1}$ 处酰亚胺环上 C—N—C 的特征吸收峰和 $3446cm^{-1}$ 处羰基的泛频峰等特征吸收峰出现在 PFCBMI 的红外光谱图中，说明了 PFCBMA 脱水闭环后，生成了 PFCBMI。

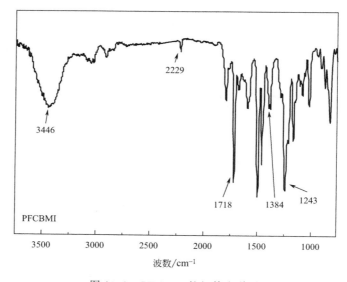

图 10.8　PFCBMI 的红外光谱图

图 10.9 为 PFCBMI 的 ^{1}H NMR 谱图以及各特征吸收峰所对应的归属。通过 PFCBMI 的化学结构可知，其结构中包括 11 种不同的氢原子。与 PFCDN 和 PFCDA 相似，强电负性的氰基使苯环上与其对位的质子核外电子云密度降低，产生去屏蔽作用而发生低场位移，刚好与苯环上 g 位置氢原子的化学位移相近。因此，PFCBMI 的 ^{1}H NMR 谱图中的 10 个质子谱带区域对应于图中结构式上所标记的 10 种氢质子。^{1}H NMR（400MHz，d-DMSO）（δ）：7.92（dd，4H，ArH），7.45（dd，4H，ArH），7.40（dd，4H，ArH），7.33（dd，4H，ArH），7.19（m，4H，ArH），7.09（m，5H，ArH），6.97（d，4H，ArH），6.85（m，4H，ArH），6.75（s，4H，—CH＝CH—），6.56（m，2H，ArH）。

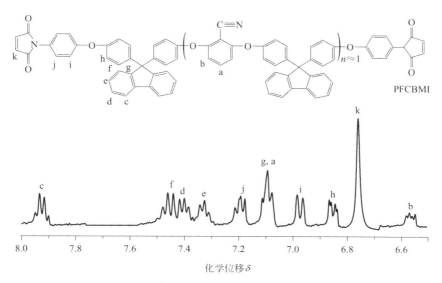

图 10.9　PFCBMI 的 ^{1}H NMR 谱图及各特征吸收峰所对应的归属

10.2　PFCBMI 及其固化物的性能

10.2.1　PFCBMI 的溶解性能

表 10.1 列出了 PFCBMI 在常见有机溶剂中的溶解性能。从表中可以清晰地看出 PFCBMI 在大多数有机溶剂中具有良好的溶解性。可以通过两个原因来解释：首先，杂环侧链和柔性醚键的结合降低了分子链内旋转的对称性和分子链段内旋转所需要的能量。其次，氰基的引入增加了分子的极性，从而增强了分子间的力和自由体积。因此，PFCBMI 的结晶能力降低，溶解性得到明显提高。

表 10.1　PFCBMI 在常见有机溶剂中的溶解性能

样品	乙醇	丙酮	甲苯	二氯甲烷	氯仿	四氢呋喃	N,N'-二甲基甲酰胺	二甲基亚砜	N-甲基吡咯烷酮
PFCBMI	－	＋＋	＋	＋＋	＋＋	＋＋	＋＋	＋＋	＋＋

注：－，不溶；＋，加热溶解；＋＋，溶解（≥100mg/mL）。

10.2.2　PFCBMI 的固化行为

图 10.10 是 PFCBMI 的动态 DSC 曲线。150～170℃ 范围内的吸热峰为熔融吸热峰。PFCBMI 的熔融温度明显高于常见的二苯甲烷型双马来酰亚胺，可能

是因为引入了大体积的芴 Cardo 结构使分子内旋转阻力增大，而且氰基的强极性作用使酰亚胺环之间的内聚能的增加。主要的固化放热峰出现在 230~320℃范围内，此放热峰主要是酰亚胺环中双键的聚合反应生热，还可能因为烯烃键与氰基之间的热诱导聚合反应生热。

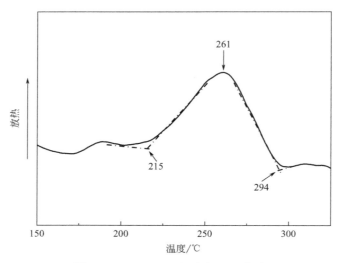

图 10.10　PFCBMI 的动态 DSC 曲线

10.2.3　PFCBMI 固化物的 FT-IR 表征

图 10.11 是 PFCBMI 固化物的红外光谱图。通过与未固化的 PFCBMI 比较，$3050cm^{-1}$ 处代表不饱和双键上 C—H 的特征吸收峰已经全部消失，说明了酰亚胺环已经完全参与固化交联；$1718cm^{-1}$ 处代表酰亚胺环上羰基的特征吸收峰依然存在，说明其并未参与固化交联反应；另外，$2233cm^{-1}$ 处氰基的特征吸收峰明显减弱，说明氰基可能参与了固化反应，与酰亚胺环上的不饱和双键进行交联。

10.2.4　PFCBMI 固化物的热稳定性

图 10.12 是 PFCBMI 固化物的 TG 曲线。由图可知，PFCBMI 固化物的初始分解温度高达 434℃，在 800℃的残炭率为 62.3%，具有优良热稳定性。这是因为将大体积的芴 Cardo 环引入到 PFCBMI 结构中，提高了其固化物的耐热性；另外，由于 PFCBMI 中含有氰基，除了酰亚胺氨基团的均聚固化反应以外，很可能存在与 PFCBMI 中的氰基反应生成吡啶结构的交联反应，提高了交联密度，从而进一步增加了 PFCBMI 固化物的耐热性。

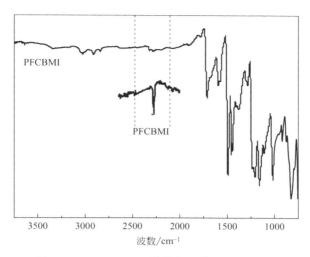

图 10.11　PFCBMI 固化物的红外光谱图

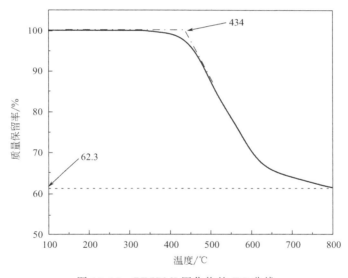

图 10.12　PFCBMI 固化物的 TG 曲线

10.3　PFCBMI/BDM 树脂及其复合材料的性能

　　PFCBMI 中含有大体积的 Cardo 芴环和强极性的氰基，使其耐热性得到了极大提高，但是，由于分子量较大，导致熔融加工黏度增大，很难单独制备树脂基复合材料。二苯甲烷型双马来酰亚胺（BDM）是目前研究应用较为成熟的商业化 BMI，因其熔融加工黏度低，是改性 BMI 树脂的常用基本单体。我们通过将 PFCBMI 与 BDM 进行共聚改性，以期得到综合性能最优的改性 BMI 树脂。

10.3.1　PFCBMI/BDM 树脂的固化行为

图 10.13 是 PFCBMI/BDM 树脂体系的动态 DSC 曲线，其特征参数如表 10.2 所示。从图 10.13 和表 10.2 可知，树脂体系的熔点均在 160℃ 左右（BDM 的熔点），说明 PFCBMI 的含量并未对树脂体系的熔点产生影响；随着 PFCBMI 的含量增加，树脂体系的固化特征参数均逐渐增加，这是因为 PFCBMI 比 BDM 有更高的固化温度以及更大的熔融黏度；熔融加工窗口由于 PFCBMI 的加入得到拓宽，随着其含量的增加，得到进一步的拓宽；并且，氰基的偶极作用促使双键反应活性增大，使 ΔH 逐渐增加。

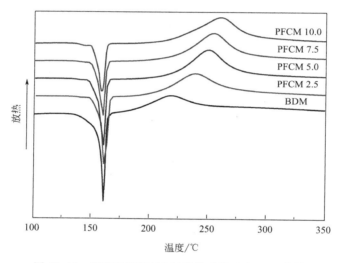

图 10.13　PFCBMI/BDM 树脂体系的动态 DSC 曲线

表 10.2　PFCBMI/BDM 树脂体系的 DSC 曲线特征数据

样品	T_m/℃	T_i/℃	T_p/℃	T_f/℃	(T_i-T_m)/℃	ΔH/(J/g)
BDM	161	178	219	241	17	55
PFCM 2.5	162	207	239	269	45	101
PFCM 5.0	161	220	250	278	59	118
PFCM 7.5	160	222	255	281	62	118
PFCM 10.0	159	222	261	288	63	122

10.3.2 PFCBMI/BDM 固化树脂的热稳定性

图 10.14 为 PFCBMI/BDM 树脂固化物在升温速率为 20K/min 时的 TGA 和 DTG 曲线，其热分解特征参数列于表 10.3。由图可知，PFCBMI/BDM 体系的 TGA 和 DTG 曲线相似，说明 PFCBMI 的含量并未对树脂体系的耐热性产生较大影响。但是，随着 PFCBMI 的含量增加，PFCBMI/BDM 树脂体系的热分解特征参数均有所降低，因为 PFCBMI 分子链比 BDM 更长，使交联密度更低，导致 PFCBMI/BDM 树脂固化物耐热性能降低；但是，由于 PFCBMI 具有更大的分子结构，含量越高，800℃时的残炭率越大。

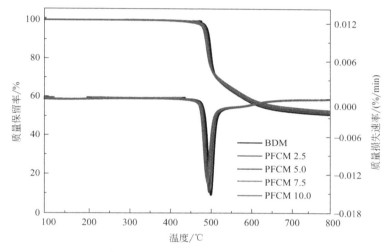

图 10.14　PFCBMI/BDM 树脂固化物在升温速率为 20K/min 时的 TGA 和 DTG 曲线

表 10.3　PFCBMI/BDM 树脂体系的热分解特征参数

样品	$T_{5\%}$/℃	$T_{10\%}$/℃	$T_{20\%}$/℃	T_{max}/℃	RW/%
BDM	501	506	511	509	51.0
PFCM 2.5	497	501	507	505	51.6
PFCM 5.0	492	498	505	501	52.5
PFCM 7.5	491	498	505	501	52.7
PFCM 10.0	491	496	503	499	53.0

10.3.3 PFCBMI/BDM 树脂基复合材料的动态热力学性能

以 PFCBMI/BDM 树脂体系为基体树脂，玻璃纤维作为增强纤维，制备复合材料，对其热力学性能进行研究。图 10.15 为 PFCBMI/BDM 树脂基复合材

料的 G' 和 $\tan\delta$ 与温度变化的动态力学谱图，其 DMA 特征数据列于表 10.4。如图所示，所有复合材料的动态力学谱图相似，储能模量在 10GPa 左右，玻璃化转变温度在 470℃以上，另外，储能模量在 50～400℃ 范围内几乎恒定。与 BDM 相比，PFCBMI 具有更长的分子链长度，破坏了分子链段堆砌的规整程度，所以，随着 PFCBMI 含量的增加，玻璃态时的 G' 逐渐降低。通过表 10.4 可知，G' 在 425℃时的保持率均在 97% 以上，进一步说明其具有优异的耐热性。另外，PFCBMI 的长分子链降低了体系的交联密度，使链段运动能够在相对较低的温度下进行，并且，较低的交联密度使分子内摩擦力降低，从而导致 T_g 和 $\tan\delta$ 峰值降低。

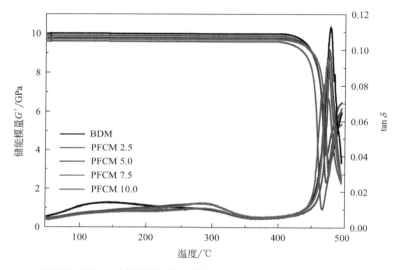

图 10.15 PFCBMI/BDM 树脂基复合材料的 G' 和 $\tan\delta$ 与温度变化的动态力学谱图

表 10.4 PFCBMI/BDM 树脂基复合材料的 DMA 特征数据

样品	储能模量 G'/GPa		T_g/℃	$\tan\delta$ 峰值
	50℃	425℃		
BDM	9.99	9.84	477	0.113
PFCM 2.5	9.88	9.72	476	0.100
PFCM 5.0	9.78	9.62	474	0.095
PFCM 7.5	9.69	9.58	473	0.094
PFCM 10.0	9.59	9.34	470	0.082

参考文献

[1] Yang C P, Chiang H C. Organosoluble and light-colored fluorinated polyimides based on 9,9-bis［4-(4-amino-2-trifluoromethylphenoxy)phenyl］fluorene and aromatic dianhydrides［J］. Colloid & Polymer Science, 2004, 282 (12): 1347-1358.

[2] Wang J, Wu M Q, Liuab W B, et al. Synthesis, curing behavior and thermal properties of fluorene containing benzoxazines［J］. European Polymer Journal, 2010, 46 (5): 1024-1031.

[3] Stille J K, Harris R M, Padaki S M. Polyquinolines containing fluorene and anthrone cardo units: synthesis and properties［J］. Macromolecules, 1981, 14 (3): 263-273.

[4] Suresh S, Jr R J G, Bales S E, et al. A novel polycarbonate for high temperature electro-optics via azo bisphenol amines accessed by Ullmann coupling［J］. Polymer, 2003, 44 (18): 5111-5117.

[5] Zhang L, Chen P, Gao M, et al. Synthesis, characterization, and curing kinetics of novel bismaleimide monomers containing fluorene cardo group and aryl ether linkage［J］. Designed Monomers & Polymers, 2014, 17 (7): 637-646.

[6] 刘思扬, 陈平, 熊需海, 等. 含氰基和芴 Cardo 环结构双马来酰亚胺的合成与性能［J］. 材料研究学报, 2018, 32: 820-826.

[7] 陈平, 刘思扬, 熊需海, 等. 含氰基和芴基双马来酰亚胺树脂及其制备方法: CN 201710153814.2［P］. 2017-03-17.

第**11**章

含酞侧基聚醚酰亚胺内扩链BMI的合成、树脂制备及其性能

本章将酚酞骨架和含柔性醚键的醚酰亚胺结构引入 BMI 树脂中，设计合成了一类新型芳杂环内扩链型 BMI（MPEIBMI）；针对传统 MBMI/DABPA 改性树脂韧性欠佳的问题，采用 MPEIBMI 作为增韧改性剂制备共聚改性树脂；继而制备了碳纤维增强 MPEIBMI/MBMI/DABPA 树脂基复合材料。系统研究了MPEIBMI 及其共聚改性树脂的结构与性能。

11.1　MPEIBMI 的合成与表征

含酞侧基聚醚酰亚胺内扩链 BMI 树脂（MPEIBMI）的合成步骤如图 11.1所示。主要分为三步：①邻甲酚酞与对硝基氯苯在碳酸钾作催化剂的条件下反应生成二硝基化合物（MPDN）；②MPDN 在水合肼作还原剂，$FeCl_3/C$ 作催化剂的条件下被还原成二氨基化合物（MPDA）；③MPDA 与醚酐（BPADA）反应，加入马来酸酐进行封端，最后加入乙酸钠（催化剂）和乙酸酐（脱水剂）进行脱水环化反应，生成 MPEIBMI。关于 MPDN 和 MPDA 合成表征的详细讨论分析见第三章。

采用一步法合成 MPEIBMI：首先由过量的 MPDA 与 BPADA 反应，生成了一种氨基封端含酰胺酸基团的中间体；加入马来酸酐与中间体的伯胺端基反应；最后，加入催化剂和脱水剂进行酰亚胺环化反应。为了保证反应完全，马来酸酐、乙酸钠和乙酸酐等均需适度过量。由于 MPDA 与 BPADA 及马来酸酐的反应活性较高，反应过程中会放出热量，所以，必须对反应体系进行降温处理，保证反应温度在室温以下。为了深入研究 MPEIBMI 分子链结构对其性能的影响，依据 MPDA 和 BPADA 的摩尔比（1.25、1.5 和 2.0），制备了三种不同分子量的 MPEIBMI 树脂（MPEIBMI-1.25、MPEIBMI-1.5、MPEIBMI-2）。

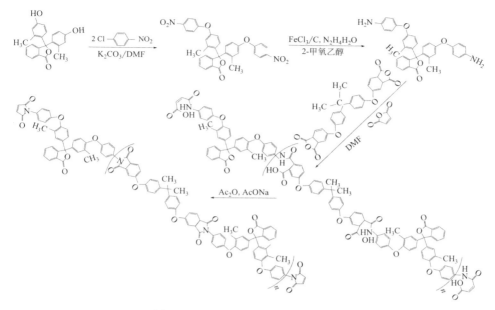

图 11.1　MPEIBMI 树脂的合成路线

图 11.2 为三种 MPEIBMI 的红外光谱图，从图中可以看到，3476cm^{-1}、3100cm^{-1} 和 1717cm^{-1} 特征吸收峰的出现，证实了马来酰亚胺环的形成。其中 3100cm^{-1} 是马来酰亚胺环中不饱和键＝C—H 的特征吸收峰，3476cm^{-1} 和 1717cm^{-1} 是酰亚胺环中羰基的振动吸收峰[1]。2800～3200cm^{-1} 之间未出现羧酸的振动吸收峰以及 3456cm^{-1} 和 3370cm^{-1} 处特征吸收峰的消失，表明了脱水

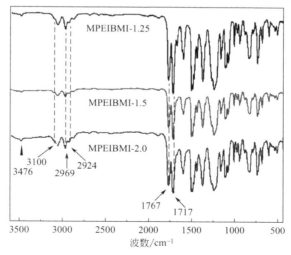

图 11.2　MPEIBMI 红外光谱图

环化反应的完成。1767cm^{-1} 是酰侧基中内酯羰基的特征吸收峰，表明酰 Cardo 结构仍然被保留。另外，2969cm^{-1} 和 2924cm^{-1} 处甲基的对称和不对称伸缩振动吸收峰进一步证明了三种 MPEIBMI 的化学结构。

图 11.3 和图 11.4 分别为三种 MPEIBMI 的 ^{1}H NMR 和 ^{13}C NMR 及其相应

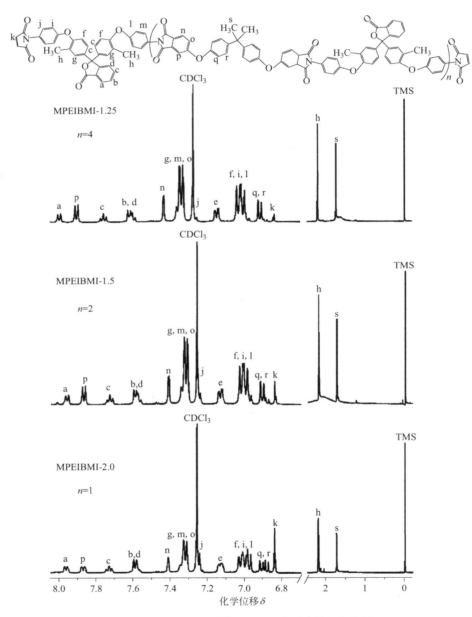

图 11.3　MPEIBMI 的 ^{1}H NMR 谱图及其相应归属

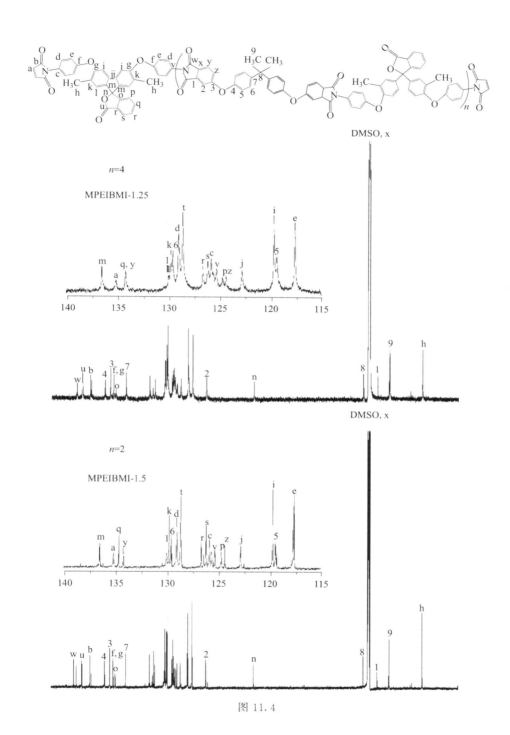

图 11. 4

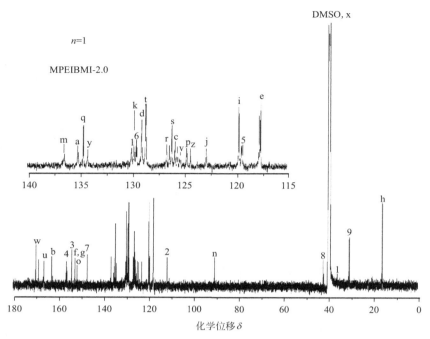

图 11.4　MPEIBMI 的 ^{13}C NMR 谱图及其相应归属

归属。由于分子结构中同时包含双酚 A 型酰亚胺结构和双马来酰亚胺等的特征官能团，而且分子链的长短不一，导致三种 MPEIBMI 的核磁谱图非常复杂。由于酰亚胺结构（包含于双酚 A 结构和分子链端基）强的吸电子性，使其相邻氢质子的化学位移出现在较高场；谱图中有一条表征双马来酰亚胺特征官能团烯烃氢质子的谱带（6.8～6.9）；双酚 A 结构中的两个取代甲基属于拉电子基团，由于二者的相互作用，使其氢质子的化学位移出现在最高场。

MPEIBMI-1.25 展现了 13 条氢核磁谱带（δ）：7.96（d，$J=6.0\text{Hz}$，ArH），7.87（d，$J=6.4\text{Hz}$，ArH），7.73（t，$J=6.2\text{Hz}$，ArH），7.58（m，ArH），7.42（d，$J=1.6\text{Hz}$，ArH），7.33（m，ArH），7.24（d，$J=1.6\text{Hz}$，ArH），7.15（dd，$J=1.6\text{Hz}$，$J=6.8\text{Hz}$，ArH），7.05（m，ArH），6.90（m，ArH），6.84（d，$J=2.8\text{Hz}$，H—C=C—H），2.22（s，Ar—CH$_3$），1.75（s，24H，—CH$_3$）。

MPEIBMI-1.5 展现了 13 条氢核磁谱带（δ）：7.96（d，$J=6.4\text{Hz}$，ArH），7.88（d，$J=6.4\text{Hz}$，ArH），7.73（t，$J=6.0\text{Hz}$，ArH），7.58（m，ArH），7.42（d，$J=1.6\text{Hz}$，ArH），7.33（m，ArH），7.24（d，$J=2.0\text{Hz}$，ArH），7.13（dd，$J=2.0\text{Hz}$，$J=6.8\text{Hz}$，ArH），7.00（m，ArH），6.90

（m，ArH），6.84（d，$J = 2.8$Hz，$H—C=C—H$），2.21（s，Ar—CH_3），1.73（s，—CH_3）。

MPEIBMI-2.0 展现了 13 条氢核磁谱带（δ）：7.97（d，$J = 6.0$Hz，ArH），7.88（d，$J = 6.8$Hz，ArH），7.73（t，$J = 6.0$Hz，ArH），7.59（m，ArH），7.42（s，ArH），7.33（m，ArH），7.25（d，$J = 6.0$Hz，ArH），7.13（dd，$J = 2.0$Hz，$J = 4.0$Hz，ArH），7.00（m，ArH），6.90（m，ArH），6.84（d，$J = 1.2$Hz，$H\text{-}C=C—H$），2.11（d，$J = 4.4$Hz，Ar—CH_3），1.87（s，—CH_3）。

三种 MPEIBMI 分子结构中碳的种类非常复杂，均显示出了 35 条碳核磁共振谱带，出现的共振谱带数与理论分析值一致。根据三种 MPEIBMI 的 ^{1}H NMR 和 ^{13}C NMR 谱图的分析及相互佐证，能够确定合成物即为目标产物。

11.2　MPEIBMI 树脂性能及固化行为

11.2.1　MPEIBMI 树脂的堆砌结构及溶解性能

图 11.5 是 MPEIBMI 的 XRD 分析曲线。通过对聚合物进行 XRD 分析，可以得到聚合物的结晶特性，当出现尖锐的窄衍射峰时，代表其为结晶型聚合物，而当出现宽泛的峰时，代表其为非结晶型聚合物[2]。图 11.5 显示三种 MPEIB-MI 的衍射峰是一种宽泛的峰，表明三种 MPEIBMI 均属于非结晶型聚合物。

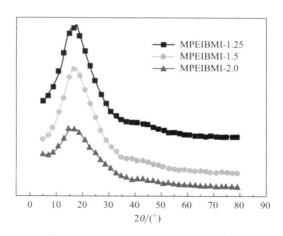

图 11.5　MPEIBMI 的 XRD 分析曲线

表 11.1 列出了三种 MPEIBMI 的溶解性能。不同于传统含刚性酰亚胺基团的芳香族 PI 聚合物，三种 MPEIBMI 都能够溶解于极性溶剂，且可以溶于一些

普通溶剂（除丙酮和乙醇）。这是因为聚合物的溶解性取决于其分子结构及聚集态。与 XRD 测试结果相对应，酰侧基 Cardo 环的存在打破了分子链的规整性，降低了分子链的堆积密度，致使结晶性较低。柔性芳基醚键和—$C(CH_3)_2$—的引入使分子链的旋转能减少，分子链更容易运动；酰侧基内酯基团也增加分子链的极性；这些因素均有利于溶解度的提高[1,3,4]。

表 11.1　MPEIBMI 的溶解性能

样品	乙醇	丙酮	甲苯	四氢呋喃	二氯甲烷	氯仿	N,N'-二甲基甲酰胺	二甲基亚砜	N-甲基吡咯烷酮
MPEIBMI-1.25	－	－	＋＋	＋＋	＋＋	＋＋	＋＋	＋＋	＋＋
MPEIBMI-1.5	－	－	＋＋	＋＋	＋＋	＋＋	＋＋	＋＋	＋＋
MPEIBMI-2.0	－	－	＋	＋＋	＋＋	＋＋	＋＋	＋＋	＋＋

注：－，不溶；＋，微溶；＋＋，溶。

11.2.2　MPEIBMI 树脂的乌氏黏度

由 Poiseuille 定律[5] 可知，

$$\eta = A\rho t$$

$$A = \frac{\pi g h R^4}{8 l V} \tag{11.1}$$

式中，η 为黏度；A 为仪器常数；ρ 为液体密度；t 为液体流经毛细管（乌氏黏度计）的时间。

当溶液极稀时，溶液的密度近似等于溶剂的密度，即 $\rho = \rho_0$，所以

$$\eta_r = \frac{\eta}{\eta_0} = \frac{A\rho t}{A\rho_0 t_0} = \frac{t}{t_0} \tag{11.2}$$

又

$$\eta_{sp} = \frac{\eta - \eta_0}{\eta_0} = \eta_r - 1 \tag{11.3}$$

所以

$$\eta_{sp} = \frac{t}{t_0} - 1 \tag{11.4}$$

式中，η_r 为相对黏度；η_{sp} 为增比黏度；t_0 为溶剂流经毛细管（乌氏黏度计）的时间。

因此

$$[\eta] = \lim_{c \to 0}(\eta_{sp}/c) \tag{11.5}$$

式中，$[\eta]$ 为特性黏度；c 为液体浓度。

本文采用逐渐稀释法，通过乌氏黏度计在 25℃ 水浴的条件下测定不同浓度 MPEIBMI 溶液的相关参数，计算三种 MPEIBMI 的特性黏度值。表 11.2 列出了不同浓度溶液流经毛细管的时间，表 11.3 数据是由表 11.2 相应数据计算得到

的不同浓度溶液的 η_{sp}/c 值。以各 MPEIBMI 的 η_{sp}/c 值为纵坐标，浓度为横坐标作拟合直线，直线与纵坐标的交点值即为特性黏度 $[\eta]$ 值。三种树脂的 $[\eta]$ 值为 MPEIBMI－1.25＝0.11dL/g；MPEIBMI－1.5＝0.089dL/g；MPEIBMI－2.0＝0.032dL/g。由此可知，分子链越长，特性黏度越大。

表 11.2　不同浓度溶液流经毛细管的时间　　　　　单位：s

树脂	0.025g/mL	0.02g/mL	0.015g/mL	0.01g/mL	溶剂
MPEIBMI-1.25	175.73	153.87	134.83	119.37	100.8
MPEIBMI-1.5	174.93	152.90	133.77	117.83	100.8
MPEIBMI-2.0	128.93	120.87	112.77	105.57	100.8

表 11.3　不同浓度溶液的 η_{sp}/c 值

树脂	0.025g/mL	0.02g/mL	0.015g/mL	0.01g/mL
MPEIBMI-1.25	29.73	26.32	22.51	18.42
MPEIBMI-1.5	29.42	25.84	21.81	16.89
MPEIBMI-2.0	11.16	9.96	7.92	4.73

11.2.3　MPEIBMI 树脂的固化行为

图 11.6 是三种 MPEIBMI 树脂的动态 DSC 曲线（升温速率为 10℃/min）。

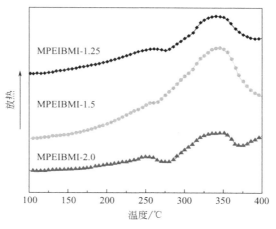

图 11.6　MPEIBMI 的动态 DSC 曲线（10℃/min）

从图中可以看到，每条曲线在 250～275℃ 温度范围内显示出一个熔融软化转变，在更高温度区域出现了一个固化放热峰。MPEIBMI 熔融软化温度略高于含酞 Cardo 环结构的热塑性聚醚醚酮（PEK-C，约 232℃）和由 BPADA 与间苯二胺合成的聚醚酰亚胺（PEI，约217℃）[6,7]，这可能归因于酞 Cardo 环和马来酰亚胺环的协同作用。固化反应起始温度处于265～300℃，最大固化速率所对应的温度约为340℃。MPEIBMI 的固化反应活性比一般的 BMI 低，这是因为酞 Cardo 环的空间位阻较大，降低了酰亚胺环活性位点的移动能力和单位体积内反应基团的数量，这是交联产物生成较慢的主要原因，在扩链型双马来酰亚胺树脂固化行为的研究中也发现了许多类似的现象[1,8,9]。

11.3　MPEIBMI 固化物的结构与性能

11.3.1　MPEIBMI 固化薄膜 FT-IR 分析

图11.7为三种 MPEIBMI 固化薄膜的红外光谱图，从图可以看到，三种薄膜的红外谱图出峰位置基本一致，与 MPEIBMI 树脂的红外光谱图（图11.2）相比，在1700～1780cm^{-1}处表征酰亚胺环上的羰基和环内酯上的羰基的两个吸收峰仍然存在，而3100cm^{-1}处的特征吸收峰消失，这说明在固化过程中，酰亚胺环和酞侧基内酯环没有被破坏，但不饱和双键参与了固化反应且反应完全。

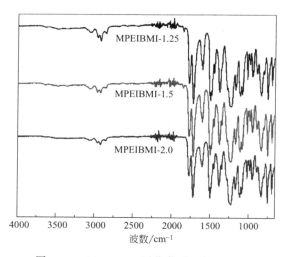

图11.7　MPEIBMI 固化薄膜红外光谱图

11.3.2　MPEIBMI 固化薄膜热稳定性

图11.8为三种 MPEIBMI 固化物的动态 TGA 和 DTG 分析曲线（升温速率为10℃/min）。相关的热失重特征温度列于表11.4中，其中 T_d 为固化物的初始分解温度；$T_{10\%}$ 为固化物质量损失10%时所对应的温度；T_{max} 为固化物质量

损失速率最大时所对应的温度，即 TGA 一阶导数（DTG）曲线的峰顶所对应温度；RW 为固化物在 700℃时的残炭率。从图 11.8 可以看到，三种 MPEIBMI 树脂固化物具有相似的热失重行为；从 DTG 曲线能够清晰地看到，三种 MPEIBMI 树脂固化物经历了两个阶段的分解过程，其中第一阶段是脂肪环和醚键的热分解，第二阶段是芳杂环的高温裂解。由表 11.5 可知，三种 MPEIBMI 固化物都具有较高的热稳定性及残炭率，这是因为三种 MPEIBMI 分子结构中含有大量耐高温的芳杂环所致。

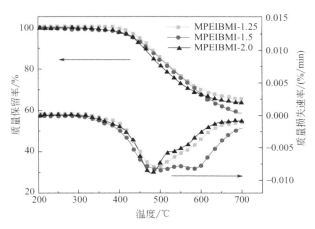

图 11.8　MPEIBMI 固化物的动态 TGA 和 DTG 分析曲线

表 11.4　MPEIBMI 固化物热分解特征参数

树脂	T_d/℃	$T_{10\%}$/℃	T_{max}/℃	RW/%
MPEIBMI-1.25	423	489	490	65.5
MPEIBMI-1.5	432	475	505	58.8
MPEIBMI-2.0	448	476	478	63.8

11.3.3　MPEIBMI 固化薄膜动态热力学性能

图 11.9 为 MPEIBMI 固化薄膜的 DMA 图，储能模量（G'）、损耗模量（G''）和损耗因子（$\tan\delta$）随温度变化的相关特征参数列于表 11.5 中。从图 11.9(a) 可以看到，固化薄膜保持玻璃态直到 250℃左右，之后开始软化，经过玻璃化转变后，出现橡胶平台区，但进一步升高温度没有进入黏性流动转变，这表明薄膜固化网络的形成。当薄膜处于玻璃态和橡胶态时，G' 值随 MPEIBMI 分子链长度的增加而降低，而且分子链长度越长其在玻璃化转变区的下降速率越快，这是由分子链越长，交联密度越小造成的。实际上 BMI 树脂的固化反应

是马来酰亚胺端基双键的加成反应，其固化物交联点间的平均分子量（M_c）与BMI 树脂的平均分子量（M_n）近似相等。根据橡胶弹性理论，在橡胶平台区的 G' 值与 M_c 值成反比[10,11]，较大 M_n 的 MPEIBMI 固化物拥有更低的交联密度，且在橡胶态下表现出更软化的状态。事实上，G' 反映黏弹性材料的弹性分量，与弹性储能成正比。交联密度较低的固化网络对网络链段移动性的限制较小，因此链段需要较少的能量松弛，其固化产品的刚度降低，玻璃化转变区 G' 下降更快。另外，从图 11.9(a) 和表 11.5 能够得到，G' 值从玻璃态向橡胶态的转变过程中下降了 $10^2 \sim 10^3$ 倍（在 300℃时，MPEIBMI-2.0 薄膜的 G' 值还未达到最低值），这是一个重要的指示信号，该固化网络可以用作形状记忆聚合物[12,13]。

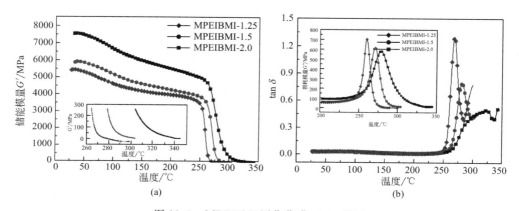

图 11.9　MPEIBMI 固化薄膜 DMA 谱图

表 11.5　MPEIBMI 固化薄膜 DMA 特征参数

固化物	储能模量		损耗模量峰高/MPa	T_{g1}/℃	tan δ 峰高/MPa	T_{g2}/℃
	$G'_{50℃}$/MPa	$G'_{300℃}$/MPa				
MPEIBMI-1.25	5387	2.4	737.0	260.6	1.35	268.2
MPEIBMI-1.5	5940	39.8	647.5	270.8	0.80	281.9
MPEIBMI-2.0	7546	425.0	590.6	278.6	0.50	323.2

玻璃化转变温度（T_g）是由图 11.9(b) 中的损耗模量和 tan δ 峰所决定，其中 T_{g1} 是损耗模量曲线峰顶所对应的温度，T_{g2} 是 tan δ 曲线峰顶所对应的温度。从表中数据能够得到，三种 MPEIBMI 固化薄膜的玻璃化转变温度都高于260℃。随着交联密度的降低，固化物的玻璃化转变温度逐渐变小，而损耗模量峰和 tan δ 峰的强度逐渐增大。如上所述，交联密度较低的固化网络的松弛更容易实现，这将导致链段运动引起的内耗增加，因此，MPEIBMI-1.25 固化薄膜展现出最强的阻尼效应。

11.3.4　MPEIBMI 固化薄膜力学性能

图 11.10 为三种 MPEIBMI 固化薄膜在不同温度下的应力-应变曲线，相关的力学性能数据列于表 11.6。随着温度的升高，三种 MPEIBMI 固化薄膜的热力学性能逐渐下降。另外，随着固化薄膜交联密度的增加，它们在高温下的力学性能及其保持性得到显著的改善。在 250℃ 时，MPEIBMI-1.25 固化薄膜的拉伸强度和拉伸模量比其他两种薄膜的要低很多，这是因为 250℃ 正好处于 MPEIBMI-1.25 固化薄膜的玻璃化转变区域。

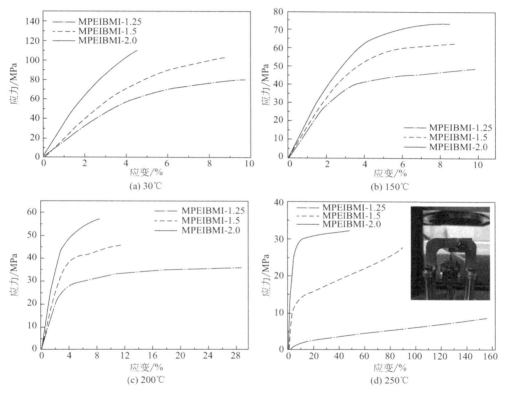

图 11.10　MPEIBMI 固化薄膜在不同温度下的应力-应变曲线

表 11.6　MPEIBMI 固化薄膜力学性能

固化薄膜	拉伸强度/MPa				拉伸模量/GPa			
	30℃	150℃	200℃	250℃	30℃	150℃	200℃	250℃
MPEIBMI-1.25	80.3	55.3	27.2	8.5	2.04	1.85	1.34	0.02
MPEIBMI-1.5	102.8	60.5	45.2	27.7	2.11	1.96	1.51	0.59
MPEIBMI-2.0	130.5	72.4	56.4	32.1	2.36	2.05	1.89	0.98

图 11.11 为三种 MPEIBMI 固化薄膜的拉伸断口形貌，从图中能够明显看出，固化薄膜的交联密度越大，断裂表面粗糙度越高，这可能是由于分子链长度越长，在高温下分子链运动越容易，致使薄膜断裂口越平整；当固化薄膜的拉伸测试温度升高时，断裂表面粗糙度降低。这可能是因为随着温度的升高分子链间的相互作用力下降，以及分子链运动加剧导致拉断后分子链回缩等原因。

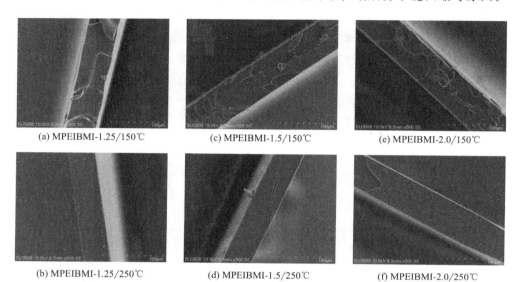

(a) MPEIBMI-1.25/150℃　　(c) MPEIBMI-1.5/150℃　　(e) MPEIBMI-2.0/150℃

(b) MPEIBMI-1.25/250℃　　(d) MPEIBMI-1.5/250℃　　(f) MPEIBMI-2.0/250℃

图 11.11　MPEIBMI 固化薄膜在不同温度下的拉伸断口形貌

11.3.5　MPEIBMI 固化薄膜的形状记忆性能

形状记忆聚合物的网络结构通常由可逆相和固定相组成。前者通过在不同温度下激活和抑制分子链的运动而与变形性相关；后者负责从临时形状到原始形状的形状恢复能力，可以是化学交联点、物理缠结或部分结晶结构。通过直接观察试样弯曲角度或尺寸的变化来评估形状记忆性能；但该方法不精确，仅用于验证形状记忆效应。使用 DMA 定量分析形状记忆循环评估形状记忆属性更准确。图 11.12(a) 中绘制了包括四个步骤的典型形状记忆循环。首先，将试样加热至变形温度 (T_d)，并保持恒温 45min（第一次保温 5min 以消除残余应力，第二次保温 40min 以获得足够的形状恢复时间）；其次，施加外力 σ_m 使应变从 ε_A 增加到 ε_B，变形包含由外力增加引起的线性应变和由蠕变行为引起的非线性应变。第三，在冷却和卸载阶段，由于在形状固定温度 (T_s) 下卸载引发的冷收缩和应变反弹，应变从 ε_B 略微减小到 ε_C；最后，将暂时变形的样品重新加热至 T_d 并保持等温一段时间，冻结分子链的运动逐渐被激活，储存的应变能被释放，临时形状开始恢复。应变从 ε_C 缓慢减小到 ε_D。ε_D 通常大于 ε_A，表明存在由局部应力松弛和蠕变引起的残余应变。形状固定率（R_f）和形状恢复率（R_r）可根据式(11.6) 和式(11.7) 计算。

$$R_f = \frac{\varepsilon_C(N) - \varepsilon_A(N)}{\varepsilon_B(N) - \varepsilon_A(N)} \times 100\% \tag{11.6}$$

$$R_r = \frac{\varepsilon_B(N) - \varepsilon_D(N)}{\varepsilon_B(N) - \varepsilon_A(N)} \times 100\% \tag{11.7}$$

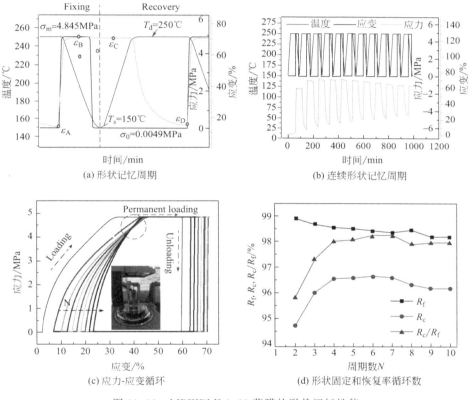

图 11.12　MPEIBMI-1.25 薄膜的形状记忆性能

图 11.12(b) 显示了 MPEIBMI-1.25 的连续形状记忆循环。它在 250℃ 下具有 60% 以上的拉伸应变，并且可以进行多次形状记忆循环而不损坏。在第一个形状记忆循环后，由于随机网络链的重新排列，拉伸应变（ε_B）明显增加。随后，随着循环次数（N）的增加，ε_B 减小，形状恢复残余应变（ε_D）增大，即在相同外力作用下变形幅度逐渐变窄。图 11.12(c) 中加载曲线的斜率也随 N 增加，表明样品在执行形状记忆循环时会缓慢硬化。固化网络的刚度增加和累

积的残余应变都可能是由于连续形状记忆循环期间蠕变和应力松弛引起的分子链段的不可逆拉伸所致。形状记忆性质的定量表征如图 11.12(d) 所示。R_f 和 R_r 分别高于 98% 和 94.5%。经过两个周期后，R_r/R_f 达到恒定值并且与 N 无关，表明形状记忆稳定性更好。形状记忆循环的 3D 轨迹（图 11.13）直观地展示了 MPEIBMI-1.25 系统的形状记忆重复性。

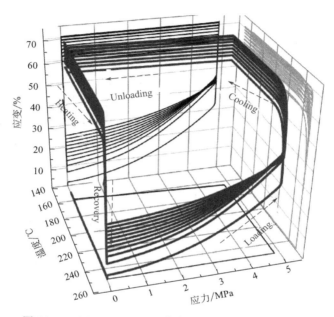

图 11.13　MPEIBMI-1.25 薄膜形状记忆周期的 3D 轨迹

MPEIBMI-1.25 的固化后薄片在高于 T_g 的温度下可以很容易地折叠成各种形状。折叠或扭转后的"LOVE"形状如图 11.14(a) 所示，当加热板加热到 280℃ 以上时，它们可以逐渐恢复到图 11.14(b)～图 11.14(e) 所示的原始状态。

11.3.6　MPEIBMI 固化薄膜的自修复性能

热塑性薄膜被加热至其熔点以上温度时发生熔融，分子进行运动重排，其表面损坏继而进行了自主修复。然而，当温度升高至热塑性材料熔点时，其发生流淌、不能保持自身形状，因此，热塑性材料的自修复能力在实际应用受到限制。当线型分子链轻微交联时，一些轻微损伤也可以通过网络链和片段在其 T_g 之上的局部运动来修复。图 11.5 显示了 MPEIBMI 固化膜的自修复功效比较。轻微的表面划痕可以快速修复，而严重的损坏则无法完全修复。结果表明，MPEIBMI 薄膜的自修复能力取决于其高温黏弹性能。

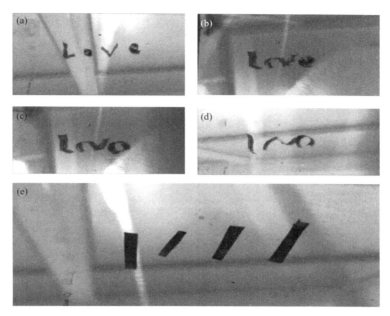

图 11.14   MPEIBMI-1.25 薄片的形状记忆行为

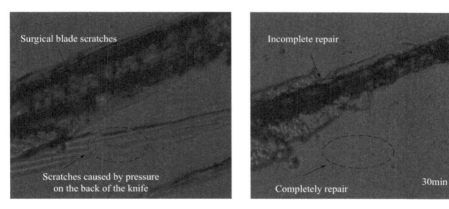

图 11.15   MPEIBMI 固化薄膜的自修复效能

图 11.16 展示了三种 MPEIBMI 网络在不同温度下的自修复过程。划伤的 MPEIBMI-1.25 薄膜在 270℃ 下 60min 等温下可部分修复其损伤，修复程度随修复温度升高明显改善，290℃ 下 60min 可完全修复损伤。MPEIBMI-1.5 和 MPEIBMI-2.0 薄膜表现出类似的自我修复行为，由于相对较高交联密度对网络链运动的限制，它们需要更高的修复温度才能完全修复损坏的表面。MPEIBMI-2.0 薄膜的损伤程度低于 MPEIBMI-1.5 薄膜，因而表现出更好的自修复功效。

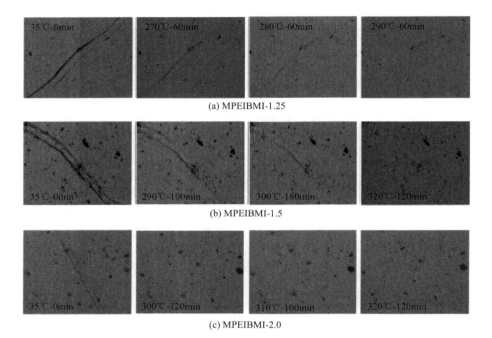

(a) MPEIBMI-1.25

(b) MPEIBMI-1.5

(c) MPEIBMI-2.0

图 11.16　MPEIBMI 固化薄膜的自修复过程

11.4　MPEIBMI/MBMI/DABPA 共聚树脂体系

11.4.1　MPEIBMI/MBMI/DABPA 体系的固化行为

在传统 DABPA/MBMI 改性体系的基础上分别加入 0%、2.5%、5%、7.5% 的 MPEIBMI-2.0 制备高韧性树脂（分别被记作 P-0、P-2.5、P-5、P-7.5）。图 11.17 为 DABPA/MBMI/MPEIBMI-2.0 的反应固化机理。一般认为 DABPA 与 BMI 端基化合物固化反应机理是：首先是 BMI 树脂分子链两端的烯双键（马来酰亚胺环）与烯丙基中的双键发生双烯加成反应（简称为 ENE）生成 1∶1 中间体，当温度进一步升高时，酰亚胺环的双键会与中间体发生 Diels-Alder 反应，在升温期间会伴随发生酰亚胺阴离子齐聚反应，生成高交联密度固化物。

图 11.18 为不同共聚体系固化前后的红外光谱图。从图可知，$3460cm^{-1}$ 处是—OH 伸缩振动吸收峰；$2967cm^{-1}$ 处是甲基对称伸缩振动吸收峰；$2920cm^{-1}$ 处是—CH_2—伸缩振动吸收峰；$1774cm^{-1}$ 和 $1712cm^{-1}$ 处分别是 MPEIBMI-2.0 结构中内酯基 C=O 和酰亚胺环 C=O 共同振动吸收峰；$1382cm^{-1}$ 处是酰

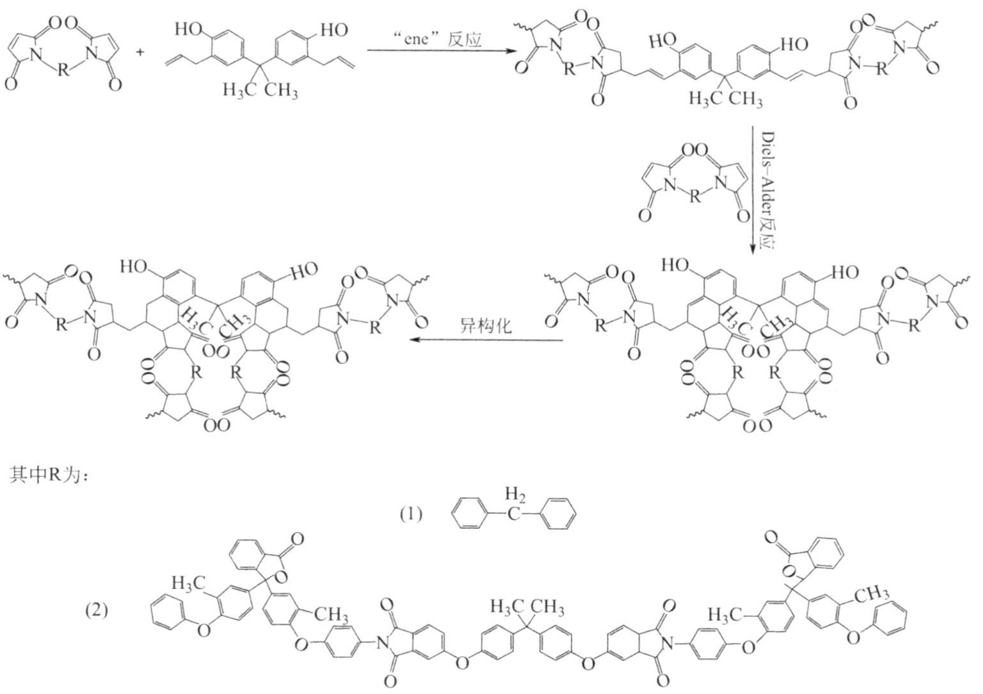

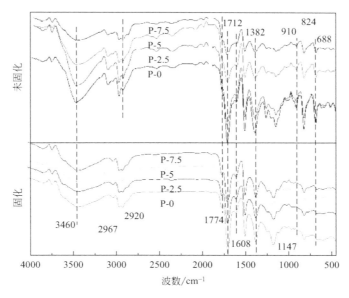

其中R为：

(1)

(2)

图 11.17　DABPA/MBMI/MPEIBMI-2.0 改性树脂的反应固化机理

图 11.18　不同 MPEIBMI/MBMI/DABPA 改性树脂固化前后红外光谱图对比

亚胺环中 C—N—C 振动吸收峰；1147cm^{-1} 处是芳醚键的振动吸收峰；它们在固化前后图谱未发生明显的强度变化，在固化过程中没有参加反应，其中芳醚键的振动吸收峰在固化后出峰位置发生了少许偏移，这可能是由于固化后交联密度增大，振动受到限制所致。910cm^{-1} 和 688cm^{-1} 处分别是 DABPA 中 C＝C（—CH$_2$）和 C＝C（C—H）伸缩振动吸收峰；1608cm^{-1} 和 824cm^{-1} 处是酰亚胺环中 C＝C 伸缩振动吸收峰；它们在固化后，图谱强度明显变弱甚至消失，意味着固化反应过程中酰亚胺环双键被打开，与 DABPA 发生双烯加成反应，导致特征峰消失，当然双键打开也有可能发生了自聚。

  图 11.19 为不同共聚体系 DSC 分析曲线（升温速率 10℃/min）。从图可知，共聚体系的固化过程都具有两个放热峰，在 200～300℃ 展示出主要放热峰，125～200℃ 展示出较小放热峰。低温放热峰是酰亚胺环的双键和 DABPA 中烯双键发生双烯加成"ENE"反应所引起；高温放热峰是 MBMI 与 MPEIBMI-2.0 树脂和低温生成中间体进行 Diels-Alder 反应以及 MBMI 与 MPEIBMI-2.0 树脂的自聚反应所引起。从图中曲线也可看到，加入了 MPEIBMI-2.0 的共聚体系在低温放热峰的强度比未加入 MPEIBMI-2.0 的共聚体系变弱了很多，这是由于 MPEIBMI-2.0 的分子链较长，降低了体系中酰亚胺环的密度，致使双烯加成反应的概率降低，因而放热量减少；与未加 MPEIBMI-2.0 的共聚体系相比，加入了 MPEIBMI-2.0 的共聚体系在高温区的放热峰都向高温方向发生了偏移，且随着 MPEIBMI-2.0 加入量的增加，放热峰的面积逐渐变小，这可能是由于低温区生成中间体的量随着 MPEIBMI-2.0 加入在变少，进而进行 Diels-Alder 反应的量变少，相对的进行自聚反应的量变多，而自聚反应的放热量较少所致。

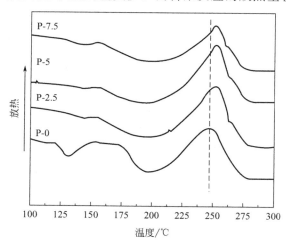

图 11.19　MPEIBMI/MBMI/DABPA 改性树脂的 DSC 曲线

11.4.2 MPEIBMI/MBMI/DABPA 体系的固化工艺及动力学

图 11.20 为共聚体系 P-7.5 在不同升温速率下的动态 DSC 曲线，相应固化特征温度列于表 11.7。由于几个共聚体系在不同升温速率下的固化行为相似，且主要的放热峰处于高温区，这里只讨论共聚体系 P-7.5 在 150～300℃ 温度范围内的固化动力学。从图中可知，共聚体系固化放热峰随升温速率（β）的增大逐渐向高温方向移动，这是由于高分子聚合物的导热性很差，在给试样加热时，试样表面与内部温度不一致，即发生了热滞后现象，因而 β 越大，产生的热滞后现象越严重。

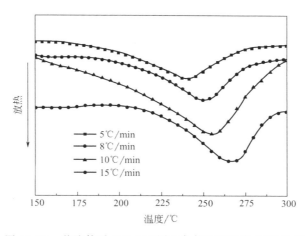

图 11.20　共聚体系 P-7.5 不同 β 条件下的动态 DSC 曲线

表 11.7　共聚体系 P-7.5 的固化特征温度

升温速率 β/(℃/min)	T_i/℃	T_p/℃	T_f/℃
5	169.82	242.21	268.63
8	194.67	248.93	279.03
10	213.17	253.08	282.20
15	216.70	268.32	291.54

注：T_i、T_p、T_f 分别代表固化放热峰的起始温度、顶点温度和峰终温度。

图 11.21 为共混体系 P-7.5 温度特性参数与 β 的关系曲线，该图是由表 11.7 数据拟合得到，其中横坐标为升温速率 β，纵坐标为温度特性参数。根据温度-升温速率外推法，外推至 $\beta=0$，可得到凝胶温度为 155.2℃，固化温度为 228.2℃，后处理温度为 259.3℃。根据外推结果，确定共聚体系固化成型工艺为 150℃/1h+180℃/1h+200℃/2h，后处理温度 250℃/6h。由于四种共混体系

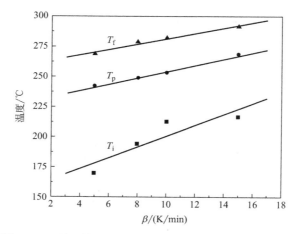

图 11.21　共混体系 P-7.5 温度特性参数与 β 的关系曲线

固化行为相似，因此采用同一种固化工艺。

表观活化能 E_a 是体系发生固化反应难易程度的直观表现，目前对 E_a 的研究主要采用非等温 DSC 法。假设体系 P-7.5 的固化反应是 n 级反应，固化过程中最大固化反应速率发生在放热峰峰顶温度处，在固化过程中级数 n 保持不变[14]。首先通过 Kissinger 方法［式（11.8）］计算表观活化能 E_a 和频率因子 A，然后通过 Grane 法［式（11.9）］计算 n[15]。

$$\ln \frac{\beta}{T_p^2} = -\frac{E_a}{RT_p} + \ln \frac{AR}{E_a} \tag{11.8}$$

$$\frac{\mathrm{d}(\ln\beta)}{\mathrm{d}\left(\dfrac{1}{T_p}\right)} = -\left(\frac{E_a}{nR} + 2T_p\right) \tag{11.9}$$

式中，β 是升温速率，K/s；T_p 是峰顶温度，K；E_a 是表观活化能，kJ/mol；R 是摩尔气体常数，$R=8.314\mathrm{J/(mol \cdot K)}$；$A$ 是频率因子，s^{-1}；n 是反应级数。

根据式（11.8），以 $-\ln(\beta/T_p^2)$ 为纵坐标，$1/T_p$ 为横坐标作图，拟合得到如图 11.22（a）所示的直线，其中直线的截距为 $-\ln AR/E_a$，斜率为 E_a/R。结合式（11.8）可计算得到 $E_a=85.14\mathrm{kJ/mol}$，$A=9.22\times10^7\mathrm{s}^{-1}$。

根据式（11.9），以 $-\ln\beta$ 对 $1/T_p$ 作图，拟合得到如图 11.22（b）所示的直线，其中直线的斜率为 E_a/nR，将 E_a 值代入，可求得 $n=0.91$。

11.4.3　MPEIBMI/MBMI/DABPA 固化物热稳定性

图 11.23 为不同共聚体系固化物的 TGA 曲线。初始分解温度（T_i）、质量

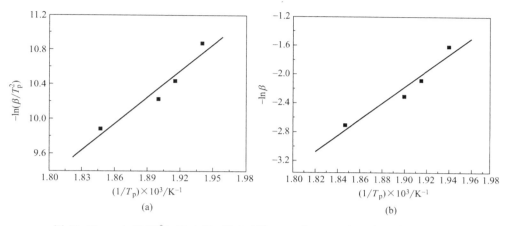

(a)   (b)

图 11.22 $-\ln(\beta/T_{\mathrm{p}}^2)$ 对 $1/T_{\mathrm{p}}$ 拟合直线（a）和 $-\ln\beta$ 对 T_{p}^{-1} 拟合直线（b）

损失 5% 时的温度（$T_{5\%}$）、质量损失 10% 时的温度（$T_{10\%}$）、质量损失 50% 时的温度（$T_{50\%}$）、最大分解速率温度（$T_{\max}$）和 800℃ 时的残炭率（RW）等测试特征温度数据列于表 11.8 中。各共聚体系都表现出相似的分解行为且都具有较好的热稳定性。随着 MPEIBMI-2.0 含量的增加，共聚体系的热稳定性逐渐增大。一般情况下，固化物交联密度越大，热稳定性越好，但 MPEIBMI-2.0 的分子链较长，加入共聚体系后，势必会降低共聚体系的交联密度。出现这种情况可能的原因是：一方面随着 MPEIBMI-2.0 加入量的增大，共聚体系交联网络中热稳定性较差的脂肪链（亚甲基、烯丙基、异丙基）的相对密度降低；另一方面 MPEIBMI-2.0 结构中具有大量耐热性极佳的芳杂环。

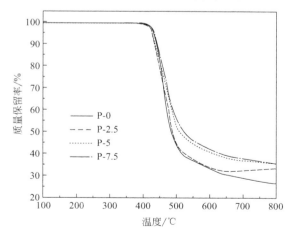

图 11.23   MPEIBMI/MBMI/DABPA 固化物 TGA 曲线

表 11.8   MPEIBMI/MBMI/DABPA 固化物 TGA 特性参数

体系	T_i	$T_{5\%}$	$T_{10\%}$	$T_{50\%}$	T_{max}	RW
P-0	415	428	441	483	449	26.5
P-2.5	417	432	442	492	453	33.8
P-5	419	434	444	507	455	36.5
P-7.5	420	429	436	497	455	37.1

11.4.4   MPEIBMI/MBMI/DABPA 固化物动态热力学性能

图 11.24 为各共聚体系固化物在干态下的 DMA 图。随着 MPEIBMI-2.0 加入量的增加，固化物的储能模量逐渐下降，损耗峰峰顶位置逐渐向低温方向移动，这是由于 MPEIBMI-2.0 的分子链较长，打破了链段的规整紧密堆砌，使固化交联网络的密度减小，且分子链中存在有一定比例的柔性醚键，致使固化物的韧性增加，储能模量下降，损耗向低温方向移动。所有固化试样在 50℃ 时 G' 大于 2100MPa，当温度高达 200℃ 时，G' 保持率都高于 68%；所有固化试样 $\tan\delta$ 峰顶温度大于 305℃，因此该共聚体系固化物具有很好的热力学性能和较高的耐热性，能够在高温度下使用。

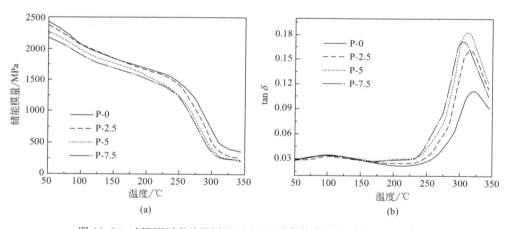

图 11.24   MPEIBMI/MBMI/DABPA 固化物在干态下的 DMA 谱图

11.4.5   MPEIBMI/MBMI/DABPA 体系固化物力学性能

图 11.25 为不同共聚体系固化物的力学性能。随着 MPEIBMI-2.0 含量的增加，固化物的弯曲强度、弯曲模量都逐渐增大，P-7.5 弯曲强度为 142.80MPa，相比于 P-0 的 111.19MPa 提高了 28.4%；P-7.5 的冲击强度相比 P-0 的提高了

93.1％。由于 MPEIBMI-2.0 分子链较长且分子链中含有柔性醚键，其加入改善了固化物的韧性，进而使固化物的冲击强度变大。

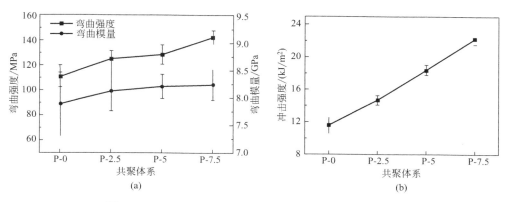

图 11.25　MPEIBMI/MBMI/DABPA 固化物的力学性能

图 11.26 为不同共聚体系固化物冲击断面扫描电镜图。从图可以明显看到，P-0 体系固化物的断面比较光滑，裂纹方向单一，呈现波纹状，表现出典型脆性断裂的特征；P-2.5/P-5/P-7.5 共聚体系固化物的断面比较粗糙，裂纹无序，有明显的沟壑和断层出现，而且随着 MPEIBMI-2.0 添加量的增加，表面粗糙度逐渐增大，这使得材料在破坏时能够吸收更多的能量，树脂的韧性得到改善。因此，MPEIBMI-2.0 可以明显改善树脂体系的韧性，这与体系固化物力学性能测试规律相吻合。

11.4.6　MPEIBMI/MBMI/DABPA 体系固化物耐湿热老化性能

图 11.27 为各共聚体系固化物（水煮 6000min 后）的 DMA 谱图。相较于干态测试结果，共聚体系的耐热性能发生了下降，玻璃化转变都向低温方向发生偏移，这可能是由于在湿热老化苛刻条件下，交联网络发生了塑化或溶胀，致使力学性能发生了下降；各共聚体系损耗曲线都出现了两个明显的损耗峰，且随着 MPEIBMI-2.0 加入量的增大，损耗峰峰高逐渐变大。这可能是因为在共聚体系中同时存在热固相 MPEIBMI-2.0 和热固相 MBMI 两相结构，低温区的损耗峰对应于热固相 MPEIBMI-2.0，高温区的损耗峰对应于热固相 MBMI。由于 MPEIBMI-2.0 的分子链较长，使固化交联网络的密度减小，再加上分子链中存在有一定比例的柔性醚键，致使分子摩擦消耗增多，损耗增大，导致损耗峰峰高变高。另外，固化试样经过长期水煮的湿热老化处理后，整体性能都发生了下降，但固化试样在 50℃ 时 G' 大于 1800MPa，升至 200℃ 时的保持率仍大于 64％；因此，该树脂体系固化物具有很好的耐湿热老化性能。

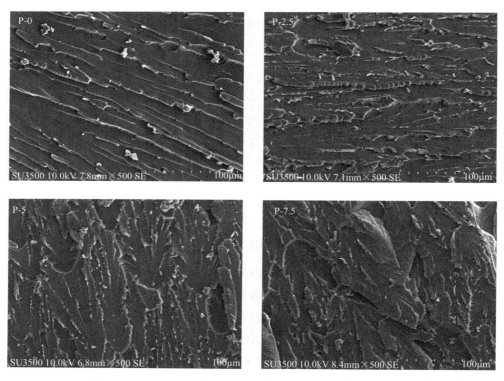

图 11.26　MPEIBMI/MBMI/DABPA 固化物断面扫描电镜图

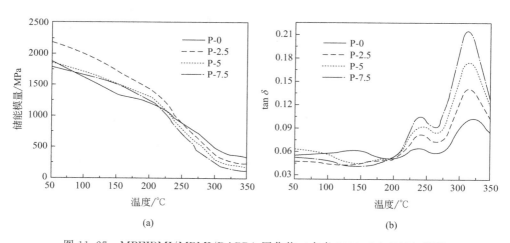

(a)

(b)

图 11.27　MPEIBMI/MBMI/DABPA 固化物（水煮 6000min）DMA 谱图

11.5 碳纤维增强 MPEIBMI/MBMI/DABPA 树脂基复合材料

11.5.1 碳纤维增强 MPEIBMI/MBMI/DABPA 复合材料的动态热力学性能

图 11.28 为碳纤维（CF）增强四种 MPEIBMI/MBMI/DABPA 共聚体系复合材料干态下的 DMA 分析曲线。随着 MPEIBMI-2.0 加入量的增加，复合材料的储能模量逐渐下降，损耗峰峰高逐渐增大，且峰顶位置逐渐向低温方向移动，这是由于 MPEIBMI-2.0 的分子链较长，打破了链段的规整紧密堆砌，使固化交联网络的密度减小，且分子链中存在有一定比例的柔性醚键，致使固化物的韧性增加，分子摩擦消耗增多，储能模量下降，损耗增大。P-2.5/5/7.5 曲线都出现两个玻璃化转变阶梯，而 P-0 曲线只有一个玻璃化转变阶梯，这是由于在共聚体系中同时存在 MPEIBMI-2.0 热固相和 MBMI 热固相两相结构，在 270℃ 左右，MPEIBMI-2.0 热固相先达到玻璃化转变温度，储能模量迅速降低并趋于平缓；当温度继续升高至 350℃ 左右时，MBMI 热固相开始由玻璃态转变为高弹态，储能模量迅速降低。虽然复合材料存在有两个玻璃化转变阶梯，但从图 11.28(b) 可以看到四条曲线都只有一个宽泛的损耗峰，这是因为在 300℃ 左右时，第一个玻璃化转变阶梯已趋于平缓，损耗峰达到最大值，进入了第二个玻璃化转变初始阶段，两个转变发生重叠，且由于 MBMI 的分子链较短，固化物交联密度大，导致其固化物的刚性大，再加上其在共聚体系中含量远大于

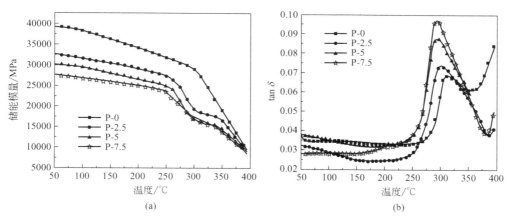

图 11.28　碳纤维增强 MPEIBMI/MBMI/DABPA 复合材料（干态）DMA 曲线

MPEIBMI-2.0，因而第二个玻璃化转变储能模量下降速率较低，损耗峰面积增加速率降低。另外，从图 11.28(a) 可以得到，所有复合材料在 50℃时 G' 大于 27000MPa，当温度高达 300℃时，G' 保持率都高于 55%，因此该复合材料具有很好的耐热性，能够在高温度下使用。

11.5.2 碳纤维增强 MPEIBMI/MBMI/DABPA 复合材料的力学性能

图 11.29 为不同共聚体系碳纤维增强复合材料在常态及水煮（8000min）后的力学性能。弯曲强度随着 MPEIBMI-2.0 含量的增大逐渐变大，P-7.5 与 P-0 相比弯曲强度提高了 16.7%，水煮 8000min 后的保持率都高于 83%以上，且加入 MPEIBMI-2.0 的复合材料保持率更高。随着 MPEIBMI-2.0 含量的增加，试样的层间剪切强度也逐渐增大，其中 P-7.5 层间剪切强度为 93.78MPa，相比于 P-0 的 82.5MPa 提高了 13.7%。在沸水浴中浸泡 8000min 后，复合材料的 ILSS 值仍然较高，与常态时相比，强度保持率都在 69%以上，且加入 MPEIBMI-2.0 的复合材料保持率更高。这可能是由于 MPEIBMI-2.0 的分子链较长，共混体系中加入量越多，固化树脂的交联网络就越疏松，这将使体系中能够与纤维表面发生作用的—OH、—O—基团更容易与纤维接触，因而增强了纤维与树脂的黏结力，故表现出更好的力学性能。

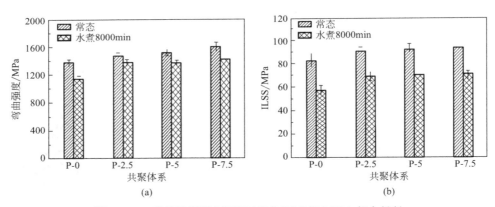

图 11.29　碳纤维增强 MPEIBMI/MBMI/DABPA 复合材料
在常态及水煮（8000min）后的力学性能

图 11.30 为碳纤维增强 MPEIBMI/MBMI/DABPA 体系复合材料层间剪切断面电子扫描图。从图可以看到，P-0 体系表面比较平整，有较严重的纤维堆积现象，大量纤维裸露在树脂外面；P-2.5/P-5/P-7.5 体系表面凹凸不平，表面有大量树脂颗粒残留，纤维分布比较均匀，无明显的纤维堆积现象，纤维较均匀

的分布于树脂基体中，两者互相穿插，呈现嵌入型模式。出现上述现象主要有两方面的原因：一是树脂对纤维的浸润性；二是树脂和纤维的界面结合强度。当树脂对纤维浸润性较差时，在浸胶时纤维将难以在胶液中均匀分散，造成纤维堆积现象。在层间剪切强度测试时，剪切应力存在于纤维层间，沿平面传递，当树脂和纤维的界面作用较弱时，裂纹将按照界面-基体-界面的方式扩展，断面主要集中在纤维上，呈现出纤维脱粘现象；当树脂和纤维的界面作用较强时，裂纹将主要在基体树脂中扩展，使得断面凹凸不平，有大量树脂颗粒残留。上述分析表明，MPEIBMI-2.0 的加入能够改善树脂和纤维的浸润性，提高两者间的界面作用，这与复合材料力学性能测试规律相吻合。

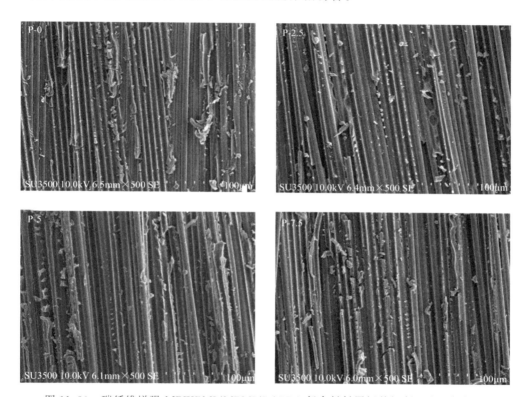

图 11.30　碳纤维增强 MPEIBMI/MBMI/DABPA 复合材料层间剪切断面电子扫描图

11.5.3　碳纤维增强 MPEIBMI/MBMI/DABPA 复合材料的吸湿行为

图 11.31 为共聚体系碳纤维增强复合材料在沸水浴中 8000min 内的吸湿率随时间的变化曲线。从图中可以看出，不同 MPEIBMI-2.0 含量复合材料的吸湿

率随浸泡时间的增加变化趋势相似，前 2000min 内的吸湿速率较快，随时间的延长吸湿速率逐渐降低，吸湿率最终达到平衡。聚合物基复合材料的吸湿行为与其空隙率和亲水性有关，其中空隙率由树脂基体的交联密度、分子链形态及纤维界面与树脂结合力强度所决定，亲水性由树脂基体的化学结构所决定[16]。对于本研究中的共聚体系，MPEIBMI-2.0 分子链较长，加入共聚体系后，会使体系的交联密度降低，但其分子链两端存在有双马活性端基，又会增强体系的交联行为，加之分子链中存在有大量疏水性芳杂环和甲基，致使 MPEIBMI-2.0 的加入会降低复合材料的吸湿率。而且随着 MPEIBMI-2.0 含量的增加，体系中 DABPA 的含量减小，体系中亲水性—OH 含量减少，体系耐吸湿性能提高，因而吸湿速率和平衡吸湿率逐渐降低。

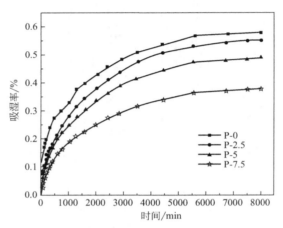

图 11.31　碳纤维增强 MPEIBMI/MBMI/DABPA 复合材料在沸水浴中
8000min 内的吸湿率随时间的变化曲线

11.5.4　碳纤维增强 MPEIBMI/MBMI/DABPA 复合材料的耐湿热老化性能

图 11.32 为各共聚体系碳纤维增强复合材料水煮 8000min 后的 DMA 谱图。相较于常态测试结果，水煮后 P-0 仍然显示出一个玻璃化转变阶梯，而 P-2.5/5/7.5 仍然显示出两个玻璃化转变阶梯，且随着 MPEIBMI-2.0 加入量的增大，变化规律一致，只是所有转变都向低温方向发生偏移，其中 MPEIBMI-2.0 热固相转变偏移较大，这是因为 MPEIBM-2.0 与 MBMI 相比分子结构复杂，其分子链较长，存在柔性醚键、酞侧基、极性内酯等，这些因素都有利于水分子的浸入，因此 MPEIBMI-2.0 热固相性能下降严重，而 MBMI 热固相仅仅发生热溶胀，产生了少量裂纹，性能下降较小。

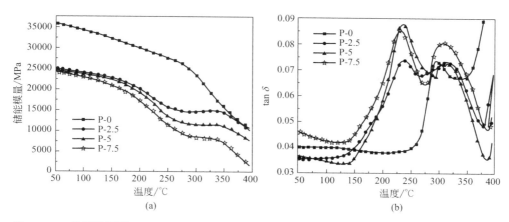

图 11.32　碳纤维增强 MPEIBMI/MBMI/DABPA 复合材料水煮 8000min 后的 DMA 温度谱图

从图 11.32（b） 可以看到，P-0 试样曲线仍是一个峰，而加入 MPEIBMI-2.0 的试样曲线都存在有两个明显峰，这是因为复合材料在极端湿热条件下，MPEIBMI-2.0 热固相性能下降严重，而 MBMI 热固相性能下降不明显，在 MPEIBMI-2.0 热固相储能模量下降趋于平缓时，MBMI 热固相储能模量还未开始下降所致，且由于 MBMI 热固相抵御湿热老化能力强，因此第二个损耗峰强度弱于第一个损耗峰强度。

参考文献

[1] Xiong X H，Chen P，Yu Q，et al. Synthesis and properties of chainextended bismaleimide resins containing phthalide cardo structure [J]. Polymer International，2010，59 （12）：1665-1672.

[2] Sharma R，Bisen D P，Shukla U，et al. X-ray diffraction：a powerful method of characterizing nanomaterials [J]. Recent Res. Sci. Technol.，2012，4 （8）：77-79.

[3] Yang C P，Tang S Y. Syntheses and properties of organo-soluble polyamides and polyimides based on the diamine 3，3-bis [4-(4-aminophenoxy)-3-methylphenyl] phthalide derived from o-cresolphthalein [J]. J. Polym. Sci. Part A：Polym. Chem，1999，37：455-464.

[4] Zhang L Y，Chen P，Gao M B，et al. Synthesis，characterrization，and curing kinetics of novel bismaleimide monomers containing fluorine cardo group and aryl ether linkage [J]. Designed Monomersand Polymers，2014，17 （7）：637-646.

[5] 金日光，华幼卿. 高分子物理 [M]. 北京：化学工业出版社，2006，118-119.

[6] Pitchan M K，Bhowmik S，Balachandran M，et al. Process optimization of functionalized MWCNT/polyetherimide nanocomposites for aerospace application [J]. Materials & Design，2017，127：193-203.

[7] Guo Q P, Huang J Y, Chen T L. Miscibility and phase behavior in blends containing random copolymers of poly (ether ether ketone) and phenolphthalein poly (ether ether ketone) [J]. Journal of applied Polymer Science, 1996, 60 (6): 807-813.

[8] Zhang Y, Lv J J, Liu Y J. Preparation and characterization of a novel fluoride-containing bismaleimide with good processability [J]. Polymer Degradation and Stability, 2012, 97 (4): 626-631.

[9] Hu Z Q, Li S J, Zhang C H. Synthesis and characterization of novel chain-extended bismaleimides containing fluorenyl cardo structure [J]. Jounal of Applied Polymer Science, 2008, 107: 1288-1293.

[10] Wang Y Q, Kou K C, Wu G L, et al. The curing reaction of benzoxazine with bismaleimide/cyanate ester resin and the properties of the terpolymer [J]. Polymer, 2015, 77: 354-360.

[11] Zhang B F, Wang Z G, Zhang X. Synthesis and properties of a series of cyanate resins based on phenolphthalein and its derivatives [J]. Polymer, 2009, 50 (3): 817-824.

[12] Berg G J, McBride M K, Wang C, et al. New directions in the chemistry of shape memory polymers [J]. Polymer, 2014, 55 (23): 5849-5872.

[13] Ratna D, Karger-Kocsis J. Recent advances in shape memory polymers and composites: a review [J]. Journal of Materials Science, 2008, 43 (1): 254-269.

[14] Zhao L, Hu X. A variable reaction order model for prediction of curing kinetics of thermosetting polymers [J]. Polymer, 2007, 48 (20): 6125-6133.

[15] Kissinger H E. Reaction kinetics in differential thermal analysis [J]. Analytical Chemistry, 1957, 29 (11): 1702-1706.

[16] 边佳燕, 刘钧, 鲍铮. 聚合物基复合材料吸湿研究进展 [J]. 材料导报, 2016, 30 (S2): 340-344.

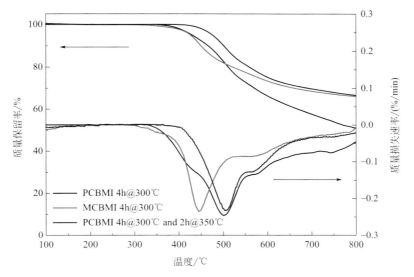

图 9.16　固化物的 TGA 和 DTG 曲线图

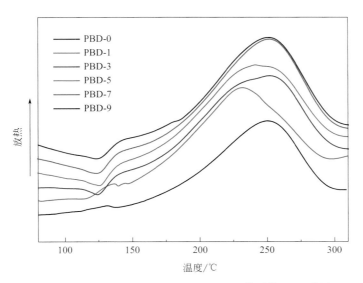

图 9.35　PPCBMI/BDM/DABPA 体系的 DSC 谱图

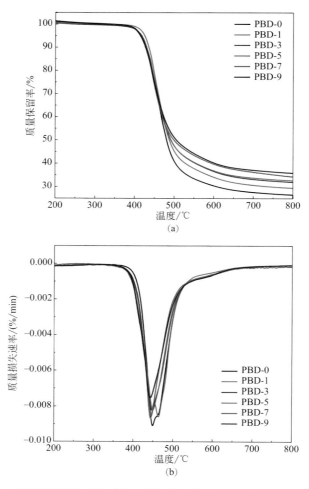

图 9.36　PPCBMI/BDM/DABPA 固化物的 TGA（a）和 DTG（b）曲线

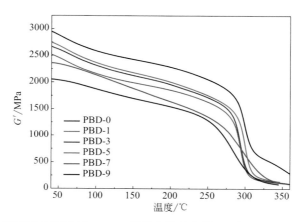

图 9.37　PPCBMI/BDM/DABPA 固化物的储能模量 G' 随温度的变化关系图

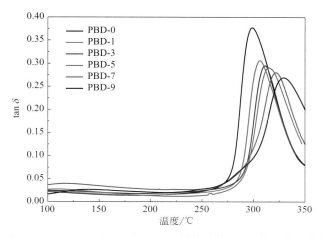

图 9.38　PPCBMI/BDM/DABPA 固化物的 tan δ 与温度的变化关系图

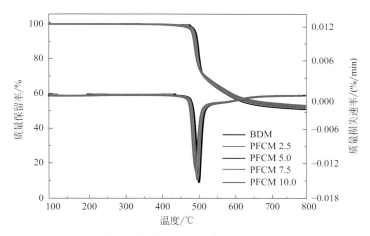

图 10.14　PFCBMI/BDM 树脂固化物在升温速率为 20K/min 时的 TGA 和 DTG 曲线

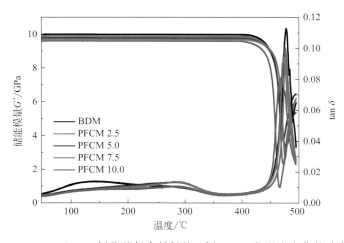

图 10.15　PFCBMI/BDM 树脂基复合材料的 G′ 和 tan δ 与温度变化的动态力学谱图

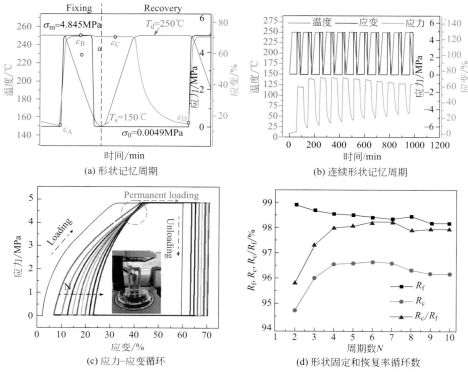

(a) 形状记忆周期

(b) 连续形状记忆周期

(c) 应力-应变循环

(d) 形状固定和恢复率循环数

图 11.12　MPEIBMI-1.25 薄膜的形状记忆性能

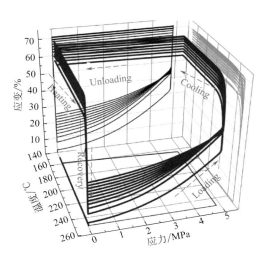

图 11.13　MPEIBMI-1.25 薄膜形状记忆周期的 3D 轨迹